小林直毅 編著

原発震災のテレビアーカイブ

西田善行
加藤徹郎
松下峻也
西 兼志

法政大学出版局

原発震災のテレビアーカイブ／目次

序論　テレビアーカイブとしての原発震災

小林直毅

1　東日本大震災、福島第一原発危機とテレビ

巨大地震、巨大津波、そして放射能汚染によって生活の基盤を奪われた数多くの人びとが、今もなお東日本大震災と福島第一原発の危機を直接的に経験しつづけている。同時に、そのような被災者といわれる人びとも、復興へ向けての政治的支援の立ち遅れや、目に見えない放射能汚染の不安を、メディアによって少なからず経験している。他方で、みずからを被災者とはよべない人びとも、多かれ少なかれ、メディア環境で表象される震災、原発危機を経験しつづけてきた。そうした人びとの日常的なメディア環境にあっては、時間の経過とともに、震災も原発危機も遠く隔たった出来事になりがちである。それでもときとして、生活上の困難を余儀なくされたり、放射能汚染への不安を募らせたりする人びとの姿が、メディアのもたらす映像や音声によって、「いま、ここ」の出来事として表象される。そしてそれらを、数多くの人びとが経験している。このような意味で、メディア環境に立ち現れ、経験される東日本大震災と原発危機には、時間と空間を越えたひろがりがあるといってよい。

東日本大震災はインターネットやソーシャルメディアが普及したなかで発生した。政府、自治体、市民団体、あるいは被災者も、一人ひとりの市民も、震災と原発危機にかかわる情報を、ホームページ、ブログ、ツイッター、フェイスブックなどによって、みずからの手で発信したり、やりとりしたりしてきた。それだけに、こうした情報行動とそれを可能にするメディアに注目が集まる。

これにたいして、マスメディアによる震災、原発危機の報道には少なからぬ批判が向けられてきた。たとえば、被災規模の大きさに取材体制が追いつかないために被害の全体像が明らかにならず、逆に、報道が特定の被災地に集中してしまい、被害の多様さが伝わらないといった問題が指摘されている。原発危機の報道については、「政府や東京電力の発表の垂れ流しである」とか、「真実を伝えず、政府と東電の情報隠しに加担した」とまでいわれた。

とりわけ、福島第一原発1号機で水素爆発が起きた、二〇一一年三月十二日から一ヶ月ほどの間のテレビの報道にたいする批判は厳しい。もはや「事故」といった言葉では到底言い尽くせない危機的状況が進行していることは、テレビの断片的な映像によっても見て取れる。にもかかわらず、スタジオのキャスターと「専門家」は、原発の現にある状態を「想定外の事態」としか語らない。見馴れない原子炉の構造を描いたフリップと、耳馴れない原子力の専門的概念によって現状が解説されるが、最悪の事態を想定した技術的対策や周辺住民への支援策は見えてこない。大量の放射性物質が広範囲に撒き散らされたことが明らかになっても、政府の会見と同様に、「ただちに影響はない」といった発話が反復される。これが、この時期のテレビの原発危機報道の言説だった。そこからは、危機にたいする判断の材料も行動の指針も示唆されない。テレビの報道が厳しく批判されたのも当然だろう。

ところが、発災後約一年が経過した二〇一二年二月に、総務省情報通信政策研究所と東京大学の橋元良明との共同研究で実施された全国調査は意外な結果を示している。この調査では、いくつかの項目ごとに、震災後、どのような情報源からの情報が役に立ったのかを尋ねている。そのなかで、テレビの「地震速報」が「役に立った」と評価している人は九三・八%と群を抜いて多い。さらに、「原発事故・放射能」にかんしても、テレビの情報が「役に立った」と評価する人は八〇・八％に達している。これにたいして、「原発事故・放射能」で「ネットのニュースサイト」が「役に立った」という評価は三九・九％で、「ブログ」、「大学・研究機関・研究者のツイッター」、「その他のツイッター」、「ミクシィ、フェイスブック」、「政府・自治体のホームページ」の評価は、いずれも一〇％に満たない。また、「原発事故・放射能」についてテレビの情報が「信頼できた」と評価している人は六七・二％で、逆に「信頼できなかった」とする人は二六・一％である。「ブログ」、「その他のツイッター」、「ミクシィ、フェイスブック」では、どれをとっても、その情報が「信頼できた」という人より、「信頼できなかった」とする人の方が多い（橋元 2013：30–32）。

「テレビ離れ」が語られて久しく、とかく厳しい評価が向けられがちなテレビである。震災、原発危機をめぐっても、テレビの報道には厳しい眼差しが注がれてきた。しかも時間が経つにつれて、震災、原発危機はテレビニュースの項目としても背景に退き、「震災、原発危機の忘却、風化」が指摘されている。しかし他方で、速報性によって優位だといわれるテレビは、「地震速報」だけではなく、原発危機の報道でも役に立ち、しかも信頼できたと評価される。

テレビは、いったいどのような震災と原発危機をメディア環境に表象してきたのだろうか。この問いは、テレビがどのような震災と原発危機を記録してきたのかを解き明かすことを求めている。さらにそれは、人びとがテレビを見ることで、どのような震災と原発危機を経験し、「いま」、どのような記憶がありうるのかを問うてもいる。

2　テレビアーカイブで見る震災第一報

テレビアーカイブにおけるテレビ番組

震災後に人びとが「役に立った」と評価するテレビの地震速報のほかに、地震発生の第一報、大津波警報、その後の巨大津波の報道は、国際的にも評価が高い。山田賢一は、二〇一一年六月中旬から一ヶ月の間に、外国メディア（アメリカ、イギリス、フランス、オーストラリア、ブラジル、中国、台湾）の駐日記者一〇名に、「東日本大震災をどのように取材し、何を感じたか」、「日本メディアの報道をどう評価したか」の二点について、ヒアリングを行っている。それによると、記者のすべてがテレビの第一報を評価し、八名の記者はＮＨＫの第一報を高く評価している。その津波の中継映像には、「世界中のテレビが使った」、「この一報が多くの命を救った」といったコメントも寄せられている（山田 2011）。テレビアーカイブでは、このような震災第一報を今でも反復して視聴することができる。

アーカイブとは、辞書的には公文書保管所、古文書記録保管所を意味するが、文書となった記録と、それによって可能となる記憶の集積もまた含意されている。アーカイブズ学者のＭ・Ｂ・ベルティーニによれば、アーカイブの文書には三つの段階があるとされる。その第一は、現在取り扱い中の業務にかかわる現用文書である。第二の段階は、比較や研究のために請求される、いったん終結した業務にかかわる非現用文書である。そして第三の段階が、歴史的観点から重要と判断され、価値が与えられた文書、つまり史料である。アーカイブでは、文書がこのような三つの段階をたどるが、それは文書の誕生、発展、進化を意味する「文書のライフサイクル」とよばれる（Bertini 2008=2012：27–29）。

放送されている番組は現用文書とみなすことができるだろう。番組は放送されて初めて誕生する。放送と同時に番組を録画して保存するテレビアーカイブでは、放送年月日、放送時間、放送局名といったメタデータによってテレビ番組の誕生が記録されていく。

放送後に保存されている番組は、いったん終結した放送という業務にかかわる非現用文書とみなされるだろう。テレビアーカイブは、こうした番組を、それが放送された時間的、空間的文脈から解き放ち、反復して視聴することを可能にする。そうなることで、番組によって表象可能なさまざまな出来事が顕在化されたり、想起されたり、他の番組が表象する出来事と接続されたりするようになる。(1) そして、テレビアーカイブでは、テレビ番組がさまざまな出来事の記録、経験、記憶を可能にする史料としての重要性が判断され、価値が与えられ、集積されていく。このようにして、テレビ番組をメディア環境における出来事の記録と記憶として発展させ、進化させるのがテレビアーカイブなのだ。

震災後の「いま」、テレビアーカイブで東日本大震災の第一報が視聴されるとき、それらはどのような出来事の、どのような記録になりうるのだろうか。また、それらが反復して視聴されるとき、どのような出来事が、どのように経験され、どのような記憶が想起されるのだろうか。まずは、「いま」ありうる記録と記憶として、震災の第一報を考えてみよう。

震災第一報と中継映像

保存されている東日本大震災のテレビの第一報は、大規模地震の発生、大津波警報、巨大津波の襲来を広範囲に速報する、放送という業務が終わったのちの非現用文書に類する映像や音声といってよい。テレビアーカイブでは、このような速報という時間的、空間的な文脈から解き放たれて、震災第一報が視聴される。

参議院決算委員会の中継映像に、震源地と東北各県の地図を配した緊急地震速報の図像が重ねて映し出されたところから、ＮＨＫの震災第一報は始まった。チャイム音とともに画面がスタジオの映像に切り替えられ、カメラに向かったアナウンサーが「国会中継の途中ですが、地震津波関連の情報をお伝えします」と発話する。ＴＢＳでも、「今、番組の途中ですが、さきほど緊急地震速報が入りました」と発話するアナウンサーをとらえたスタジオ映像から震災報道が始まっている。テレビでは、「番組の途中ですが」といったごく短い発話によって、それまでの番組が断ち切られたところが震災第一報となった。

テレビというメディアにとって、この意味は大きい。なぜなら、テレビの「流れ（flow）」を、「番組の途中ですが」という発話が断ち切るからだ。テレビには三つの層の「流れ」が成立している。その一つが、間断なく放送される番組の「流れ」である。もう一つは、番組を構成する、いくつもの出来事の「流れ」である。三つ目の層が、出来事を表象する無数の映像や音声の「流れ」である（Williams 1975 : 99）。それは、テレビに固有の方法で生成されるテレビ的時間でもある。「番組の途中ですが」という発話は、番組の「流れ」も、番組を構成する出来事の「流れ」も、出来事を表象する映像と音声の「流れ」も断ち切る。直後から、容易には番組を構成しえない出来事の「流れ」と、それを表象する映像と音声の「流れ」が現れ、東日本大震災の第一報としてのテレビ的時間が生成していく。

ＮＨＫでは、初報から約四分後には、宮城県の気仙沼港をとらえた固定カメラの映像が現れる。そこに、「この画面からは、海面の変化、潮位の変化、津波の有り無しは、確認することはできませんが、早く安全な高台に避難してください」という発話が重なる。これは、映像を説明する実況であると同時に、避難を促す災害情報である。その後も、各地の津波到達予想時刻、予想される津波の高さが伝えられ、警戒と避難をよびかける発話が繰り返される。この間、気仙沼港の中継映像が、約九分間つづく。

さらに、地震発生時の各地の録画映像、宮城県石巻の中継映像、東京お台場で発生した火災や新橋駅付近をとらえた空撮による中継映像が流れ、ふたたび気仙沼港の中継映像に戻っていく。どの映像も、比較的長く流れ、避難のよびかけも繰り返される。気仙沼港の中継映像は、第一報後約三〇分間のＮＨＫの画面ではもっとも長く現れている。

テレビ朝日では、初報から約三分後に、岩手県宮古の中継映像が流れる。その後、東京お台場の火災をとらえた中継映像、地震発生時の東日本放送の局舎内の様子をとらえた録画映像が断片的に交錯する「流れ」に、津波の情報と避難のよびかけが重なる。

ＴＢＳの初報では、約三〇分間、東京のスタジオ映像、東北放送、岩手放送のスタジオ映像、各地の中継映像が断片的に交錯して流れていく。そこには、気仙沼港、東京お台場の火災、宮古の光景などが現れる。気仙沼港の中継映像には、東北放送のアナウンサーのつぎのような発話が重なる。

こちらから確認できるかぎりでは、海面などに大きな変化は見られませんが、現在、宮城県に大津波警報が出されています。（中略）みなさん落ち着いて行動してください。沿岸部の方はただちに避難してください。急いで高台や、鉄筋コンクリートのビルの三階以上など、安全な場所に避難してください。

中継映像は、遠く隔たって見えない出来事を、その経過と同時に、数多くの人びとが居ながらにして見ることを可能にする tele-vision の技術であり、テレビというメディアが可能にする眼差しである。そのような中継映像の「流れ」とは、「現実の時間とテレビの時間の同一化」（Eco 1967＝1990 : 238）にほかならない。したがって、中継映像が表象する出来事の「流れ」は、「撮影された出来事の自律的な持続時間を短縮しえない」（同前）。

気仙沼港の中継映像には、たしかに海面の大きな変化は見られない。この現実の時間とテレビの時間とが同一化した映像の選択が、U・エーコのいう「構成と物語」（Eco 1967＝1990 : 239）になる。津波の到来が予想されていても、大きな変化の見られない気仙沼港の中継映像が選択されたことで、予想される事態と対処の方法を語る発話が、半ば否応なく重ねられるからだ。出来事の自律的な持続時間を短縮できない中継映像の選択が、避難をよびかける発話による了解可能な物語としての災害情報を構成するのと同時に、選択された中継映像が、そうした災害情報を表象する。

「今は海面に大きな変化は見られないが、大津波警報が出されているので、急いで高台や、鉄筋コンクリートのビルの三階以上に避難せよ」。震災後の「いま」、このような未来を予測した物語の言説を表象する気仙沼港の中継映像は、巨大津波の脅威を後知恵として、その具体的な姿を先取りするものになる。[2] それは、テレビアーカイブに保存されている、この中継映像から約三〇分後の同じ気仙沼港の中継映像を接続することによって可能となる。放っておけば孤立した映像になってしまう、海面の変化の見られない気仙沼港の中継映像が、こうした接続によって、災害情報の速報という時間的、空間的な文脈から解き放たれてもなお、震災の記録と記憶になるのだ(3)。それこそが、地震の衝撃と被害のなかで、さらに津波の襲来にも備えなければならなかった気仙沼の、不安な時間の記録と記憶にほかならない。

3　震災後半年の時間の記録と記憶

巨大津波の中継映像の衝撃

発災後二〇分ほどで、東日本の太平洋沿岸の各地は巨大津波に襲われた。NHK、民放の画面には、気仙沼、釜石、大船渡、宮古、石巻、小名浜、銚子、仙台、女川、大洗、相馬、南相馬、八戸、浦河町、広尾町、函館などの中継映像が流れつづけることになる。

初報から約二六分でNHKの画面に現れたのは、岸壁を越えた海水が激しい勢いで魚市場の建物に流れ込んでいる岩手県釜石港の中継映像だった。瞬く間に水位が増し、トラックが押し流される。直後に、中継映像はお台場の火災に切り替わる。さらにその後は、川が逆流し、海水も陸に押し寄せ、車が流され始めた岩手県大船渡の中継映像も流される。

ふたたび現れた釜石の中継映像は、津波が何台もの車、何隻もの漁船を押し流し、押し寄せる海水が、車の走行する高架道路の橋桁直下にまで迫り、さらに倉庫や住宅も飲み込んでいく衝撃的なものだった。大きな水しぶきをたてて、大音響とともに、猛烈な勢いで、車も、船も、建物も押し流し、街を飲み尽くす津波を、映像と音声の「流れ」が表象する。

アナウンサーの発話は、津波到達予想時刻や予想される津波の高さを伝えもしなければ、避難のよびかけもしない。エーコはつぎのように述べている。

テレビの実況放送の場合、自然的出来事は、それらを予見させた形式的枠組の中へ挿入されるのではなく、枠組が出来事と同時に生じ、枠組が出来事によって規定されるまさにその瞬間に出来事を規定することを要求するのである。
(Eco 1967＝1990：248)

選択された中継映像が表象する巨大津波の衝撃と同時に生じ、その瞬間に、この衝撃を規定する発話の枠組みは、予見された事態を語ることすら許さない。中継映像によって表象される出来事を、ただ叙述する発話だけが可能なのだ。

さらにNHKの画面では、宮古の中継映像が、大きく渦を巻く津波に、何台もの車や大きな建物が飲み込まれていくところを六分間にわたって映し出している。これにつづくのは、気仙沼港の中継映像である。それはもはや、「この画面からは、海面の変化、潮位の変化、津波の有り無しは確認することはできません」といった映像ではない。押し寄せる津波が、白波を立てて渦を巻く。大型船が押し流され、岸壁に繋がれていた船は大きく傾き、住宅の屋根も流されていく。切り替わった千葉県銚子の中継映像では、押し流された船が岸壁に衝突する。ふたたび気仙沼の中継映像に替わると、水位はさらに増し、岸壁も陸地も見えず、大きなタンクが傾いて流されていく。こうした映像の「流れ」に重なる発話は、いずれも、表象された事物や光景を名指し、叙述するだけにすぎない。

テレビ朝日でも、宮古の中継映像が流れている。当初のそれは、各地の津波の到達予想時刻と予想される津波の高さを一覧に示した文字情報の背景になっていて、詳細な様子は見えない。初報から三一分三五秒後、猛烈な勢いで陸に押し寄せる津波が、だれの眼にも明瞭になったところで、ようやく文字情報が消える。画面では、津波が渦を巻いて大量の木材や車を巻き込みながら建物を飲み込んでいく。それに、「画面から見るかぎりでは、人の姿は見られないんですけど、沿岸部にお住まいの方は絶対に海には近づかないようにしてください」という緊迫した声の発話が重なる。これもまた、現に眼前にある津波の衝撃と同時に生じ、その瞬間にこの衝撃を規定する発話である。

初報後一時間以上が経過したＮＨＫの画面には、宮城県の名取川河口付近の空撮による中継映像が流れていく。それは、津波が田畑も、車も、建物も押し流す映像である。土砂を巻き込んで黒く変色した海水が、建物をつぎつぎに瓦礫に変え、車や船を押し流しながら猛烈な勢いで広い平野を飲み込んでひろがる。逃れようと懸命に走る車も、避難した建物の屋上からこの凄まじい破壊を眼にしている人の姿もそこにはある。こうした映像の「流れ」に、スタジオの言葉にはならない驚愕の声も重なり、避難をよびかける声も緊迫の度合いを増す。発話も「大津波警報が出ている海岸や川の河口付近のみなさんは、早く安全な高台に避難すること」と変わっていく。これもまた、壊滅的な被害が眼前で繰り広げられていく衝撃と同時に生じ、その瞬間にあって、現に目の当たりにしている事態を規定する声であり、発話なのだ。

巨大津波の中継映像は、そのとき遠く隔たったところでそれを見て発話をする者も、ただ見ているだけの者も、驚愕させ、立ちすくませる。テレビの技術が可能にするこの映像と音声の「流れ」は、震災後の「いま」、災害の速報という時間的、空間的文脈から解き放たれてもなお、巨大津波の衝撃を記録し、驚愕の記憶を想起させる。

東日本大震災は「未曽有」の災害といわれ、「甚大」な被害といわれつづけているが、そうした言葉によって何が意味されるのかが、当初から問われていた。震災後の時間が長くなるにつれて、「被災地」、「被災者」という言葉は流通しつづけても、それによって意味されるものの具体性は乏しくなっていく。震災報道も、毎年の三月十一日に集中する、いわゆるカレンダー・ジャーナリズムになりつつある。そうしたなかで、テレビアーカイブに保存されている巨大津波の中継映像と音声の「流れ」が表象する出来事は、それだけでも、「未曽有」の災害の「甚大」

な被害、「被災地」の「被災者」の経験の具体的な記録と記憶の一端となりうる。

しかし、テレビアーカイブは、震災の速報となって流れ去っていった映像と音声の「流れ」を召喚して、それが表象する出来事を、「いま」、ふたたび到来させることができるだけではない。そこでは、召喚された映像と音声の「流れ」と、到来した出来事を、他の映像と音声の「流れ」と、それが表象する出来事と接続することもできる。そのとき、映像と音声の「流れ」は、震災後の出来事の時間を生成し、同時にその記録となり、ありうる記憶を想起するようになるのだ。

被災者の情動と時間

テレビアーカイブでは、巨大津波に襲われた気仙沼の中継映像と音声の「流れ」を後知恵とすることで、発災直後の、海面の変化が見られない中継映像と音声の「流れ」はその後の気仙沼を先取りする。そうなることで、どちらの映像と音声の「流れ」も、発災直後から巨大津波襲来までの気仙沼の記録としての重要性を高め、史料的価値も形成されていく。同時に、これらの映像と音声の「流れ」を召喚し、震災後の気仙沼を取り上げたテレビ番組の映像と音声の「流れ」に接続することもできる。そのとき、後に放送された番組では見えない、過去の気仙沼の出来事と時間が遅れて到来する。[4] テレビアーカイブの映像と音声の「流れ」は、このようにして震災後の出来事と時間の記録となり、ありうる記憶、あるべき記憶を想起し、構成していく。

「震災から半年」となる二〇一一年九月十一日前後の、カレンダー・ジャーナリズムというにはやや早い時期に、震災関連のテレビ番組が数多く放送された。TBSでは、「報道の魂」のシリーズとして、オムニバスドキュメンタリー『3・11大震災　記者たちの眼差しⅡ』を、九月十一日午前二時四八分から放送している。この番組は、震災を取材したJNNの記者たちが、みずからの心情も含めて構成した短いドキュメンタリーを、オムニバス形式で約二時間三〇分にわたって放送したもので、一八のエピソードから構成されている。

そのなかの「episode 1」は、震災直後の気仙沼の人びとの姿を伝えている。そこには、避難所となった気仙沼市浦島小学校の三月十二日の光景をとらえた映像が流れていく。前夜には避難所の裏山にまで火災が迫り、総出のバケツリレーで延焼を防いだという。避難所のストーブで暖をとる男たちの映像に、「家を失い、最後の砦となった避難所をなんとか守り抜いた顔には疲労の色が滲んでいました」というナレーションが重なる。

震災から一週間が経った気仙沼市岩井崎には、明るい陽射しのなかで、瓦礫となった街を見渡す斜面に座る二人の高齢女性の姿がある。一人は孫を、もう一人は娘と孫を亡くした。「そこらにいれば、這ってでも来るんだけどね、一週間も経って来ないということは、何とも言いようがないんだよね」といって泣く老女の顔がクローズアップになる。

気仙沼市鮪立では女性たちが炊き出しをしている。「家がなくなっても食べなければいけないから、みなさんと一緒にいれば、なんとか明るくなるから」と語る女性には笑顔もある。記者が、その気丈さに思わず涙を流すと、つられて涙を流してしまう女性もいる。他の女性が大きな声で、「おたくが泣くと、みんな泣くから」、「みんな涙たらさないで頑張ってきたんだ」という。

顔一般のクローズアップのほとんどに見出されるのは感情イメージ（image-affection）であり、それは運動イメージを形成する情動（affection）でもある（Deleuze 1983 : 102＝2008 : 125）。避難所の人びとの疲労した顔も、涙を流す老女の顔も、炊き出しをする女性の顔も、巨大津波に襲われた直後の気仙沼を生きる人びとの感情のイメージである。また、情動は、それを「表現する何らかのものからまったく区別されるにもかかわらず、情動を表現するその何らかのものから独立して存在しているわけではない」（Deleuze 1983 : 138＝2008 : 173）。この短いテレビドキュメンタリーの映像の「流れ」のなかの避難所の人びとの顔も、老女の顔も、炊き出しをする女性の顔も、震災後の気仙沼を生きる人びとの情動であり、その記憶を表象し、記録する感情イメージである。

いうまでもなく、彼ら、彼女らが、何の理由もなく疲労の色を滲ませたり、涙を流したりするわけではない。テレビアーカイブでは、これらの感情イメージに、発災直後の気仙沼の中継映像と音声の「流れ」、さらに巨大津波に襲われる気仙沼の中継映像と音声の「流れ」を接続することができる。そこには、一連の中継映像と音声の「流れ」が表象する出来事が遅れて到来する。やって来るのは、発災直後には大きな変化のなかった海が大津波となって街を襲い、船もタンクも家も押し流し、家も家族も奪った時間の記憶である。そのとき、震災後の気仙沼を生きる人びとの情動とそれを生起させる時間の記憶が、映像の「流れ」によって表象されるようになる。

同じ番組の「episode 6」では、夏を迎えて、魚市場も、養殖漁業も再開され、地元の祭りも開かれるようになった気仙沼の映像が流れる。そこには、人びとの明るい笑顔もある。しかし、今なお一四〇人近い人びとが、気仙沼市民会館で避難生活を余儀なくされている。避難所の廊下には、身を寄せ合うように暮らす四人の高齢女性の姿がある。最年長で八三歳になる小野寺良子は、経営していたスナックも、住まいも、津波で失った。更地になったかつての店の前で、小野寺は「残ったのは命だけだからね、命」、「何ていいましょうかね、夢みたいだね。夢、夢ですよ」と語る。そう語る顔のクローズアップには、かすかな笑いも浮かぶ。もちろん、それは魚市場の再開を喜び、祭りを楽しむ笑いとは異なる。

避難所を出て仮設住宅に入ることが小野寺の唯一の希望だが、市街地の仮設住宅の入居者はすでに決まっている。彼女は、「これから、熊の出るところさ、やられるんだと」、「山のなかさ、移されるの、今度」、「猟銃の免許もらって行くかって」と笑いながら語る。

街の中心部から車で一五分かかり、買い物、通勤、通学などの日常生活が車なしでは成り立たない山間に建設されたプレハブの仮設住宅の映像が流れる。つづけて、いまだに水に浸かっている市街地の映像が現れる。気仙沼では街の中心部が地盤沈下し、満潮になると広範囲に浸水するため、仮設住宅の建設用地が確保できない。気仙沼市長の菅原茂は、「なかなか中心街には場所がありませんので、当座は少し不便かもしれませんが、車でせいぜい一〇分くらいの距離だと思います。そこは我慢をしていただく」という。

このテレビドキュメンタリーのなかの再開された魚市場の映像と音声の「流れ」に、気仙沼の発災直後の中継映像と音声の「流れ」と、巨大津波の中継映像と音声の「流れ」を接続してみよう。そこには、強い地震の後も、しばらくは大きな変化のなかった海に見えた漁船と、津波に押し流される数多くの漁船の記憶が遅れて到来する。そのとき、魚市場の人びとの笑顔は、死活的な打撃を受けた漁業が復興へ歩み始めた気仙沼の感情イメージになる。

同じ発災直後の映像と音声の「流れ」と、巨大津波の映像と音声の「流れ」は、半年前までの生活の場を前にして小野寺が浮かべるかすかな笑いにも接続できる。そこに到来するのは、地震の衝撃がまだ残るなかで襲った津波に、すべてを奪われた記憶であり、「残ったのは命だけ」になって、避難所生活をつづけている時間である。そのとき、接続された一連の映像の「流れ」は、生業も、住む家も奪われた高齢の女性が、「いま」を「夢みたいだね」と語る情動とそれを生起させる時間を表象し、記録する。

避難所生活を余儀なくされた小野寺にとって、海の表情を一変させた津波に襲われてからの半年は、仮設住宅への入居を唯一の希望とさせる時間となった。これが、テレビアーカイブに表象される、「被災地」の「被災者」が経験している困難の具体的な姿のひとつだ。しかし、街の中心部が今なお浸水する気仙沼では、車がなければ日常の買い物もできず、高齢者の生活が成り立つはずもない山間の仮設住宅しか用意されていない。自治体の首長も、「当座の少しの不便は、我慢してもらう」としかいえない。これは、テレビアーカイブに表象される「未曾有」の災害の「甚大」な被害の具体的な姿であると同時に、「被災地」の「被災者」にたいする支援の実情でもある。せめて避難所から出て仮設住宅に入居したいという高齢の被災者の希望さえかなえられない震災後半年の時間は、政治的支援が立ち遅れる時間として記録され、記憶されなければならないだろう。

4　テレビアーカイブとしての原発震災の始まり

原発震災の初報に見る知の未成熟

東日本大震災は、それと同時に発生し、今日に至るまで危機でありつづけている福島第一原発事故によって原発震災といわれる。当初、この過酷事故は、最初の地震の後も頻発する強い余震と、巨大津波の速報がつづくテレビ報道のなかで、断片的に様相が伝えられるにとどまっていた。しかしこれらを記録として見ると、発災直後の原発にかんする報道は、地震や津波による衝撃的な被害の報道にまったく埋没してしまうものではない。むしろ、そこからは、この国における、原子力、原発を語る言説と知の未成熟が垣間見えてくる。問われなければならないのは、災害時の原子力施設をめぐって、何が、どのように語られていたのかということである。もう一度、二〇一一年三月十一日に立ち返って、原発震災がメディア環境に姿を現した足跡をたどってみよう。

テレビの震災報道のなかで、地震による原子力施設の事故にかんする知が、まったく不在であったわけではないようだ。それは、発災後約一七分で、テレビ朝日が、宮城県の女川原発の全機自動停止を伝え、外見上はとくに変化の見られない原発の遠景の中継映像を流していたことからもうかがえる。その後も、テレビ朝日の震災報道では、東京駅に入線している新幹線の車両をとらえた中継映像に、ふたたび女川原発全機自動停止を伝える発話が重ねられている。さらに、青森県東通の原発について、「東京電力が、現在確認中」とも伝えられた。また、「青森県六ケ所村の日本原燃の広報渉外室は、テレビ朝日の取材にたいして「避難命令が出たので」と電話を切りました」という発話も流れている。

TBSでは、初報から約二九分後、参議院決算委員会の録画映像に、「東京電力によりますと、福島第一原発は1号機、2号機、3号機が地震直後に自動停止、福島第二原発は1号機から4号機が地震直後に自動停止しています」という発話を重ねている。その後も、福島第一原発と第二原発の自動停止は、テロップによって繰り返し伝えられた。

注目しておきたいのは、同じTBSの震災報道の映像の「流れ」のなかで、午後三時三五分に、福島第一原発が津波に襲われたところが、富岡町の中継映像として現れていたことである。ところが、この映像をめぐるスタジオのつぎのような発話は、津波に襲われたのが福島第一原発であると認知さえされていないことを意味している。「鉄塔が見えますが、その鉄塔の上にまで、波が大きく打ち寄せられました」。

これより先に、福島第一原発の自動停止が語られている。にもかかわらず、選択された中継映像を福島第一原発と名指す枠組みが生ずるのではなく、眼に見える鉄塔を津波の高さの目安として規定し、同時に、表象される出来事を津波の脅威として規定する枠組みしか生じていないのである。これにたいしてNHKでは、午後四時三〇分頃の映像の「流れ」に現れた富岡町の中継映像を、地震に揺れるカメラがとらえた福島第一原発であると、ともかくも語ることができていた。

いずれにしても、原子力施設の地震による事故については、稼働中の原子炉の自動停止をひとまず確認するといった、原子力災害報道の知が形成されていたといえそうである。そう考えると、マスメディアの報道においても、原発が津波に襲われて電源を喪失し、原子炉の冷却ができなくなって核燃料がメルトダウンするといった事態は、「想定外」とされていたのかもしれない。

福島第一原発をめぐる報道が変化し始めるのは、発災後約二時間が経った午後五時前からである。NHKでは、北海道広尾町の中継映像に、「いま、原子力発電所にかんする情報が入ってきました」というアナウンサーの発話が重なる。東京電力が、原子力災害特別措置法（原災法）に基づいて異常事態を伝える、いわゆる「十条通報」を国に行ったことが、つぎのように伝えられたのである。

福島第一原子力発電所の情報です。経済産業省の原子力安全保安院によりますと、福島県にある東京電力の福島第一原子力発電所では、地震で停止した五機の原発で、原子炉を安全に冷やすために必要な非常用のディーゼル発電機の一部が使えなくなったということです。東京電力は、ただちに安全上の問題はないとしていますが、原子力災害特別措置法に基づいて、異常事態を伝える通報を国に行いました。

つづけて、周辺地域が停電になって、外部からの電気が使用できなくなったこと、午後四時に「十条通報」が原子力安全保安院に行われたこと、今のところ放射性物質が漏れるなどの外部への影響はないこと、「十条」通報は、原災法が二〇〇〇年に施行されて以来、初めてであることが語られる。いみじくも、このとき、後に警戒区域、計画的避難区域、特定避難勧奨地点が指定された南相馬の空撮による中継映像が流れている。「この段階ではただちに安全にかかわるような状況ではない」というのが、スタジオの記者の説明である。その後、画面は、押し寄せる津波がトラックの走行する道路に迫る八戸の中継映像に替わり、福島第一原発の「十条通報」にかんする報道もここで終わっている。

日本テレビでは、午後五時五八分に、福島第一原発、第二原発の自動停止を伝えるとともに、「福島第一原発は外部電源が来ていない状態で、非常時の冷却系を使って炉内の温度と水位を保っている状態だということです」と報じている。この発話は、地震で揺れる楢葉町のカメラがとらえた地震発生時の福島第二原発の録画映像に重ねられていた。午後六時三〇分すぎには、TBSが、首相官邸前からの中継で、「福島県内の原子力発電所に何らかの被害が出ている可能性があり、現在、全閣僚が官邸内で待機しています」という記者リポートを伝えている。

そして、枝野幸男内閣官房長官が、午後七時三〇分過ぎの会見で、福島第一原発をめぐって「原子力緊急事態宣言」が午後四時三六分に発せられたことを明らかにする。枝野は、放射能が現に施設外に漏れている状態ではない、万全を期すための措置であるという発話を繰り返す。そうしながら、停止した原子炉を冷やすための電力に対応が必要な状況になっていると語り、防災行政無線、テレビ、ラジオ等で最新の情報を得るようにして、落ち着いた対応をとるようよびかけた。

ところが、NHK、民放のいずれにあっても、各地の被害の報道に多くが割かれ、この会見の要旨をスタジオのキャスターや官邸前の記者が伝えたり、中継を流したりした場合でも、すべてを伝えてはいない。また、NHKでは、スタジオの記者が「原子力緊急事態宣言」と福島第一原発の状況を解説しているが、他局では、とくにコメントも解説もない。

福島第一原発三キロ圏内の避難指示、二キロから一〇キロ圏内の屋内退避指示が午後九時二三分に発表されたことを明らかにする、枝野官房長官の午後九時五二分からの会見は、NHK、民放のすべてで中継された。該当する地域にある自治体は大熊町と双葉町である。会見で枝野は、念のための指示という発話を繰り返す。そして、放射能は炉の外には漏れておらず、環境に危険は発生していないとした上で、安全な場所に移動するための時間は十分にあるので、慌てず冷静に、確実な情報だけに従って行動してほしいと語っている。

この会見を受けて、NHKではスタジオの記者が時間をかけて解説しているが、内容は会見の確認の域を出るものではない。民放各局でもとくに目立った解説がないなかで、日本テレビのスタジオで、まちづくり計画研究所の渡辺実が語ったコメントは注目されてよい。渡辺は、官房長官の会見では燃料棒の冷却ができないといっているので、原子炉は厳しい状況にあると明確に指摘している。また、国際原子力機関（IAEA）がモニタリングを始めるという情報があったことにも言及して、好ましい状況ではないともいう。それを受けて、スタジオのアナウンサーが、IAEAにかんする情報をつぎのように伝えている。

福島第一原発の第2号機で原子炉の水位が低下し、燃料棒の露出の恐れが出ていることについて、IAEA、国際原子力機関が国際緊急センターを起ち上げ、専門家による二四時間体制のモニターを行うことを決めたということです。ウィーンにありますIAEA本部から、日本側と連絡を取り合いながら原子力安全や医療支援の専門家らが状況を見守り、緊急事態の発生時には必要なアドバイスやサポートを行うということです。

また、渡辺は、屋外では放射能を浴びてしまい、原子力災害では風向きや降雨はリスクの高い状況になるので、原則として屋内避難になると説明する。さらに、地震発生確率がこれほど高いところに原発があることが、このままでいいのかと、つねに問うてきた問題であると語った。

こうしたやりとりは、スタジオでの短いものだが、ＩＡＥＡがモニタリングを始めるほどに福島第一原発が深刻な状態にあることを明らかにし、予想される、そして現実のものになった事態をかなりの程度で言い当てている。これは、原発が自動停止しても、その後に原子炉の冷却ができなければ危険な状態になることを語る言説であり、発災直後のメディア環境にも、そのような知がありえた記録と記憶といえるだろう。しかし、総じて、原発危機の初報でありながら、事態を危機として語れない原発震災報道の記録と、テレビを見ることとして経験された原発震災初日の夜の記憶がここにある。

原発震災の始まりの記録と記憶

「いま」、原発震災のテレビによる初期報道をふたたび視聴するとき、「いつか」眼にした映像や、「いつか」耳にした音声を後知恵として先取りしたり、遅れて到来させたりすることができるだろう。しかし、テレビアーカイブでは、そうした「心の映像とか鏡像といった潜在的映像」（Deleuze 1990 : 75＝1992 : 90–91）ではなく、保存された番組や、番組を構成する出来事の「流れ」と、それを表象する映像と音声の「流れ」を召喚し、接続することができる。そこでは、接続された映像と音声の「流れ」によって、「ただちに影響はない」といわれた事態がすでに危機であり、それが重大化していく時間が表象される。そして、接続された映像と音声の「流れ」が、「いま」もつづく原発震災の記録となり、ありうる記憶、あるべき記憶を想起し、構成するようになる。

発災後約一七分でテレビ朝日が自動停止を伝え、映像ではとくに変化の見られなかった女川原発は、意外なかたちで、その後を先取りすることになる。震災後一年余りの二〇一二年六月八日、国は福井県の大飯原発の再稼働を決めた。野田佳彦首相は、夏場の電力需要に備えて、国民生活を守るために再稼働を決断したと語り、「福島を襲ったような地震、津波が起こっても、事故を防止できる対策と態勢は整っている」という。

その日のテレビ朝日のニュース番組『報道ステーション』は、首相が整っているという「対策と態勢」の問題のひとつとして、事故時に重要な大飯原発のオフサイトセンターが、海岸沿いの海抜五メートルの位置にあることを指摘している。番組では、同じ海抜五メートルに立地していた女川原発のオフサイトセンターが津波の直撃で壊滅し、原子力安全保安院の職員が死亡したことが語られ、廃墟と化したオフサイトセンターの映像が流れる。

発災直後の速報に現れた、外見上は変化の見られない女川原発の映像と音声の「流れ」に、このニュース番組の映像と音声の「流れ」を接続してみよう。そこでは、福島第一原発と同様の危機を引き起こしかねなかった、女川原発のその後が見て取れるだけではない。自動停止して、目立った変化のない原発に潜む危険、さらには、震災前後で変わらない、この国の原子力施設と原子力政策の危険な時間が表象される。そして、このようにして接続された一連の映像と音声の「流れ」が、この国に一貫して潜在する原発危機の記録となり、あるべき記憶を想起するようになっていく。

震災が発生した日、不安がつづくなかで、テレビでは、各地の中継映像や、官邸の会見場やスタジオの映像とともに、原災法施行後初の「十条通報」、「原子力緊急事態宣言」、避難指示、屋内退避指示が語られていた。そのような時間的、空間的文脈では、あたかも不安をやわらげるかのように、「ただちに安全上の問題はない」、「万全を期すための措置」、「念のための指示」といった楽観的な発話が反復される。

しかし、テレビアーカイブでは、こうした映像と音声の「流れ」と、それによって表象される出来事の「流れ」が、震災初日の災害報道という時間的、空間的文脈から解き放たれる。そして、その後に放送された番組を構成する出来事の「流れ」と、それを表象する映像と音声の「流れ」に接続される。そこでは、どのような出来事が先取りされたり、到来したりするだろうか。そのとき、映像と音声の「流れ」は、原発震災、原発危機のどのような記録となり、どのような記憶を想起するようになるだろうか。

テレビの震災報道に原発危機の姿が現れつつあったころ、福島第一原発で、官邸で、避難指示が出された地域で、何が起きていたのかを検証したドキュメンタリー番組がいくつかある。そのひとつが、二〇一一年十月十六日にフジテレビで放送された『3・11 あの時、情報は届かなかった』(以下、『3・11 あの時』)である。

この番組では、三月十一日午後四時四五分には、1号機、2号機の注水状況が把握できなくなり、福島第一原発はメルトダウンの恐怖に直面していたことが明らかにされている。さらに、二〇一二年九月十六日にTBSで放送された『消えない放射能~最悪事故が残す汚染の実態~』(以下、『消えない放射能』)を見ると、より詳細な経過が分かる。午後五時五〇分に1号機の原子炉建屋に入ろうとした作業員が、線量が高いために撤収していたのである。この番組では、元原子炉メーカー技術者の角南義男が、「放射線レベルが原子炉建屋で上がるということは、すでに何らかの炉心損傷が起きていると疑わなければいけない」と指摘している(5)。

『3・11 あの時』に戻ろう。番組では、当時の首相補佐官寺田学が、経産大臣と原子力安全保安院長が深刻な顔で報告に来たことを語っている。首相も、すべての電源が失われていることが確認されたとき、深刻な顔になったという。そうしたなかで、午後九時二三分に避難指示、屋内退避の指示が出された。しかし、直後の午後九時五一分には、放射線量が一〇秒で〇・八ミリシーベルトに達した1号機が入域禁止になった。番組では、それが、1号機中央制御室に残されたホワイトボードの映像とともに語られる。このときすでに、1号機ではメルトダウンが起こっていたのだ。

NHKの震災報道には、津波に襲われた後の午後四時半頃の福島第一原発の遠景が現れている。「十条通報」が伝えられるなかでは、南相馬の空撮映像とともに、「ただちに安全にかかわるような状況ではない」と語られる。その後もテレビでは、地震発生時の福島第二原発の映像に重ねて「非常時の冷却系を使って炉内の温度と水位を保っている」と語られたり、会見で官房長官が「放射能は漏れていない」と発話する映像が流れたりしている。

こうした映像と音声の「流れ」と、ここで取り上げたドキュメンタリー番組の映像と音声の「流れ」を接続すると、そこには、発災後の報道の映像や発話ではおよそ表象されない出来事が先取りされたり、遅れて到来したりする。「十条通報」がされ、それがテレビで報道され、政治家たちが深刻な顔をしている間に、原発の建屋は立ち入りができない放射線量となり、メルトダウンへの時間が経過していた。官房長官が、「原子力緊急事態宣言」、避難指示、屋内退避指示が出されたことを明らかにしながら、「万全を期すための措置」、「念のための指示」、「放射能は外に漏れていない」と発話する会見がテレビで流れている間に、メルトダウンは起こった。テレビアーカイブで接続される映像と音声の「流れ」は、震災の不安がつづくなかでテレビが表象していた時間と空間を越えて立ち現れる、原発震災の始まりを決定づける出来事の記録と記憶にほかならない。

破局的事態の時間と空間

「原子力緊急事態宣言」、避難指示、屋内退避指示をテレビが伝えているころ、原発から四キロにある双葉町の双葉厚生病院には、地震と津波による負傷者がぞくぞくと運び込まれていた。しかし、原発の危機は病院に伝えられない。『3・11 あの時』では、双葉厚生病院の病院統合担当部長の横山泰仁が、一晩中救急対応をしていて、泥だらけの患者が運び込まれていたと証言している。病院の設備もほとんどが使いものにならなくなったなかで、ロビーが救急医療の現場になっていた。それが、病院職員の撮影した写真とともに語られる。同病院の看護部長の西山幸江は、原発があれほど逼迫している状況だったとは考えていなかったという。

そして、三月十二日の午前五時四四分には、避難指示が一〇キロ圏内にまで拡大される。しかし、その情報を大熊町長の渡辺利綱に伝えたのは、当時の首相補佐官細野豪志だった。大熊町にあるオフサイトセンターは、非常用電源が壊れて半日以上停電したために機能していない。オフサイトセンターも、避難指示の出た一〇キロ圏内にあったのだ。発災翌日のこうした出来事を、ドキュメンタリー番組は明らかにしていく。

双葉厚生病院に避難指示が伝えられたのは三月十二日午前六時四三分。それは、防護服を着た警察官の突然の来訪によってだった。番組では、この出来事が、やはり病院職員が撮影した、防護服姿の警察官の写真とともに語られていく。救急医療の最前線にいた西山は、「今、そこで人が溺れたり、けがをしているときに、自分は逃げていいのかという思いがあった」、「なんで、現場にいる者に、きちんと教えてくれなかったのか」という。

浪江町は、避難指示が拡大された一〇キロ圏内にある。しかし、ここにも避難指示は届かなかった。番組のなかで、浪江町長の馬場有は、避難指示は午前六時頃のテレビでしか分からなかったと証言している。浪江町と東京電力との間で結ばれていた協定では、事故発生時にはただちに連絡すると定められていたにもかかわらず、何の連絡もなかった。

浪江町も津波に襲われ、瓦礫の下で助けを求める住民が多かった。捜索や救助を打ち切って避難すれば、助かる命も助からない。救助を続行すれば救助隊員が放射線に曝される。引き裂かれる思いで一斉避難を決めた馬場は、つぎのように語っている。「助けてくれという声が聞こえるんだそうです。これは相当生存者がいると。だから、後ろ髪を引かれるように、私どもはこちらの方に避難してきていますよ。あれがなかったら、生存していた方はかなりいらっしゃると思いますよ」。「いやあ、これは、本当につらかったですよ」と言葉を切って語りながら、声を詰まらせ、涙を流す馬場の顔がクローズアップになる。

じつは、「原子力緊急事態宣言」が出された後の午後八時過ぎ、ＮＨＫの震災報道は、スタジオと大熊町生活安全課長の荒木和治を電話でつないでいる。それによれば、大熊町では、地震と津波による行方不明者二名、重体一名、さらに何名かの行方不明者がいるが、確かな情報がない。また、二〇戸すべてが水没した地区がある。さらに、通信網がまったくなくなっていること、停電のなかで暖をとるようにしていること、食事は少しずつ供給していることが伝えられる。津波による大きな被害が出ていて、しかも停電のなかでの夜の避難など、たとえ「安全な場所に移動するための時間は十分にある」にしても、その困難さを容易に想像させる情報ばかりである。

発災以後の福島第一原発をめぐるテレビ報道の映像と音声の「流れ」と、『3・11 あの時』、そして『消えない放射能』のなかの映像と音声の「流れ」を接続してみよう。そこでは、接続された映像と音声の「流れ」によって表象される出来事が、さまざまに先取りされたり、遅れて到来したりしながら、原発震災の危機が始まる時間と空間をひろげていく。

そこかしこで、楽観的な発話が反復されている間に、原発ではメルトダウンが起こり、避難指示区域が拡大していく。しかし、「放射能は現在、炉の外には漏れておりません」、「今の時点では環境に危険は発生しておりません」といわれる。ところが、避難指示区域は津波に襲われ、死者、行方不明者、負傷者が出ていて、懸命の捜索、救助、救援、医療活動がつづけられ、しかも通信網まで失われている。こうした、確実な情報が、確実に届くはずもない被災地に向けて、国は、「確実な情報だけに従って行動するようお願いをいたします」という。「落ち着いて速やかに避難を始めていただきたい」、「慌てず冷静に行動をしてください」ともいう。そして浪江町では、瓦礫の下で助けを求める人びとを残して、「念のための措置」といわれる一斉避難が決断される。これこそが、原発震災の始まりの破局的事態の記録と記憶のひとつなのだ。

5 原発震災の歴史への眼差し

東日本大震災のテレビによる初報も番組とみなすかどうかを別にするなら、ここで取り上げた番組は、震災初報から約一年半のテレビ番組の「流れ」のなかに散在している。そこから、番組を構成するいくつかの出来事の「流れ」と、それを表象する映像と音声の「流れ」を召喚し、それらを新たに接続しなおすことで、どのような原発震災の記録と記憶が可能になるのかをこの序論では考えてきた。

震災初報から召喚した、各地を襲った巨大津波の中継映像と音声の「流れ」の一つひとつは、一〇分近くに及ぶものも少なくない。とはいえ、原発震災後に経過している時間、あるいはテレビ番組の「流れ」となった時間からすれば、それらは一瞬といってもよいほど短い。そして、それぞれが映し出す空間のひろがりは、たとえ空撮映像であっても広くはない。ドキュメンタリー番組から召喚した映像と音声の「流れ」の一つひとつとなると、さらに短く、映し出される空間のひろがりも乏しい。

テレビアーカイブでは、こうした映像と音声の「流れ」が、番組の「流れ」となった時間から解き放たれて召喚される。[6] そして、どのような映像と音声の「流れ」によって、どのような出来事の「流れ」が、どのように表象されているのかが、いわば解体的に検証される。さらに、番組の「流れ」となった時間を解体して、いくつかの映像と音声の「流れ」を接続することで、新たな出来事の「流れ」が表象されていく。テレビアーカイブとは、このようにして、テレビというメディアの技術と不可分に結びつきながら、テレビの可能性を拓く技術といってよいだろう。

震災初報のなかの巨大津波の中継映像と音声の「流れ」と、震災後半年で放送されたドキュメンタリー番組の映像と音声の「流れ」が召喚され、接続される。それによって、接続された一連の映像と音声の「流れ」が表象する出来事の時間と空間がひろがっていく。震災初報から召喚された福島第一原発の危機を表象する映像と音声の「流れ」と、その後に放送されたドキュメンタリー番組やニュース番組から召喚された映像と音声の「流れ」についても同様である。

それでは、『3・11 あの時』から召喚された、声を詰まらせて涙を流す浪江町長の顔のクローズアップは、他のどのような映像と音声の「流れ」と接続され、どのような出来事の時間と空間がひろがっていくだろうか。たしかに、この感情イメージと、発災後に原発危機へと至る出来事を表象する一連の映像と音声の「流れ」を接続すると、浪江町長の情動は、それを生起させる発災後の時間と空間へと広がっていく。津波に襲われてメルトダウンを起こした福島第一原発、原発の危機的状態を前にして楽観的な発話を繰り返す国、さらには、テレビの震災報道それ自体へもこの情動は向かっていく。しかし、官房長官の二度目の会見を伝えた日本テレビのスタジオの映像と音声の「流れ」と、この感情イメージを接続すると、出来事の時間と空間はより一層ひろがる。

日本テレビのスタジオで、まちづくり計画研究所の渡辺実は、「地震発生確率が高いところに原発があることが、このままでいいのかと問うてきた」と語っている。地震も津波も防げない。浪江町では、この不可抗の災害の被災者の捜索、救出が行われていた。しかし、地震と津波の襲ったところには原発も立地していて、それがメルトダウンを起こした。浪江町では助けを求める人びとを残して、一斉避難を余儀なくされた。これが、浪江町長の情動を生起させた破局的事態であり、その時間と空間は、この地震列島の各地に原発を立地させ、経済発展を遂げてきた原子力政策の歴史へとひろがろうとしているのだ。

テレビアーカイブでは、テレビ番組の「流れ」から、原子力政策や原発事故にかかわる出来事の「流れ」と、それを表象する映像と音声の「流れ」を召喚することができる。ここでさらに、二〇一一年九月一日に放送された、テレビ朝日のニュース番組『報道ステーション』のなかで、朝日新聞論説委員の三浦俊章がつぎのように語っていることも考えておこう。「この規模の災害は初めてだが、その後抱えた問題は、医療も、過疎地の振興も、前から未解決の問題だった。それが、震災で一挙に先鋭化したのだと思う」。この問題提起も考えるなら、地域開発や地域社会、あるいは地域政策をめぐる出来事の「流れ」と、それを表象する映像と音声の「流れ」も召喚されなければならない。それらが、原発震災の破局的事態を表象する映像と音声の「流れ」に接続されるとき、原発震災の被災地と被災者の情動を生起させるに至った、アジア太平洋戦争の敗戦後にこの国が経験したさまざまな出来事の記憶が想起されるにちがいない。

「テレビを見ることで、視聴者はテレビという制度に彼、彼女の眼差しを委託している」（Ellis 1982 : 110）。そのようなテレビは、委託された「視聴者の眼差しの代理以上のものとなるように機能し、視聴者が世界を見ることができる眼として機能する」（Abercrombie 1996 : 11）。テレビアーカイブによって召喚される映像と音声の「流れ」は、テレビに委託された眼差しの代理以上となって世界を見ることを可能にしてきた「眼」である。原発震災後の「いま」、このようないくつもの「眼」によって、ありうる記憶、あるべき記憶を想起する技術にして制度こそがテレビアーカイブなのである。それはまた、原発震災後の「いま」、その忘却に抗するテレビジャーナリズムが向き合うべき課題の集積態でもあるのだ。

【注】

（1） B・スティグレールは、つぎのように述べている。「テクスト性を発見するのは、（中略）異なった文脈で同じテクストを読み反復する際、そのテクストの同一性を失い、みずからの同一性を危機に晒すからだ」。「同じテクストが、文脈化という散種において無際限に変化し、逸脱していくのを発見するとき、読み手は、今とここ、時間と空間が還元不能で、自分自身がテクスト的、すなわち過去の既現的な言表の織物であり、自分自身のもの、みずからが生きたものが、受け継ぎ、絶えず解釈すべきものであるのを発見するかぎり、還元不能な差延のプロセスに捉えられる」（Stiegler 1996＝2010：91–92）。

（2） ある映像と音声の「流れ」より後の映像と音声の「流れ」によって表象されるものは、先にあるものからすれば後知恵になる。つまり、「遅延化された時間として経験されるテクスト性、それは後知恵（エピメテイア）である。（中略）後知恵としての先取りは、本質的に遅延化された時間なのである」（Stiegler 1996＝2010：90）。そして、出来事を表象する映像と音声の「流れ」を保存し、反復させるアーカイブの技術をつぎのように考えることができる。「先取りが「過ぎ去ったもの」の事後における（脱固有化、忘却、失欠における、そして、それからの）固有化だとすれば、伝達技術の根本的な再配置は、時間化そのものにとって根源的な影響を有しているだろう。このような文脈で、時間性の本来的に技術－論理的な次元は、もはや無視できないだろう」（Stiegler 1996＝2010：99）。

（3） 他の映像＝イメージと、まったく関連性のないような映像でさえ、何らかの他の映像＝イメージとの潜在的仮想的接続を成立させていることを、G・ドゥルーズはつぎのように指摘している。「ひとつの映像が孤立することはありえません。重要なのは映像相互間の関係です。では、知覚が純粋な視覚と純粋な音声にきりつめられたとき、もはや行動との関係を失った知覚は、いったい何と関連づけられるのでしょうか。そう、現実の映像は、運動という名の延長から切り離されて、心の映像とか鏡像といった潜在的映像と関係をもつようになるのです」（Deleuze 1990 : 75＝1992 : 90-91）。

（4）表象された出来事が「最終的に保っている還元不能なもの」を到来させるのが、J・デリダのいう「差延（différance）」にほかならない（Derrida et Stiegler 1996 : 18＝2005 : 21）。そして、この「差延」を可能にするのがアーカイブなのである。世界的なアーキビストにして、アーカイブズ学を専門とするE・ケテラールが、デリダを参照しながらつぎのように述べていることを、ここで確認しておこう。「デリダは、すべての意味を差異と遅延のふたつのプロセスから作られるものとして考えます。意味は完全に提示されることはありませんが、あるものとないもの、そして見えるものと見えないものの相互作用を通して構築されます。見えないものは過去の中に、そしてアーカイブズ、図書館、博物館の隠れた場所に置かれています」（Ketelaar 2004＝2006 : 42）。

（5）福島第一原発の過酷事故は、津波による非常用電源の喪失だけではなく、地震によるものでもなかったのかという指摘がある（山本 2011 : 95）。

（6）このようなテレビアーカイブを、「イメージの解体的分析」を可能にする記録の収蔵庫ということもできる。「イメージの解体的分析の可能性は、離散的技術としてのインデキシング技術、つまりイメージの諸要素に標柱を立てる操作」（中路 2006 : 230）によって展開される。

【引用文献】

Abercrombie, N.（1996）*Television and Society*, Polity Press.

Bertini, M. B.（2008）*Che cos'è un archivio*, Carocci editore S.p.A.（＝2012『アーカイブとは何か』湯上良訳、法政大学出版局）

Deleuze, G.（1983）*Cinéma 1 – L'image-mouvement*, Les Éditions de Minuit.（＝2008『シネマ1＊運動イメージ』財津理・齋藤範訳、法政大学出版局）

Deleuze, G.（1990）*Pourparlers 1972–1990*, Les Éditions de Minuit.（＝1992『記号と事件――1972-1990年の対話』宮林寛訳、河出書房新社）

Derrida, J. et Stiegler, B.（1996）*Échographies de la télévision*, Galilée-INA.（＝2005『テレビのエコーグラフィー――デリダ〈哲学〉を語る』原宏之訳、NTT出版）

Eco, U.（1967）*Opera Aperta*, Bompiani.（＝1990『開かれた作品』篠原資明訳、青土社）
Ellis, J.（1982）*Visible Fictions*, Routledge.
橋元良明（2013）「調査から見た被災地におけるメディアの役割」『マス・コミュニケーション研究』第82号
Ketelaar, E.（2004）Time Future Contained in Time Past: Archival Science in 21st Century,『アーカイブズ学研究』No. 1.（＝2006 児玉優子訳「未来の時は過去の時のなかに――21世紀のアーカイブズ学」、記録管理学会・日本アーカイブズ学会共編『入門・アーカイブズの世界――記憶と記録を未来に』日外アソシエーツ）
中路武士（2006）「イメージとテクノロジー」、石田英敬編著『知のデジタル・シフト』弘文堂
Stiegler, B.（1966）*La technique et le temps 2. La désorientation*, Galilée.（＝2010『技術と時間2　方向喪失　ディスオリエンテーション』石田英敬監修、西兼志訳、法政大学出版局）。
Williams, R.（1975）*Television: Technology and cultural form*（Second edition published 1990）, Routledge.
山田賢一（2011）「駐日特派員十人に聞く　外国メディアが見た東日本大震災」『GALAC』二〇一一年一〇月号
山本義隆（2011）『福島原発事故をめぐって――いくつか学び考えたこと』みすず書房

第一部　拡張するテレビアーカイブを読み解く

第一章　テレビアーカイブとメタデータの課題

西田善行

1　原発震災のアーカイブ研究とメタデータ

蓄積する番組、分析されるメタデータ

かつてテレビは「流しっぱなし」のメディアであり、視聴者は映像として保存する術を持たなかった。家庭用ビデオデッキの普及が進んだ一九八〇年代以降も、テレビ番組、とりわけ再放送やＤＶＤなどによる販売の機会のないニュースやワイドショー、ドキュメンタリーは、視聴者あるいは研究者が選択的に記録した番組を除けば、再び見られる機会はほとんどなかった。そのため、データベースが充実し、記事へのアクセスも容易で長期的な分析が可能となっている新聞に比べ、研究者がテレビでの放送・報道内容の長期的なスパンで分析、検証することは、非常に困難なものであった。

周知の通り、テレビの視聴環境はここ数年で確実に変化している。キャッチアップサービスの拡充や、全録機など大容量録画機の増加など、タイムシフト視聴がスマートフォンなどを介して一層容易なものとなりつつある。国

立国会図書館による放送アーカイブ構想も含め、テレビ番組のアーカイブ化は一つの潮流といえる。一方でリスクや情報の管理の立場から自らの情報を収集する企業などに対して、テレビ番組の放送内容についてその情報を提供する企業も存在する。こうした状況は、テレビ番組を研究利用する場合においても重要である。特定のテーマにかんする放送内容を、キーワードを利用して探し出すことが可能になったため、これまでであれば見逃されていたような番組での言及についても確認できるようになった。こうした特性を研究に活かせば、あるテーマにかんする報道量の変化やその特性などを分析できる。実際番組データ提供サービスや、文字放送データを利用した研究はすでにいくつか行われている。とりわけ、二〇一一年の東日本大震災と福島第一原発の事故については、こうしたテキストデータを用いた分析が、短期的なものから中期的なものまで複数ある（遠藤 2012、松山 2013、三浦 2012、原 2015・2017、稲増・柴内 2015、加藤 2015・2017、米倉 2017）[1]。筆者もまた、およそ六年間にわたり東日本大震災と原発事故に関連するテレビ報道のアーカイブ化と、それを利用した分析を行ってきた（西田 2015）[2]。これらの研究に用いられたデータは、かつて行うことができなかった新たなテレビ研究の可能性をもたらしている。「テレビは何を伝えているのか」について、メタデータのもたらす膨大な情報が、その全体像をとらえることを可能にしているように見えるのである。

資料としてこうしたデータを取り扱うことについて、筆者も含め多くの研究者がその限界を指摘しているが、メタデータの性質や特徴について、具体的な検討が十分になされてきたとは言い難い（石田・岩谷 2012）。企業による番組データの提供サービスは、顧客に対して迅速にデータを提供するため、その記述が概略的であり、記述内容等に厳密性を欠く部分があることは否定できない。そのため、データの性質を見極めることなく研究調査に利用することは、調査結果の信頼性を損なうことになりかねない。そもそも従来からテレビ番組の内容分析の困難として指摘されていた通り、文字情報が中心の新聞以上に、テレビ番組は映像や音声、図像、テロップ、音楽など、マルチモダルな記号によって成り立っているのであり、データ記述には何らかの恣意的な選択と言語化が伴うことになる。

そのため本章では、こうした企業が提供する放送番組データを用いて研究すること、そして研究のためのテレビアーカイブを構築することが、どのような意義を持ち、どのような課題があるのか、その方途について議論していきたい。

議論のたたき台として、まず企業が提供する放送番組のメタデータについて、言語計量分析や実際の映像との比較、あるいはサービス提供企業へのヒヤリングなどをもとに、メタデータの特徴を示していく。そして震災報道の研究利用の際、こうしたメタデータは何を分析でき、何を分析できないのか提示する。

法政大学サステイナビリティ研究所のテレビアーカイブ

法政大学のサステイナビリティ研究所にある放送アーカイブでは、震災直後から複数のビデオデッキなどを用いて震災・原発関連番組の収集を行ってきた。さらに二〇一一年の八月からPTPの提供する「SPIDER PRO」の機器およびデータサービスを用いて発災以降の震災・原発にかんする番組を、ニュースやドキュメンタリーを中心に、ドラマやバラエティ番組も含めて幅広く収集、蓄積してきた。二〇一七年一〇月時点で、収集した番組は外部保存先であるDVDやブルーレイディスクが一三〇〇枚以上となっている。さらにSPIDERで収集した番組だけでも二テラバイトから三テラバイト容量のハードディスク七台に収められている（第一部扉写真参照）。

SPIDER PROでの収集内容について簡単に説明しておこう。放送アーカイブでは、SPIDER PROを用いて関東で受信可能な地上波のうち、NHK（総合、Eテレ）、日本テレビ、TBS、フジテレビ、テレビ朝日、テレビ東京の計七チャンネルを二四時間、一三日程度の期間で同時録画を行っている。撮りためた内容については、PTPが配信する番組データを用いて検索・保存することが可能である。

放送アーカイブでは「震災」「原発」のほか、「津波」「復興」といった震災関連の語句や、「原子力」「放射」など原発事故にかかわる語句、さらに「温暖化」「水俣」「自然エネルギー」などの環境・エネルギー問題にかかわる言葉から番組情報について検索をかけ、その検索結果と内容に合致する番組の収集を行っている。検索は番組の概要からだけでなく、より詳細な番組内のコーナーからも該当する言葉を引き出すことが可能になっている。メタデータにはニュースなどで述べられた内容だけでなく、関連ワードとしてキーワードとなる語句や、映像で映された地域や施設などの情報も入っている。その意味でこれらのキーワードの検索結果とその映像を収集することで、キーワードにかんする映像とデータのアーカイブが構築可能になるのである。

2　メタデータとは何か

議論を始める前に、テレビの番組内容の確認の際に用いられている「メタデータ」とはそもそもどういったものなのか、整理しておきたい。一般的な定義・理解としては、メタデータとは「データにかんするデータ」あるいは「データにかんする構造化されたデータ」である（堀池・吉田 2003、谷口・緑川 2016）。谷口祥一と緑川信之は人間の学術や芸術、日常記録などの知的活動によって生産された、紙メディアや電子メディア、通信メディアなど何らかのメディア上に体現したものを知識資源と定義し、知識資源自体が組織化された一種のデータと呼びうるものであり、そのデータを組織化したものがメタデータであるとしている（谷口・緑川 2016）。

メタデータは管理や保存を目的としたもの、内容の記述を目的としたものなど、それを付与する目的によって記述される内容が異なっている（堀池・吉田 2003）。たとえば放送番組にメタデータを付与する場合、放送日時や放送番組のタイトルといった放送した番組にかんする基本的な情報に加え、それを保存した媒体の名前やその番号、あるいは所在場所を記載するのは、管理や保存・保管を目的としたデータ項目といえる。一方で放送局がメタデータを付与する場合は、その後の二次利用なども考えて使用した音楽の著作権者や映し出された人の連絡先などが必要になる。つまりメタデータの作成、すなわちデータの組織化・体系化は、それをアーカイブ化する主体の目的・

意図によって異なった構造になるということであり、そこから得られる情報・知も異なったものになるのである。

どのような目的で記載するのであれ、メタデータはデータそのものではなく、データにまつわる二次的な記述であり、記述には記載主体の意図が介在する。そのため、メタデータを何らかの理由でその分析対象とする場合、たとえ新聞データベースのような文字情報を記録したものであっても、厳密な意味ではデータそのものを分析したことにはならない。その意味でメタデータはデータそのものとは異なる自律性を有しているといえる。

そのため、もし本来の分析の対象である知的資源の代わりに、そのメタデータを分析することでその知的資源の一定の傾向を示そうとするのなら、分析対象となるメタデータがどのような意図をもって、どのように作成されたのか、検証を行う必要があるだろう。

3　番組メタデータ提供サービス企業へのヒヤリングから

先述の通り、二〇一一年の東日本大震災および福島第一原発事故にかんするテレビ報道の一定の傾向を知るために、複数の研究で用いられていたのが、民間企業提供のテレビ番組の報道内容についてのデータであった。これらの企業は、日常的にテレビ番組をモニタリングし、そのメタデータを集積して企業や官公庁に情報を提供するサービスや、こうしたデータを用いて番組内容を検索して視聴する録画機の販売などを行っている。[3]

ここではまず、番組メタデータ提供サービス企業へのヒヤリングの結果から、メタデータがどのような意図のもとで作成されているのかを示しておこう。ヒヤリングを行ったのは、株式会社PTP代表取締役社長、有吉昌康氏である。[4] 同社のホームページによると、二〇〇〇年に創立したPTPは「ハードディスクレコーダー SPIDER と、SPIDER 上で検索やソーシャルサービスなどを実現するためのクラウド・サービスを開発、販売する。ハードウェアの設計からソフトウェアの開発、クラウドサービスの開発・運用まで一気通貫ですべて自社で行う。二〇〇七年よりスタートした法人事業では、SPIDER PROとプロフェッショナル用サービスを提供し、一般企業の広報部、宣伝部だけでなく、中央官庁、地方自治体、放送局、広告代理店など幅広い業界で利用されており、利用企業は約五〇〇社・団体にのぼる。（二〇一四年一一月時点）」（PTP 2014）としている。有吉氏によるとヒヤリングを行った二〇一六年五月時点で利用企業は約六〇〇社・団体となっている。

ヒヤリングではまずPTPでのメタデータの入力体制について尋ねた。有吉氏によれば、当初はエム・データ社の提供するメタデータを使用していたが、それでは顧客からの依頼、たとえば企業情報にかんする固有名詞の修正などの対応をしきれないため、自社による独自の体制を整えることになった。現在メタデータの入力は、自社で作成したマニュアルをもとに、一定のトレーニングを積んだアルバイトが行っている。作業は四社の協力企業と自社の計五社、およそ七〇名の八時間シフトで行われている。作業分担はまずCMと番組で二つに分かれ、さらに一つの番組内のコーナーについて出演者、関連ワード、内容といった形で複数名により分担して書き加えつつ、最後に自社がクオリティチェックを行うという形で行われている。(5)

次にメタデータの入力規則について尋ねた。SPIDER PROでは放送局がEPG（電子番組表）で提供する番組情報と、自社で独自に作成した「CM」「コーナー」というデータ項目から、番組やCMを検索しての視聴や、そのデータの取得が可能になっている。ただしこのコーナーのデータは、番組によりその記述量に偏りが見られる。たとえば報道番組ではコーナーを分けて詳細に内容を記述しているのに対し、ドラマやスポーツ中継では出演者情報など概要的な記述にとどまっている（表1）。またNHK教育テレビについては一部のニュース（手話ニュースなど）を除いてコーナー記述は行われていない。こうした違いはどのような意図から生まれているのか尋ねた。有吉氏によれば、SPIDER PROは法人向けサービスであり、一般企業や官庁の広報や報道対応を行っている部署が顧客の中心で、自社情報がニュースや情報番組でどのように取り扱われているのか、その確認・対応のために使われている。たとえば大阪市長をしていた橋下徹や、東京都知事をしていた猪瀬直樹は、当時自らの発言がニュースや情報

【ニュースのコーナーメタデータ例】 [放送局名] ＮＨＫ総合１・東京 [番組開始日時] 2016/3/11 12:00 [番組終了日時] 2016/3/11 12:20 [番組名] ニュース [字] [コーナー開始日時] 2016/3/11 12:08 [コーナー長さ（秒）] 155 [内容]〈全国のニュース〉今後５年間の復興基本方針 閣議決定▼政府は今日の閣議で震災発生から10年間で合わせて32兆円程度の復興予算を確保して，被災地の自立に繋がり地方創生のモデルとなるような復興を実現するなどとし，復興・創生期間と名付けた今後５年間の基本方針を決定した。方針には，東京五輪・パラリンピックなどを復興五輪とし，被災地で聖火リレーなどを行い世界に発信することなどが盛り込まれている。　関連ワード：【イベント】東京パラリンピック，【イベント】東京五輪，【施設】福島第一原発（福島県双葉郡大熊町大字夫沢字北原22)，【企業】東京電力，【用語】聖火リレー，【用語】復興・創生期間，【用語】東日本大震災，【用語】復興予算　カテゴリ：ニュース [出演者]【レギュラー出演】高瀬耕造（日本放送協会），【その他】山本剛史（日本放送協会）
【ドラマのコーナーメタデータ例】 [放送局名] テレビ朝日 [番組開始日時] 2016/3/7 14:59 [番組終了日時] 2016/3/7 15:55 [番組名] 科捜研の女11　＃１４ [字] [再] [コーナー開始日時] 2016/3/7 15:22 [コーナー長さ（秒）] 335 [内容]〈本編3〉事件現場に残されていた作業台にあった和菓子とゴミに捨ててあった和菓子の成分を調査した…▼黒い樹海の番組宣伝。　関連ワード：【番組宣伝】黒い樹海　カテゴリ：ドラマ [出演者]【レギュラー出演】沢口靖子，風間トオル，斉藤暁，長田成哉，栗塚旭，奥田恵梨華，岡田義徳，内藤剛志

表１　SPIDER PRO ジャンルによるメタデータの比較例

番組でどのようにとり扱われているのか、チェックして対応を決めていた。こうしたニーズの問題から、顧客にかんする最新の情報が出るニュース・情報番組は詳細に入力し、ドラマやスポーツ中継などについては基本的にはコーナーの内容記述を省略しているとのことである。

またニュースや情報番組などのコーナー区分の基準について尋ねると、VTRとスタジオコメントが大きな区分としてあり、連続的な報道内容についても、テロップの変化によってコーナーを区切ることにしていると答えた。ただしどこからどこまでが同一のニュースかの区分も無視しているわけではなく、タイトルテロップなどを記載することで、そのつながりがわかるようにしている。VTRとスタジオコメントを区別するのは、クライアントがVTRだけでなくスタジオでのキャスターやコメンテーターの意見も気にしていて、中にはスタジオコメントのみを確認したいという要望もあるためとのことだった。またSPIDER PROのメタデータにはコーナー記述の際、取り上げられた地域や企業、商品、用語などの「関連ワード」が記載されているが、これはテロップやフリップ、音声などから明らかになる固有名詞は極力入力する方針によるものである。商品名や企業名の映り込みについては、スポーツ中継での商品や企業ロゴの表示なども含め、広告会社などからの依頼はあるが、ニーズは多くないため行っていない。一方で内容部の記載に際して記入者の解釈を極力排除していて、コメンテーターの感情などは基本的には記入しないことにしている。

こうした入力にかんする規則は、クライアントの要望による微調整を除けばこれまで大きく変わっておらず、今後の放送番組の形式が大きく変わるなどがない限り基本的には変化しないと述べていた。

以上のヒヤリングから明らかなのは、SPIDER PROが提供するメタデータが、企業・団体の日常の報道対応とリスク管理に資する情報の提供を主な目的として作成されているということである。その結果、顧客に関わる情報が示される可能性の高いニュースや情報番組の内容が詳細に書かれる一方で、ドラマやスポーツ中継、教育番組などの記述が省略されている。またコーナーの区分についても、必要な情報に手早くアクセスするためVTRとスタジオコメントを分けるなど、利用者の利便性に配慮した区切りになっている。PTPに限らず多くの番組メタデータ提供サービス企業も、作成するメタデータの企業による違いはあっても、視聴者一般のニーズというより企業・団体の日常の報道対応とリスク管理に資する情報を提供することがそのサービスの主な目的であることは同様である。(6)

4　原発震災報道をもとにしたメタデータの検討

分析対象と分析方法

上記のヒヤリング結果を踏まえ、ここでは実際にメタデータがどのように作られているのか、具体的に番組の放送内容とメタデータを比較し、その特徴について検討を行う。対象とする番組は、NHKの『ニュースウオッチ9』の二〇一六年三月九日放送分（六八分、以下『NW9』）と、同じく二〇一六年三月九日放送の、テレビ朝日『報道ステーション』（七六分、以下『報ステ』）である。この日は福井県高浜原発3・4号機の運転差し止めの仮処分を大津地裁が出しており、両番組ともトップニュースとなった（NW9は一四分一二秒、報ステは五分一秒）。また東日本大震災から五年となる二〇一六年三月一一日に向けて、この週は両番組とも連日震災や原発事故に関連した特集が組まれており、この日もNW9は南相馬市の複合災害について（二〇分五七秒）、報ステは大槌町の復興状況について（九分三九秒）の特集が放送された。このように多くの時間を「原発」と「震災」関連のニュース、特集に割いたこの日の両番組は、「震災」「原発」関連報道にかんするメタデータの検証に際して、格好のサンプルといえよう。

本章では、当日の二番組の放送内容から、高浜原発3・4号機の運転差し止めのニュースと東日本大震災にかんする特集、計四九分四九秒について、その音声内容とテロップ・フリップなどの文字情報を書き起こし、(7) メタデータの該当箇所との比較を行った。まずニュース・特集一本においてメタデータが実際どのように区分されているのか、先のヒヤリングを踏まえて検討を行う。次に要約としてまとめられたメタデータの言葉は、音声やテロップの書き起こしと比べてどのような言語的特徴があるのか、「KH Coder」（樋口 2014）を用いた計量テキスト分析を行った。ここから各項目の特徴的語句を析出し、その特徴を検討する。

ニュースの区切りをめぐって

先のヒヤリングでSPIDER PROのメタデータが、ユーザーの利便性を考えて主にVTRとスタジオコメントに区分されていること、VTRの中もテロップの変化などでさらに区分されていることが確認された。それを踏まえ、分析対象においてメタデータがどのように区分したのか検討することにしよう。

ある報道内容に関連する報道量を見る際、そのニュースの本数を数えることは一般的といえる。ロンドンオリンピックのニュースの内容分析を行った中正樹らは、NHKと民放キー局の四社のニュース五番組を対象に、ニュースの本数と時間数からその報道量の調査を行っている（中・日吉・小林 2015）。中らは、オリンピックスタジオでアナウンサーやキャスターが要約的な説明を始めた際に画面に表示されるテロップ（ヘッドライン）を「タイトルテロップ」と呼び、そのニュースをさらに説明する「サブタイトルテロップ」のもと、複数の映像内容が束ねられて一本のニュースを構成するものとして説明している（中・日吉・小林 2015）。

この基準で考えると、NW9の三月九日の放送では、「高浜原発3・4号機　運転停止命じる仮処分決定」という一つのニュースが、番組開始冒頭から一四分一〇秒の間放送されたことになる。中身を見ていくと、まず冒頭の一分三八秒で「全国初の決定　〝稼働中の原発ストップ〟どうなる日本の原発」というサブタイトルテロップのもと、高浜原発という稼働中の原発を止めるという、これまでなかった判決が下されたことをトップニュースとして提示している。その後スタジオでアナウンサーの鈴木奈穂子が、「福井県にある高浜原子力発電所3号機と4号機について、大津地方裁判所は、稼働中の原発に対して初めて運転の停止を命じる仮処分の決定を出しました。関西電力は異議を申し立てる方針ですが、今回の決定によってすみやかに原子炉を止めなければならなくなりました」と述べ、「高浜原発3・4号機　運転停止命じる仮処分決定」というタイトルテロップが提示される（三〇秒）。その後「高浜原発運転停止　大津地裁が仮処分決定 稼働中の原発で全国初」というサブタイトルテロップのもと、VTRで決定した仮処分の内容、関西電力、地元福井県、原子力規制委員会、専門家などのコメントなどを示した後（六分四一秒）、スタジオで司法担当記者と原発担当記者の二人による判決の解説が行われる（六分一九秒）。

メタデータ1　NHK『news watch 9』二〇一六年三月九日放送分「高浜原発3・4号機　運転停止命じる仮処分決定」

［区分①九四秒］〈ニュース〉全国初の決定〝稼働中の原発ストップ〟どうなる日本の原発▼福井県にある高浜原子力発電所3号機と4号機の運転停止を命じる仮処分決定を大津地方裁判所が出した。大阪では号外が配られた。菅官房長官は世界最高水準と言われる新規性基準に適合すると判断したもので政府としてその判断を尊重し再稼働を進めるという方針に変わりはないと記者会見で述べた。　関連ワード：【住所・地域】大阪（大阪）、【住所・地域】高浜町（福井）、【施設】高浜原子力発電所3号機と4号機（福井県大飯郡高浜町田ノ浦1）、【団体】大津地方裁判所（滋賀県大津市京町3－1－2）、【企業】関西電力　人物：菅官房長官　人物（正式名）：菅義偉（自由民主党）　カテゴリ：ニュース

［区分②四三九秒］〈ニュース〉高浜原発3・4号機　運転停止命じる仮処分決定▼福井県にある高浜原子力発電所3号機と4号機の運転停止を命じる仮処分決定を大津地方裁判所が出した。関西電力は異義を申し立てる方針だが、今回の決定によって速やかに原子炉を止めなければならなくなった。滋賀県内の住民二九人が去年一月に高浜原発3・4号機の運転停止を求める仮処分を申し立てていた。稼働中の原発の運転停止を命じる仮処分の決定は初めてとなる。住民代表は画期的な決定が出たとコメント。大津地裁は去年四月から住民・電力会社から四回の意見聴取を行った。住民は地震の大きさを過小評価していると主張し、関西電力は安全性に問題はないと反論していた。大津地裁の山本善彦裁判長は、関西電力の方法はサンプルが少なく科学的に異論ないと考えることができず、避難計画についても疑問が残り、安全性の確保について説明を尽くしていないなどとした。関西電力は明日3号機を停止し、仮処分の決定取り消しを求めて異議申し立てを行うと記者会見で明らかにした。▼高浜原発3号機はことし一月に新しい規制基準のもと再稼働したが、仮処分は直ちに効力が発生じるため、関西電力は3号機を速やかに止める必要がある。4号機は先月二九日に原子炉が自動停止するトラブルがあったが、仮処分で再稼働の時期が見通せなくなった。原発がある福井県高浜町民は理解できない判決だ、危険はあると思うから複雑な心境だなどと語った。福井県の西川知事は立地地域の不信・不安を危惧するもので遺憾に思うとコメント。福島第一原発事故から間もなく五年となるが、仮処分や集団訴訟は約三〇件にのぼっている。高浜原発の3号機・4号機をめぐっては、去年四月に福井地裁が再稼働を認めない仮処分決定を出したが、

別の裁判長が関西電力の意義申し立てを受けて決定を取り消している。再稼働の審査を行ってきた原子力規制委員会の田中俊一委員長は、どういう理由で仮処分決定が出たか分からないので、安全審査にどう影響するか分からない、世界最高レベルに近づいているとの認識は変える必要はないと思っているとコメント。原発と社会の関係を研究している福島大学の開沼博特任研究員は、実際に動いている営業損害が出るものまで止めるのは相当な根拠がなくてはできないのでそれがあったというのが裁判所の判断だ、安全規制を高めていくことにより広い理解が求められる時代になっていると指摘した。関連ワード：【住所・地域】滋賀県、【住所・地域】福井県、【住所・地域】高浜町（福井）、【施設】高浜原発の3号機・4号機（福井県大飯郡高浜町田ノ浦1）、【施設】高浜原子力発電所3号機と4号機（福井県大飯郡高浜町田ノ浦1）、【企業】関西電力、【団体】原子力規制委員会、【団体】大津地裁（滋賀県大津市京町3－1－2）、【団体】大津地方裁判所（滋賀県大津市京町3－1－2）、【企業】福島大学、【用語】福島第一原発事故　人物：開沼博特任研究員、田中俊一委員長、山本善彦裁判長、西川知事　人物（正式名）：開沼博（福島大学）、田中俊一（原子力規制委員会）、山本善彦、西川一誠　カテゴリ：ニュース

出演者：【レギュラー出演】鈴木奈穂子（日本放送協会）

［区分③三一九秒］〈ニュース〉高浜原発　運転停止　大津地裁が仮処分決定　稼働中の原発で全国初▼大津地裁が高浜原発3・4号機の停止を命じる仮処分決定を出したことについて、社会部司法担当の横井記者が解説。稼働中の原発を停止する判断に至った理由を、説明が不十分と解説。大津地裁は安全性の説明を関西電力に求めたが、その説明が不十分だと判断し、原子力規制委員会の安全基準に合格しただけでは不十分だと指摘した。仮処分の特徴は即効性で、関西電力は速やかに原発を止めなければならない。関西電力が異議申し立てを行うと、大津地裁で再び審理が行われることになる。▼大津地裁が高浜原発3・4号機の停止を命じる仮処分決定を出したことについて、科学文化部原発担当の本木記者が解説。関西電力は速やかに原発を停止しなければならず、営業運転をしている3号機は、明日の午前一〇時頃から出力を落とし、夜の八時頃に停止させる予定。トラブルで停止中の4号機はそのままの状態になる。原子力規制委

員会の審査を受けている原発は全国に一五原発二二機あり、国や電力会社は再稼働を目指す方針に変わりはないとみられるが、今回の仮処分を受けて原発停止を求める動きが各地で活発になる可能性がある。関連ワード：【施設】高浜原発3・4号機（福井県大飯郡高浜町田ノ浦1）、【団体】大津地裁（滋賀県大津市京町3－1－2）、【企業】関西電力、【団体】原子力規制委員会　カテゴリ：報道特集
出演者：【レギュラー出演】鈴木奈穂子（日本放送協会）、【その他】本木孝明（日本放送協会）、横井悠（日本放送協会）

メタデータ1はこのニュースにかんする内容部と出演者情報を表したものである。[8] SPIDER PROにおけるコーナーメタデータの一件は、必ずしも中らの言うニュース一本となっていない。このニュースのメタデータは冒頭のVTR（一分三四秒・区分①）、アナウンサーの冒頭要約とVTR（七分一九秒・区分②）、スタジオ解説（六分一九秒・区分③）の三つに分かれており、ヒヤリングでの指摘を裏付けるものとなっている。このメタデータでは「ニュース」と「報道特集」という二つのカテゴリによってVTRとスタジオ解説部が区別されていることがわかる。

メタデータ2　テレビ朝日『報道ステーション』二〇一六年三月九日放送分「〝稼働中の原発〟では初　高浜3・4号機運転差し止め」

［区分①二〇七秒］〈ニュース〉〝稼働中の原発〟では初　高浜3・4号機　運転差し止め▼滋賀県の住民が高浜原発3／4号機の運転禁止を申し立てた仮処分。大津地裁は運転差し止めを決定した。差し止めはすぐに効力を発揮するため、関西電力は高浜原発3号機を差し止める方針。裁判長は原子力規制委員会の新規性基準がそもそも妥当ではないとした。さらに「避難計画」については国が主導して具体的に早急に策定するように求めた。　関連ワード：【住所・地域】滋賀県、【施設】高浜原発（福井県大飯郡高浜町田ノ浦1）、【団体】原子力規制委員会、【企業】関西電力　カテゴリ：ニュース

出演者：【レギュラー出演】古舘伊知郎、【その他】田村信大（朝日放送）
［区分②九三秒］〈ニュース〉**スタジオトーク▼**原発は立地している地域だけでなく周りの地域、または日本全体に及ぼすものだということを問いかけたと話した。　カテゴリ：トーク／MC
出演者：【レギュラー出演】ショーン・マクアードル川上、古舘伊知郎

次に報ステの高浜原発の運転差し止めのニュースを見ていこう。「〝稼働中の原発〟では初　高浜3・4号機　運転差し止め」というタイトルテロップのもと、キャスターの古舘伊知郎が「まず最初にお伝えするのはですね、福井県の高浜原発3号機が現在動いていて、4号機は送電というところで警報が鳴って今停止という状態にあるわけですが、この3・4号機に関して、運転差し止めの決定です」という形でニュースを提示し（二九秒）、VTRに入る。VTRではまず仮処分の決定内容を読み上げるナレーションがあり、弁護団、原子力規制委員会、関西電力の会見を映している（二分五七秒）。その後この問題についてのキャスターとコメンテーターとのやりとりがスタジオで行われる（一分三四秒）。メタデータ2ではやはりキャスターの提示部とVTR（三分二七秒・区分①）、スタジオでのキャスターとコメンテーターとのやりとり（一分三三秒・区分②）という二つのコーナーに分かれており、「ニュース」と「トーク／MC」という別々のカテゴリになっていることがわかる。

メタデータの冒頭部はコーナータイトルであり、基本的には内容上の分類やまとまりを山括弧（〈　〉）で提示し、タイトルテロップやサブタイトルテロップが記載されている。またこのコーナータイトルはCMなどでコーナーが複数にまたがった場合に結びつける役割をしている。ただしメタデータ1とメタデータ2のコーナータイトル部を見てわかるように、コーナータイトルが必ずしも一致しない場合もあり、「震災」や「原発」といったキーワードで検索を行っても検索から漏れることもある。(9)

このようにSPIDERが示すメタデータの一コーナーは、必ずしもひとまとまりのニュースを意味していない。

	NW9（35分09秒）			報ステ（14分40秒）		
	音声	テロップ	メタデータ	音声	テロップ	メタデータ＊
総文字数	10076	3012	3866	4328	2088	535
総抽出語数	6289	1862	2430	2670	1337	334
異なり語数	985	587	527	704	470	175

表2　分析対象の語数
＊報ステのメタデータは震災特集箇所のスタジオトーク部分（94秒）なし

こうした傾向は放送時間の長い昼や夕方のワイドショーとニュースで顕著である。そのため、従来の内容分析にこうしたメタデータをそのまま応用することには慎重になる必要がある。ただし、SPIDERなどのメタデータがニュースやワイドショー、情報番組などにおけるコーナー区分の仕方に一貫性が認められるのであれば、キーワードにかかったコーナー数の推移が、長期的なスパンに立った報道量の推移を見る上で有益なデータであることは確かであろう。

メタデータの言語的特徴

次にメタデータがどのような言語的特徴を持つのか、KH Coderを使用して、音声を文字起こししたものと、テロップとフリップを記録したもの（以下「テロップ」）との比較から明らかにしていく。表2は分析対象における総文字数、総抽出語数、異なり語数を示したものである。

ここから番組内容の差ではなく、メタデータ、音声、テロップという三つの項目の特性を見るため、両番組を統合してそれぞれの項目に特徴的な語句をKH Coderを用いて検出した（表3）。ここからSPIDER PROのメタデータが音声やテロップではあまり登場しない特徴的な語句があることがわかる。先に示した通り、SPIDER PROのメタデータでは、関連ワードとして映し出された施設や団体の住所が記載されている。そのため福島第一原発の所在地（福島県双葉郡大熊町大字夫沢字北原）を示す語句など、場所を表す語が特徴的な語句として現れることになる。ここからメタデータが実際の放送では表示されない場所にかんする独自情報を記載していることがわかる。一方でメタデータ上には応答を示す

メタデータ			音声			テロップ	
字	.455		原発	.159		高浜原発	.081
大字	.455		決定	.138		地裁	.053
北原	.455		はい	.138		午後	.038
大熊	.455		思う	.135		中継	.025
東日本大震災	.455		津波	.122		現実	.025
夫沢	.455		仮処分	.109		町民	.017
ニュース	.429		事故	.100		平成	.013
双葉	.385		今	.098		4月	.013
大飯	.364		人	.093		お茶	.013
田ノ浦	.364		関西電力	.084		平野	.013

表3　各項目の特徴語句の検出（KH Coder）

「はい」や、「思う」といった会話で示される動詞など口語的語句や、テロップによく示される「中継」や「地裁」といった場所や状況を指し示す語句があまり登場しないこともわかる。このようにヒヤリングで語られたメタデータでの固有名詞の意識的な記載という特徴が、分析からも見えてくる。

一方で音声では「地震」や「津波」といった言葉が繰り返し用いられる傾向がある。たとえばNW9での高浜原発の運転差し止めのニュースでは、「今回の仮処分の決定はどのように判断されたのか。大津地裁は、去年四月から、四回にわたって住民と電力会社から意見を聞いていました。この中で住民は、「地震」の揺れが想定が不十分で、起こりうる「地震」の大きさを過少評価してるなどと主張。一方関西電力は、厳しい想定で対策を講じており、安全性に問題はないなどと反論していました。今回の決定で、大津地裁の、山本善彦裁判長は、関西電力の「地震」の最大の揺れを評価する方法は、サンプルが少なく、科学的に異論のない方法と考えることはできないと指摘しました」というナレーションが判決内容の解説としてなされている。このなかで「地震」という言葉が三回用いられており、判決が地震をめぐる関西電力の評価と対策の不備をついたものであることが強調されていることが見えてくる。

またテロップのなかでは「差し止め」という語が五回登場するが、報ステで「〝稼働中〟では初めて　高浜原発　運転差し止め」というタイトルテロップが提示されたことで、繰り返し表示されることになった。このようにテロップや音声の頻出語句とメタデータのそれを比較すると、テロップや音声はより強調したい語句を繰り返す傾向がある。それは裏を返せば番組が実際に何を強調していたのか、その力点は少なくとも単純にメタデータを量的に見ただけでは明らかにならないとも言える。

5　映像からわかるメタデータの特徴

ここでは前節で分析を行った対象について、メタデータを音声内容、テロップ（文字情報）、さらに映像内容も加えて詳細に比較し、メタデータが何を記述し、何を記述していないのか仮説的に提示していく。表4はNW9の冒頭映像について、音声、テロップ、映像内容を記述し、メタデータと比較したものである。メタデータと対応していると思われる箇所は太字とした[10]。

これをみるとメタデータがテロップやフリップなどの文字情報に多く依拠していることがわかる。タイトルテロップやサブタイトルテロップ、要人とその発言など、文字情報がメタデータ入力に利用されていることが見て取れる。音声内容はこれを補足する形でメタデータに使用されており、コメント時などには音声内容から選択する形で要約が行われている（資料を参照）。

一方で映像内容については、テロップでも示されている場所にかんする内容を除けば、ほとんど記載されていないようであり、たとえば原告側が広げた「いのちとびわ湖を守る　運転差し止め決定！」「再稼働差し止めの　画期的決定！」といった垂れ幕はメタデータに残されていない。また表情などから読み取れる発話者の感情なども、言語化されない限り記録に残されることはない。これに加え、テロップや音声などで明示されていない、匿名の人物についてもメタデータに掲載されにくく、大阪での街頭インタビューも省略されている。

<table>
<tr><th>音声内容</th><th>テロップ（文字情報）</th><th>映像内容</th></tr>
<tr><td>ナレーター「雨の中走ってきて掲げたのは，原発の再稼働差し止めの文字でした。」
女性「よかったー。」
男性「号外です。朝日新聞の号外です。朝日新聞の号外出ました。どうぞ。」
大坂市民インタ（女）「原発を動かすってことに関しては，やはり一抹の心配がありますもんね。そういう意味でストップは良かったなと。」
大坂市民インタ（男）「原発反対とは言ってますけど，じゃあ原発がなくなって，あの，電気代が上がった時，そっちも結構大変だなと思うんです。」
ナレーター「福井県にある高浜原子力発電所3号機と4号機。その運転停止を命じる仮処分の決定を，大津地方裁判所が出したのです。稼働中の原発にストップを命じるという初めての決定に」
菅官房長官「世界最高水準と言われる新規制基準に適合する，という判断をされたものであってですね，政府としてはその判断を尊重して，再稼働を進めるという方針に，これ変わりはありません。」
「やった〜」（歓声）
ナレーター「東京電力福島第一原発事故から間もなく5年。今後の原発をめぐる動きにどのような影響を与えるのでしょうか。」</td><td>news watch 9（ロゴ）
大津地裁前　午後3時半すぎ
全国初の決定（タイトルテロップ）“稼働中の原発ストップ”どうなる日本の原発（サブタイトルテロップ）
大阪
原発を動かすことには一抹の心配がある　そういう意味でストップは良かった
原発反対と言うが，原発がなくなって　電気代が上がった時大変だと思う
高浜原発　福井　高浜町
“運転停止命じる”仮処分決定
菅官房長官
（原子力規制委員会が）世界最高水準と言われる新規制基準に適合すると判断したもので　政府としてその判断を尊重し再稼働を進めるという方針に変わりはない
今後　日本の原発は？</td><td>〔大津地裁前〕
走ってくる弁護団の男性
「いのちとびわ湖を守る　運転差し止め決定！」「再稼働差し止めの　画期的決定！」の垂れ幕
判決に喜ぶ女性（BS）
判決に喜ぶ二人の女性（BS）
〔大阪〕
号外が配られる
号外を配る男性
女性の手に取られた号外
原発停止を肯定的にとらえるインタビューイーの女性
原発停止を否定的にとらえるインタビューイーの男性
〔高浜原発〕
高浜原発（空撮）
高浜原発（空撮）
高浜原発（地上から）
〔官邸〕
記者会見壇上に向かう菅官房長官
判決について答える菅官房長官
「いのちとびわ湖を守る　運転差し止め決定！」「再稼働差し止めの　画期的決定！」の垂れ幕
高浜原発（空撮）</td></tr>
<tr><td colspan="3">【メタデータ】〈ニュース〉全国初の決定“稼働中の原発ストップ”どうなる日本の原発▼福井県にある高浜原子力発電所3号機と4号機の運転停止を命じる仮処分決定を大津地方裁判所が出した。大阪では号外が配られた。菅官房長官は世界最高水準と言われる新規制基準に適合すると判断したもので政府としてその判断を尊重し再稼働を進めるという方針に変わりはないと記者会見で述べた。　関連ワード：【住所・地域】大阪（大阪），【住所・地域】高浜町（福井），【施設】高浜原子力発電所3号機と4号機（福井県大飯郡高浜町田ノ浦1），【団体】大津地方裁判所（滋賀県大津市京町3-1-2），【企業】関西電力　人物：菅官房長官　人物（正式名）：菅義偉（自由民主党）　カテゴリ：ニュース</td></tr>
</table>

表4　NW9冒頭（94秒）における記載内容比較（太字メタデータ対応部）

これらの内容も、メタデータ入力の際には記入者の解釈を極力排除し、表情などから感情を読み取るようなものは極力避けられているという、ヒヤリングでの内容を裏付けるものである。その一方で、テレビを見ることの本質が「一瞥にある」(小林直毅 2005)ことを踏まえるならば、ニュースをはじめ多くのテレビ番組が、その意味内容を大まかに理解するだけであれば、そこに何が映っているのかという映像への注視がなされなくても、視聴が成立するような表現様式となっているともいえる。(11)

6 メタデータの自律性と「原発」「震災」報道

本章では企業が提供するテレビ番組のメタデータを活用して、放送アーカイブ研究を行うにあたり、企業側がどのような意図に基づいてメタデータを作成しているのか、またメタデータは企業側の意図がどのように反映されているのか、さらにメタデータという文字メディアがマルチモダルな記号によって成立するテレビ番組の内容をどのように要約するのか検討した。そこから見えてきたのはメタデータの自律性である。SPIDER PRO が提供するメタデータは、企業・団体の日常の報道対応とリスク管理に資する情報を提供することが主な目的として作成されていて、必要な情報に手早くアクセスするため本来のニュースとしての認識では分割されないVTRとスタジオコメントを分けるなど、利用者の利便性に配慮した区切りになっていた。また内容としては検索のフックをつける目的から、固有名詞を多く記録し、しかも施設などについては住所も付加されていた。また記録の確実性から記述が不一致になりやすい映像の説明よりも、テロップや音声情報による内容要約がその中心であった。

ここまでの議論を踏まえ、もう一度「メタデータ」とりわけ「テレビ番組のメタデータ」について考えておこう。テレビは「震災」や「原発」など、さまざまな事象に関わる出来事を、一定の意味に沿って構成していく。企業が提供するテレビ番組のメタデータは、このような出来事を構成したテレビを見ながら、マニュアル化された項目内容を記入する複数のアルバイトによって作成され、重ねられていく、「テレビをめぐる記録物」である。それは顧客の欲する情報を効率よく収集できるように作られており、特定の意図を持った記録物でもある。そのため、テレビ番組のメタデータはそれ自体、知的資源であるテレビ番組とは異なる自律的意味を持った知的資源なのである。これはたとえ今後技術の進展によってメタデータが自動生成されるようになっても、メタデータが何らかの意図のなかで作成される以上、その自律性が失われることはない。その意味でやはり「テレビ番組のメタデータ」の分析は、「テレビ番組」そのものの分析とは異なるのである。

しかし自律性を持った知的資源であるテレビ番組のメタデータは、独自の記述スタイルを持ちつつも、テレビ番組へのアクセスを可能とする、インデックスとしての役割を持つことは言うまでもない。メタデータは確かに映像そのものについて記述してはいないかもしれないが、「震災」や「原発」といった言葉から紐づけられた記述されない映像へのアクセスを可能とするのはこうしたメタデータであり、「震災」や「原発」にまつわる映像が、一定のボリュームを持ってその番組、そのニュースの中に現れている可能性を提示するのもメタデータである。たとえばSPIDER PROのメタデータが、映像として映し出された場所を提示していることで、「震災」「原発」にまつわる場所との出会いを可能にするのである。

一方でメタデータがあるニュースを「震災」や「原発」というキーワードから検出したとき、「「震災」「原発」報道とは何か」という問いが浮上すると同時に、何を「震災」や「原発」事故にまつわる出来事として名指すのかという問いも生まれる。二〇一一年の三月から月日が経つなか、「東日本大震災」関連のニュースとして、被災地における人口減少の加速化という問題が取り沙汰されている。しかしこうした問題は二〇一一年三月以前から東北をはじめとする各地で問題となっていたものであり、震災はそれを「加速化」させたにすぎない。一方で「南相馬」や「陸前高田」や「釜石」からのニュースに「震災」や「原発」という言葉が現れなかったとき、たとえば「南相馬市でドローンの自力飛行実験が行われた」というニュースが伝えられたとき、それを「震災」あるいは

「原発」事故報道と捉えるべきか否かという問いも浮上してくる。時間の経過のなかで、被災した地域で起きた出来事を東日本大震災や原発事故との関連で捉えるべきなのかということには両義的な意味合いが生じることになる。このように長期的な「震災」「原発」報道のテレビアーカイブを構築し、研究を継続していくうえでは、メタデータにおける「震災」や「原発」と「被災地」をめぐる出来事のアーティキュレーションの問題が一つの課題として浮上することになるだろう。今後もメタデータそのものの特性に注視しつつ、メタデータが示す「震災」「原発」報道の意味について考えていくことが必要である。

【注】

(1) ここであげた研究は、松山秀明(2013)による文字放送データ(NII の研究用テレビアーカイブシステム)を利用した研究以外は、企業による番組データの提供を受けたものとなっている。またこれらの研究で用いられている番組データの提供元も複数ある。

(2) 本書第二章と第三章についてもSPIDERのメタデータを元に分析が行われている。

(3) 企業や官公庁などにCMも含めたテレビ番組の情報を提供する企業としては、PTPのほかに、ニホンモニター株式会社や、株式会社プロジェクト、株式会社エム・データ、JCC株式会社などがある。

(4) ヒヤリングは二〇一六年五月一九日、PTP社会議室にて行われた。ヒヤリングに同席したのは筆者のほか、大井眞二、原由美子の三名。

(5) こうした入力体制はエム・データでも行われていて、「後付けTVメタデータ」作成の一般的な流れとなりつつあるようである(吉井 2013)。

(6) ただしこうしたメタデータの利用対象として一般視聴者が想定されていないというわけではない。PTPでは二〇一一年までは一般視聴者向けのサービスを提供していたし、エム・データの番組情報も全録機の番組内容検索等に利用されている。

(7) 音声内容等の入力に際し、日本大学法学部の学生二名の協力を得た。

（8）なお本文中で提示した時間とメタデータが示す時間が多少異なっているが、これは独自に時間を記録したものとメタデータの記録とで誤差があるためである。

（9）今回対象とした三月九日放送の報ステのメタデータでも、震災特集箇所のスタジオトーク部分（九四秒）が「震災」や「復興」といったキーワードでの検索からは見つけ出すことができなかった。

（10）同様に資料として高浜原発関連ニュースにおける両番組のメタデータと、スタジオ解説、スタジオコメント部の音声やテロップとの比較を最後に付した。

（11）本論ではSPIDERによって提供されたメタデータをエム・データ同様の「後付けTVメタデータ」として位置づけて分析している。しかし、同じ「後付けTVメタデータ」であっても、メタデータはそれを提供する企業の意図によって入力のスタイルは異なっている。たとえば入力データそれ自体とそれに基づく分析・情報提供に価値をおくエム・データのような企業と、全録された番組を検索して視聴することを意図したPTPとでは、メタデータの位置づけが異なり、PTPのメタデータは検索によって映像にアクセスすることが目的となっている。

【文献】

遠藤薫（2012）『メディアは大震災・原発事故をどう語ったか――報道・ネット・ドキュメンタリーを検証する』東京電機大学出版局

原由美子（2015）「震災後3年間　テレビ番組で何が伝えられてきたのか――ドキュメンタリー番組に描かれた被災者・被災地」『NHK放送文化研究所年報2015』pp. 7–47

原由美子（2017）「東日本大震災から5年テレビ番組は何を伝えてきたか――夜のキャスターニュース番組とドキュメンタリー番組」『NHK放送文化研究所年報2017』pp. 8–41

樋口耕一（2014）『社会調査のための計量テキスト分析――内容分析の継承と発展を目指して』ナカニシヤ出版

堀池博巳・吉田暁史（2003）「ネットワーク情報資源の組織化（グループ研究発表、〈特集〉第44回研究大会）」『図書館界』55号（2），pp. 94–100

石田佐恵子・岩谷洋史（2012）「テレビ映像資料の収集と保存に関する実践的研究――311テレビ番組アーカイブの事例から」『人文研究』63号、大阪市立大学文学研究科、pp. 109–132

稲増一憲・柴内康文（2015）「テキストデータを用いた震災後の情報環境の分析」、池田謙一編『震災から見える情報メディアとネットワーク』東洋経済新報社、pp. 47-84
加藤徹郎（2015）「生活情報番組における「放射」報道の変化――報道番組アーカイブのメタ・データよりみる人為時事性の考察」『サステイナビリティ研究』第5号、pp. 145-162
加藤徹郎（2017）「3月ジャーナリズムの中で、ニュースは何を話し・語り・伝えてきたのか――東日本大震災・テレビ報道アーカイブにおけるメタデータの語用論」『ジャーナリズム&メディア』第10号、pp. 63-78
小林直毅（2005）「環境としてのテレビを見ること」、田中義久・小川文弥編『テレビと日本人――「テレビ50年」と生活・文化・意識』法政大学出版局、pp. 127-169
松山秀明（2013）「テレビが描いた震災地図――震災報道の「過密」と「過疎」」、丹羽美之・藤田真文編『メディアが震えた――テレビ・ラジオと東日本大震災』東京大学出版会、pp. 73-117
中正樹・日吉昭彦・小林直美（2015）「ロンドンオリンピック開催期間における日本のテレビニュース報道に関する内容分析」『ソシオロジスト　武蔵社会学論集』17号（1）、pp. 147-182
西田善行（2015）「テレビが記録した「震災」「原発」の3年――メタデータ分析を中心に」『サステイナビリティ研究』第5号、pp. 125-143
三浦伸也（2012）「311情報学の試み――ニュース報道のデータ分析から」、高野明彦・吉見俊哉・三浦伸也『311情報学――メディアは何をどう伝えたか』岩波書店、pp. 33-118
PTP（2014）「株式会社 PTP About」株式会社PTPホームページ（http://www.ptp.co.jp/about/）二〇一七年一月九日閲覧
谷口祥一・緑川信之（2016）『知識資源のメタデータ　第2版』勁草書房
米倉律（2017）「震災テレビ報道における情報の「地域偏在」とその時系列変化――地名（市町村名）を中心としたアーカイブ分析から」『ジャーナリズム&メディア』第10号、pp. 27-46
吉井勇（2013）「後付けTVメタデータ作成の実際とビジネス提案」『NEW MEDIA』二〇一三年五月号、p. 48

【資料】 記載内容比較（太字メタデータ対応部）

【NW9スタジオ解説（94秒）】

音声内容	テロップ（文字情報）
鈴木奈穂子「はい。ではここからは，**司法担当の横井記者**と，原発取材を担当している本木記者とともにお伝えしていきます。まずは横井さん。あの，**稼働している原発に停止を命じるという，今回初めての決定になったわけですが，この判断に至った理由を**，一言でいうとどういうことになりますか。」横井記者「はい。キーワードはこちらになります。」鈴木「はい。」横井「**説明が不十分。**」鈴木「はい。」横井「**裁判所は，原発が安全だということについて，関西電力の説明が，不十分だと判断しました。**裁判所は，住民側が原発の安全性が確保されてないと訴えたことを受けて，安全性の証明を関西電力に求めました。」鈴木「はい。」横井「この中でですね，**原子力規制委員会が策定した，新しい規制基準に合格しただけでは安全だという証明としては不十分だと指摘**したんです。」鈴木「はい。」横井「そのうえでですね，想定される最大規模の地震の揺れ，基準地震度についてや，設備面の事故対策など，それぞれの争点について，え〜関西電力が，十分に説明を尽くしたかどうかを，検討した結果，事故を防ぐには不十分だと結論付けました。」 鈴木「う〜ん。であの，今回のその決定は，判決ではなくて，仮処分ということなんですよね。」横田「はい。」鈴木「はい。この仮処分というのは，どういう特徴があるんですか。」横井「はい。」鈴木「はい。」横井「こちらをご覧ください。」鈴木「はい。」横井「こちら，**仮処分の特徴としてはですね，**え〜決定の効力がすぐに生じる，まあ**即効性が，ある**ことなんです。」鈴木「はい。」横井「今回の決定でもですね。え〜**速やかに，関西電力は原発の運転を止めなくてはなりません。**正式な裁判との違いは，この点なんです。」鈴木「はい。」横井「裁判の場合，判決が出ても控訴すれば通常はすぐに効力は生じません。仮処分の決定に対してはですね，双方が異議申し立てや，抗告などを行うことができますので，その過程で，取り消されなければ決定の効力は，続きます。」鈴木「はい。」横井「で逆にですね，決定が覆れば，仮処分の効力は失われますので，その時点で関西電力は高浜原発の3号機と4号機を再稼働できるということになります。」 鈴木「そうですね。そうしますと今後の司法の争いというのはどうなっていくのでしょうか。」 横井「はい。**関西電力は今日の決定の取り消しを求めて，異議申し立てを行えば，再び大津地方裁判所で決定が妥当かどうかの審議が行われます。**今回の決定は，まあ専門家によっても評価も分かれていまして，まあ今後の審議で，どのような判断が示されるかは見通せません。今後の司法判断に引き続き注目していきたいと思います。」 鈴木「はい。続いて本木さんに聞いていきますが」本木「はい。」鈴木「まあ今回の仮処分を受けて，関西電力としては原発を速やかに止めると，いうことになるわけですね。」 本木「そうですね。あの関西電力は，今後速やかに不服申し立ての手続きを行うというふうなコメントはしているんですけども」鈴木「ええ。」本木「た	**高浜原発運転停止**（タイトルテロップ） **大津地裁が仮処分決定，稼働中の原発で全国初**（サブタイトルテロップ） **横井悠（社会部 司法担当）** **本木孝明（科学文化部 原発担当）** **説明が不十分**（フリップ） 判断の理由は仮処分の特徴は？ **即効性**（フリップ） 「仮処分」の効力 **関西電力本店** 今後の行方は 高浜原発いつ停止？ “仮処分”影響は **大津地裁**

だ，まあ仮処分の決定はすぐ効力が生じますので，え〜すでに営業運転に入っている３号機については，明日の午前10時ごろから徐々に原子炉の出力を落としていきまして，え，夜の８時ごろに停止させる予定になっています。」鈴木「はい。」本木「え〜もう一方でトラブルで停止している４号機の方は，まあそのままの状態になります。」 鈴木「う〜ん。まあ原発再稼働の動きというのは，高浜原発以外にも各地で相次いでいるわけですけれど，まあ今回のこの仮処分の決定というのは，どういう影響を今後与えそうでしょうか。」本木「そうですね。あの現在原子力規制委員会の，審査を受けている原発というのがですね，全国に15原発22機あるんですが」鈴木「はい。」本木「国や電力会社は，引き続き再稼働を目指すですね，方針に変わりはないとみられています。」鈴木「はい。」 本木「まあ一方で，今日の決定を受けまして，仮処分を通じて原発の停止を求める動きというのが，今後各地でより活発になることも予想されます。」 鈴木「そうですね。あの〜今回の仮処分の決定，こう，どのように受け止めたらいいのかなという，疑問があるんですが，そこはどうでしょうか。」本木「そうですね。」鈴木「ええ。」本木「あの新しい規制基準というのは，そもそも福島第一原発の事故を教訓に作られました。」鈴木「はい。」本木「重大事故の対策を義務付けて，地震や津波の，対策を強化するなど，まあ，その内容についてはですね，規制委員会も世界最高水準だとしています。」鈴木「はい。」本木「これに対して今回の決定というのは，まあ，それでも国民の間では，十分に安全性が確保されたとは必ずしも納得していないと，いったことを突き付けられた形になりました。」鈴木「はい。」本木「え〜，事故を経て原発の安全に対する国民の，考え方というのは大きく変わっています。まあ決定の中で繰り返し，関西電力の説明不足が指摘されていますように，原発にどこまでの安全性を求めるべきか，何をもって安全というのか，この点について一部の専門家だけではない国民全体の議論が必要だと思いました。」 鈴木「はい。ここまで横井記者，そして本木記者とともにお伝えしました。高浜原発の運転停止を命じる仮処分の決定についてお伝えしました。」	
〈ニュース〉高浜原発 運転停止 大津地裁が仮処分決定 稼働中の原発で全国初▼大津地裁が高浜原発３・４号機の停止を命じる仮処分決定を出したことについて，社会部司法担当の横井記者が解説。稼働中の原発を停止する判断に至った理由を，説明が不十分と解説。大津地裁は安全性の説明を関西電力に求めたが，その説明が不十分だと判断し，原子力規制委員会の安全基準に合格しただけでは不十分だと指摘した。仮処分の特徴は即効性で，関西電力は速やかに原発を止めなければならない。関西電力が異議申し立てを行うと，大津地裁で再び審理が行われることになる。▼大津地裁が高浜原発３・４号機の停止を命じる仮処分決定を出したことについて，科学文化部原発担当の本木記者が解説。関西電力は速やかに原発を停止しなければならず，営業運転をしている３号機は，明日の午前10時頃から出力を落とし，夜の８時頃に停止させる予定。トラブルで停止中の４号機はそのままの状態になる。原子力規制委員会の審査を受けている原発は全国に15原発22機あり，国や電力会社は再稼働を目指す方針に変わりはないとみられるが，今回の仮処分を受けて原発停止を求める動きが各地で活発になる可能性がある。　関連ワード：【施設】高浜原発３・４号機（福井県大飯郡高浜町田ノ浦1），【団体】大津地裁（滋賀県大津市京町3–1–2），【企業】関西電力，【団体】原子力規制委員会　カテゴリ：報道特集　【レギュラー出演】鈴木奈穂子（日本放送協会），【その他】本木孝明（日本放送協会），横井悠（日本放送協会）	

【報ステスタジオトーク部（93 秒）】

音声内容	テロップ （文字情報）
古館「はい，あのショーンさん，地元高浜の方で原発ありきで経済活動をずっとやってこられた方含めてですね，こういうことになると困るというのは，当然想定・想像できるのですが，ちょっと視野を変えてみると，こういうことは大事だと思うんですね。」 ショーン「そうですね，今回の司法の判断は，一つは，今ご指摘にあったように，その人知の限界ということが一つと，人格権の尊重ということは非常に重要なことを言っていたと思いますし，**またその立地外の地域，その隣接する自治体，ひいては，原子力災害がひとたび起こってしまえば，地元を越えて隣接の自治体あるいは日本全体の問題なのだ**というような，**非常に重要な問いかけを改めて判断としてした**んだと思うんですよね。」 古館「あの，大飯原発のときだったと思うんですけど，非常に印象に残っていて，裁判長がその多数の人の生存権にかかわる権利と，電気代が高い低いの問題を並べて論じるなということをはっきり書いていたのを覚えているんですね。やっぱりそれは大事な視点・考え方だと思いますし，それから去年の福井地裁の差し止めに関しても同じ裁判長でいらっしゃいますけど，その人は，人事異動しちゃってるんですよね。まあ，それはどうしてかは私の想像でしかないわけですけど，やっぱりこうやって今回の差し止めのように，今おっしゃるように，ごくごくまっとうなことをおっしゃっている裁判長の方はぜひ人事異動しないでほしいと思います。」	“稼働中”では初めて　高浜原発運転差し止め（タイトルテロップ） 経営コンサルタント　ショーン・マクアードル川上　企業の戦略コンサルティングに従事　テレビ，ラジオの経済番組に出演多数 滋賀・大津地裁　午後 3 時半すぎ 福井・高浜原発 高浜原発 4 号機緊急停止時の様子　先月 29 日
〈ニュース〉スタジオトーク▼原発は立地している地域だけでなく周りの地域，または日本全体に及ぼすものだということを問いかけたと話した。　カテゴリ：トーク／MC 【レギュラー出演】ショーン・マクアードル川上，古舘伊知郎	

第二章　生活情報番組における原発震災の「差異」と「反復」

加藤徹郎

1　暮らしのなかの原発震災報道

私たちは普段、テレビを視聴するという行為と、時事問題を知ることとのあいだに、どのような距離感を保っているのだろうか。もちろん、その仕方は多様であり、人によっては、その日にあった出来事を確認するために、夕食時にニュースを見ることが日課であったり、さらに遅い時間帯のイブニングニュースを、ゆっくりチェックしたりする場合もあるだろう。また、さらに問題を深く知りたい時には、そのテーマに沿ったドキュメンタリーや特集を丹念に追うことなどもあるかもしれない。

一方、出勤・登校前の朝の時間帯や、昼食時の休憩室で、何気なく映るテレビのフラッシュニュースから、当座の世の中について知る、という場合もある。朝のせわしい時間帯に、（言い方は悪いが）時計代わりにつけていたテレビから、あるいは、昼の休憩中に仕事仲間や友人とお喋りをしつつ、気散じ的につけていたテレビからの短いニュースに、ふっと気を止めてしまうことは、おそらく誰にでも経験があるのではないだろうか。

ところで、二〇一一年に起きた東日本大震災と福島第一原発の事故から、もうすぐ七年が過ぎようとしている。この間、筆者の暮らしている関東圏内においても、テレビ各局はことあるごとにさまざまな形態で報道を行ってきた。一方、それらの番組を視聴する側も、録画機器の進化によって、現在では個人レベルから、研究機関などの団体レベルまで、多量の番組の保存と収集が可能になってきている。

こうした経緯から、原発震災にかんする番組をアーカイブしていくことの意義は、発災以来さかんに議論されてきた。じっさい、法政大学サステイナビリティ研究所放送アーカイブ（以下、法政大学放送アーカイブ）においても、相当数の番組を収集してきている。しかしそうして収集された番組および、そこに付与されたメタデータを用いながら、長期的な枠組みでもって報道内容を検証していく研究となると、まだその量は少ない。(1) ニュースやドキュメンタリーのような「正統的」な報道番組はもちろん、冒頭で示したような、それ以外のケースで報道される原発震災問題のあり方と、その意味についても論考が必要だろう。

暮らしの隙間にふいに飛び込んでくるニュース、その総体を俯瞰して眺めてみたとき、その構成はどのようなものとして現れてくるのか。本章では、こうした問題関心にもとづき、いわゆる「生活情報番組」を事例として、法政大学放送アーカイブが収集した番組メタデータを分析してみたい。具体的には、原発震災報道のなかでも、特に私たちの生活と密接に関わっている放射能に焦点を当てる。三・一一よりこれまで、長い時間のなかで培養されてきた、原発にたいする私たちのアクチュアリティと、それをとりまく日常とは何か、それを問いたいのである。

なお、本章は筆者が二〇一四年に執筆した論文をたたき台としている。したがって分析の射程は、二〇一一年から二〇一四年までを前半、二〇一四年から二〇一七年までを後半とし、それぞれアプローチを変えて行うこととする。

2　「ワイドショー」から「生活情報番組」へ

「生活情報番組」とはなにか

ここではまず、「生活情報番組」というカテゴリーについて確認しておこう。本論が取り上げる「生活情報番組」とは、具体的には、いわゆる〝広義のワイドショー〟をさす。石田佐恵子によれば、ワイドショーは、アメリカのNBCテレビにおける『TODAY』をモデルとして、一九六四年に現在のテレビ朝日が『木島則夫モーニング・ショー』を放送したのが嚆矢とされる。番組の成功にともない、その後NHKをはじめ民放各局が追随し、一九七〇年代のはじめには各局が朝・昼ふたつの時間帯にこうした形式の番組を定着させていったという（石田 1998 : 106–109）。

その後のワイドショーの変遷を、石田は六〇年代後半から七〇年代にかけての「定着期」、八〇年代における「飛躍期」、九〇年代における「拡大期」と、三つの区分に分けて論じている。「定着期」は、視聴者の対象を主に《主婦》や《奥様》といった層に限定し、「特有の関心、特有のテレビの見方というものが存在するという認知枠組みを広く一般に広めていった」時代であるとされる。情報の「新奇性」――つまり、見た目の斬新さと意外性のある情報を矢継ぎ早に盛り込み、その流通と消費こそが番組の性格を決めるという、ワイドショー独特の情報提供のあり方も、この頃、確立されたという。

「飛躍期」は、VTRカメラの軽量化と小型化が進んだことで、いわゆる〝レポーター〟の役割が増し、「突撃取材」という取材形式が主要なものとなっていく。そこでのレポーターの語りは、「現実におこったことを（時に過剰なまでに）感情喚起的な〈物語〉として」構成し、映像のスペクタクルも加わりながら、「魅了されるような、奇妙な、不思議な、驚くべき、恐怖をあたえる、悲惨な〈物語〉」として表出されるようになっていった。したがってこの時代はまだ、報道ニュース一般と、ワイドショーの〈物語〉は、対比的に区別されていたらしい。当時のニュースが客観的に「直接的に私たちの住む生活世界を《現実》として言及」していたのに対し、ワイドショーが提供する情報は、あくまで「〈有名人〉といった人々の〈世界〉」を中心に〈物語〉化され、それらがきわめてセンセーショナルに取り上げられていたという。

ところが「拡大期」に入ると両者は接近し、報道ニュースの語る《現実》と、ワイドショーが表現する〈物語〉の境界は、しだいに曖昧なものになっていく。背景には、報道に効果音やBGMを多用してドラマ仕立ての表現形式を取り入れた「ニュースショー」と呼ばれる番組が登場しはじめたこと、一方、ワイドショーの側も徐々に、これまでの感情喚起的な〈物語〉以外のものとして、取り扱う題材に「社会関連ニュース」の割合を増やしていったことなどが挙げられる。それは「情報の見せ物化」ともいえる現象でもあったが、しかしこの時期は同時に、ワイドショーそのものが自らの立ち位置を失っていく時期でもあった。

石田によれば、一九九五年の「阪神・淡路大震災」と「オウム真理教サリン事件」、さらにその後明らかになった一九九六年の「オウム・ビデオ問題」を通じて、世間では「ワイドショー＝俗悪文化論」が大きく噴出していったという。このような経緯を通じて、事件の当事者でもあったTBSが、ワイドショー番組を打ち切ってしまったのである。結局、この時期をターニングポイントに、報道とワイドショーは、その境界を再編する動きに転じていく（以上 石田 1998 : 106–115）。

こうした一連の経緯からは、「情報の見せ物化」に肥大した、報道機関としてのテレビ局のあり方を是正しようとする動きがうかがえる。「ワイドショー＝俗悪文化論」の噴出は、情報の「新奇性」に偏りつつあったテレビの立ち位置を問い直すものだったからだ。ところが、現実は違ったようである。むしろこうした、ワイドショーがもたらす情報のスキャンダラスな側面が、このころ問題化しはじめたために、逆にワイドショー枠の中に、報道系の内容が「よりわかりやすい」かたちで入ってくるようになったのである。

よくよく考えてみれば、昨今、「ワイドショー」という言葉はあまり耳にしない。むしろそれらは「情報系」とか「情報バラエティ」などという名で呼ばれている印象がある。ワイドショーとしての時間枠は残されつつも、放送されている内容からは、ワイドショー的な奇抜さや過激なイメージはあまり感じられず、より人口に膾炙する、エンターテイメント性の強い内容になっている印象をうける。現在のこうした状況を、山田健太は、以下のようにまとめている。

報道という概念を少し広げてみるとどうなるか。すなわち、古典的〈報道〉の周縁には一時「ニュースショー」などと呼ばれた〈報道系〉が存在し、さらにそれと一部重なる形で多くの〈情報系〉番組が放送されている。さらにこの情報系は、エンターテイメント的要素を増し、いわゆるワイドショーも包含するし、旅・グルメ番組などの情報提供問題にもウイングをのばしている。（山田 2006=2014 : 803–804）

先に論じた石田の整理に山田の指摘を付け加えると、現在、ワイドショーは《主婦》《奥様》向けの番組というカテゴリーを抜け出し、より一般的なエンターテイメントを目指していること、また報道の分野においても、八〇年代に登場した「ニュースショー」が定着して〈報道系〉となり、両者の融合がより推進されていると考えられる。山田によれば、現在では「情報系番組のニュースコーナーを報道局が担当したり、報道番組に制作局スタッフが協力したりするなど、「相互乗り入れ」も一般的」であり、また「情報系番組に「記者」という名のタレントリポーターが登場し、「××報道特集」という企画モノのコーナーが設けられることで、テレビで伝えられるニュース的なるものを、丸ごと「報道」と認識する事態」が生じているという。

その理由としては、テレビ各局において、かつては歴然と区別されていた報道系制作部門と情報・ワイド系制作部門が、組織改編によって統合されていったことが挙げられる。そしてそれは、ある意味テレビの「宿命」でもあるとも山田はいう。つまり、こうした境界の「希薄化」と「同質化」は、テレビ局が報道黎明期において、新聞をモデルとして番組制作をしていた時代から、より広く受容される、よりテレビ的な「わかりやすさ」を追求していったことの帰結であると指摘する（山田 2006=2014 : 807–809）。

今日の視聴者からすれば、多少の硬軟のちがいはあれ、〈報道系〉も〈情報系〉も、ほぼ同じ認識のなかで見ているというのが実情なのではないだろうか。実はここに、本章が「生活情報番組」を「広義のワイドショー」とする理由がある。かつて「朝の情報番組」と呼ばれていた早朝枠のニュース番組も、現在ではストレートニュースのみで構成されているとは言いがたい。フラッシュニュースや芸能、エンタメ等、さまざまなジャンルの複合で構成されているものが一般的だろう。一方で、午前中から夕方にかけて放送されることが一般的であった「ワイドショー」枠においても、石田が指摘していたような、有名人をセンセーショナルに取り扱う〈物語〉的な構成は相対的に少なくなり、むしろ注目を集めているニュースを、パネルなどを使用しながら「わかりやすく」解説する番組が多くなってきている。番組構成や扱うニュースの数など、細かいことを検討する余地はあるが、概して両者の内容は似通ってきているといえる。

なお、こうした観点から放射能報道を論じていくことにかんして、本章が影響を受けた震災映像の分析としては、遠藤薫の文献（2012）を挙げておきたい。遠藤は、「「正統的」ドキュメンタリー以外での震災の語り」に注目し、いわゆるリアリティテレビ（バラエティとドキュメンタリーが折衷したもの）を分析している。リアリティテレビは、番組の登場者が市井の人びとであるところに特徴があり、制作者の視点だけではない、人びととの双方向性を基盤として構成されている。それは素人である「出演者たちの、素のままの振る舞いや感情の動きを提示し、視聴者の興味や関心を呼ぼうとするもの」（222）であり、むしろ「視聴者が自分の問題として災害をとらえ直す契機になる可能性も拓いている」（226）ということになる。それは「正統なドキュメンタリー」から漏れてしまいそうな言説をすくいあげるという意味で、きわめて重要であるということなのだろう。そこから、結論として遠藤は「「ジャンル」は作品の質を決定しない」と述べている。

以上の観点から、本章では早朝四～五時台から夕方四時までに放映される報道系・情報系番組を「生活情報番組」ということにしたい。もちろん番組によっては、ニュースに近いものやエンターティメント性を多く取り入れているものなど、形式はさまざまである。しかしこれまでのまとめを考慮すれば、そうした状況こそが、むしろ「生活情報番組」というカテゴリーを特徴づけているのだと考えたい。

報道、芸能、グルメに旅行、お得なまめ知識まで、雑多なトピックが矢継ぎ早に流れてくる番組枠のなか、放射能にかんする情報は、どのような量と質でもって、私たちに届いているのだろうか。

3 全体像を把握する——生活情報番組における放射能報道の推移

番組内容を記録・蓄積するということ

以降は実際に、先の定義にもとづいて、生活情報番組における放射能の扱いがどのようになっているのか、分析を行っていきたい。分析にあたって、素材はＰＴＰ社 SPIDER PRO が提供する、番組メタデータを使用した。SPIDER PRO とは、約二週間分の地上波デジタル放送が全録可能なハードディスク・レコーダーのことであり、かつすべての番組にかんするメタデータがＰＴＰ社よりオンラインで提供される。法政大学放送アーカイブでは、この SPIDER PRO を用いて、二〇一一年八月から現在まで、原発震災に関連したニュース、ドキュメンタリー、バラエティなどの各種番組、およびすべてのメタデータを収集・保存している。

メタデータの種類には番組全体の概要を示したものと、コマーシャルのデータ、さらに番組を細かく内容ごとに区切った「コーナー」と呼ばれるものがある。また、すべてのメタデータには「放送局」「開始日時」「終了日時」（コーナーにかんしてはそれぞれの開始・終了日時も記述される）「番組内容」「出演者」の各項目が付与され、ＣＳＶ

ファイル形式で、放送された番組すべてのデータが配信される。さらに、こうしたメタデータの中から、検索キーワードを用いて放送内容を絞り込むことも可能である。

本章は三・一一以降、生活情報番組のなかで放射能がどのように扱われてきたのかを問うものであるから、法政大学放送アーカイブが所有しているメタデータのうち、まずは「放射」というキーワードで絞り込み、番組を抽出していった。また、先に述べたように、生活情報番組は多様なジャンルの総合体として番組が成立している以上、番組単位のメタデータを検討しても意味がない。そこで、コーナーにかんするメタデータのみを対象とした。具体的な番組名は次の通りである。

NHK：おはよう日本／あさイチ／こんにちは　いっと6けん／お元気ですか　日本列島／情報まるごと

日テレ：Oha! 4 NEWS LIVE／ZIP！／ウェークアップ！ぷらす／スッキリ!!／PON!!／ヒルナンデス！／情報ライブ　ミヤネ屋

テレビ朝日：グッド！モーニング／モーニングバード！／ワイド！スクランブル／やじうまテレビ！

TBS：早ズバッ！ナマたまご／（みのもんたの）朝ズバッ！／はやチャン／あさチャン／はなまるマーケット／いっぷく／ひるおび

テレビ東京：L4YOU! プラス

フジテレビ：めざにゅ～／めざましテレビ／とくダネ！／ノンストップ！／知りたがり／アゲるテレビ

ここでは、体裁としてはニュース番組に近いものでも、番組ホームページなどを参照し、「報道・情報系」などと記述してあったものにかんしては、すべてピックアップするようにした。また番組によっては週末になると、たとえば『めざましどようび』など、タイトルを若干変えて放送する番組もある。しかしこれらの番組は、内容面ではその構成をかなり変えている。そうした点から、今回は分析対象を月～金曜日の、早朝五時から夕方四時までの生活情報番組だけに絞り込んでいる。

これら、生活情報番組より選別したメタデータの総数を、キーワード「放射」を含むすべての番組におけるメタデータの総数と比較すると、両者の総数は、ほぼパラレルに動いていた。したがって、全体的な世相のなかで「放射」という言葉が注目を集める時期に応じて、生活情報番組もそれを追っていることがうかがえる。また、西田善行（2014、本書第三章九九頁）は、本章と同じメタデータを用いて、「震災」「原発」をキーワードに検討しているが、全体を概観すると震災のあった二〇一一年から現在にかけて徐々に報道件数が減少してきていること、震災のあった三月と半年後の九月、それから一年をふりかえる年末に、集中的に記事が増えるという、カレンダー・ジャーナリズムの傾向があることは、本章が対象とする「放射」においても、同様の指摘ができる。

解析ソフトの利用

次に、このように生活情報番組にのみ絞ったデータを、KH Coder（以下 コーダー）というテキストマイニング・ソフトにかけて解析を行った。[2] このソフトは、分析対象すべての語句を「形態素」という単位で分節化し、使用された用語の数や、それぞれの用語の連関を分析するソフトである。ただしここでも、メタデータの調整を行った。具体的に示すと、メタデータは次のように示される。

〈MEZA NEWS〉
総量 約二六〇億ベクレル 放射性物質含む水一五〇L 海へ流出▼東京電力は福島第一原発の汚染水を処理する装置から放射性物質を含む水一五〇Lが海へ流出したと発表した。

関連ワード：【施設】福島第一原発（福島県双葉郡大熊町大字夫沢字北原二二）、【企業】東京電力（東京都千代田区内幸町1－1－3）　カテゴリ：ニュース

まず、「タイトル」が山カッコでくくられ、「本文」、「関連ワード」と続く。この例でいえば、このままの状態で分析にかけてしまうと、本文にある用語と「関連ワード」の項目にある用語――〝福島第一原発〟と〝東京電力〟――が重複して計上されてしまう。そのため、ここではこのような「関連ワード」にかんしてはすべてを削除し、本文のみを分析対象とした。なお、山カッコでくくられているコーナーのタイトルにかんしては、見出しとしてそのまま残している。コーダーは、それぞれの用語について見出しか本文かを設定することができ、それぞれの階層に応じて分析の対象・範囲を選択することができるからである。なお、メタデータの内容にかんしては、番組内で流されるフラッシュニュース、コーナー特集、解説、コメントなど、「放射」検索で引っかかったものにかんしては、すべて採用している。

対応分析――特徴的に使用される語句の半年ごとの推移

それでは、実際の分析に移っていこう。まず、右記メタデータを二〇一一年九月より半年ずつ区切ってコーディング・シート作成し、(3) 対応分析を行った。対応分析とは、それぞれの語句群（ここでは半年ごとのメタデータ区切り）のなかで特徴的な語句が、どれくらいの頻度で使用されているのかを分析する手法である。なお、今回は最小出現数を上位六〇語に絞って分析を行っている。

結果としては、各語句群を細かく見ていくと、それぞれの時期で話題とされる内容が違っていることがわかった。

まず、「一一年度後半」と、「一二年度前半」は、一年を通じて関心をあつめる事柄が重なっていたことがわかる。「除染」や「処理」「受け入れ」「中間」など、汚染廃棄物や中間貯蔵施設に関係する語句が並ぶのはもちろん、「コ

メ（米）」「食品」「農家」「出荷」「超える」「検出」など、放射性物質と食にかんする事柄に関心が高まっていた。

しかし「一二年度後半」の語句群になると、一転、取り上げられる事柄の量も減り、それぞれの語句の緊密度も低くなる。「環境省」「規制」「委員」などの政策関連の事柄がある一方、「栃木」「最終」「処分場」「指定」「候補」など、最終処分場の候補地をめぐる問題がこの時期議論されていたことがわかる。また、この時期には「拡散」という語句も見られ、SPEEDIの是非をめぐる議論が取り上げられていたこともわかる。総じてこの時期は、原発をめぐる当座の問題や、私たちの生活に直接関連する食にかんする事柄は後退し、むしろ事故の事後処理に関心が集中していったことを示している。

ところが、「一三年度前半」から「後半」の語句群になると、再び「福島」や「原発」に密接に関連した事柄が持ち上がる。「海」「流出」「水」「漏れる」「汚染」「地下」「タンク」などの語句が非常に強く関連し合いだすのである。すなわち、汚染水貯蔵タンクに水漏れが発覚し、海に漏れ出ていた事案が盛んに取り上げられている様子が読み取れる。

しかしそれも「一四年度前半」になると、「福島」や「原発」といった語句は盛んに使用されているものの、「放射」関連の語句についてはほとんど取り上げられることがなくなっている。これらを考慮すると、この時期は逆に報道内容じたいが馴致され、形骸化されたものが中心になり、特徴的な事例はあまり取り上げられなくなったと推察できる。

コード出現率——推移する「概念」を検証する

では次に、対応分析で得られた知見から、あるコードを複数設定し、それらが一一年から一四年までの三年間という時間の経過のなかで、どのような推移をしていったかを見ていきたい。前節で分析した事例が、使用されている語句をいわば俯瞰的に把握するものであるとすれば、今度はそれらが、どのようなかたちで関連し合っているのかを見ていくのが、ここでの目的である。

コーダーには、任意であるコードを設定し、テキスト全体のなかで、そのコードに付与された語句がどのようなボリュームで使用されているのか、分析する機能がある。言葉単体というよりも、もう少し大きな「概念・コンセプト・事柄」といったものが、全体のなかでどのように推移しているのかをみるのにこの分析は適している（樋口2014：44）。

前節の分析から、ここではまず「放射性物質と食」にかんするもの、「地理」にかんするもの、「汚染」にかんするものと焦点を大きく三つに絞り、コーダー内にある文書検索機能を用いて、その用例を調べた。その上で、これら三つのキーワードに付随して多く用いられている語句を複数抽出し、ひとまとめの「概念」を示すコーディング・シートを作成した。概要を示すと、以下のようになる。

- 放射性物質……「セシウム」「ストロンチウム」「ベクレル」「シーベルト」など、具体的な放射性物質やその値などを指す語句の集まり
- 食……「米」「農産物」「ミルク」「魚」「飲料水」など、私たちの基本的な食生活に関わるもの
- 地理１（避難区域全般）……「避難地域」「特別警戒区域」「帰還困難区域」など、被災地に関わる語句の集まり
- 地理２（広域または廃棄物関連）……「拡散」「予想」「指定廃棄物」「がれき」「最終処分」など、広域な範囲で放射能の影響に関わってくる語句の集まり
- 汚染１（除染に関連）……「汚泥」「汚染土」「汚れ」「取り除く」など、除染に関連する語句の集まり
- 汚染２（水のみ）……「汚染水」「汚水」

ここでは、「放射性物質と食」、「地理」、「汚染」という、先に大きく三つに絞った焦点から、抽出したい概念に

合わせて、さらにそれぞれ二つのコードを形成している。

まず、「放射性物質と食」にかんしては、これだと用例が多すぎて、抽出したいポイントがぼやけてしまう可能性があることから、両者は別々のコードに設定した。同じカテゴリーでまとめるより、二つに分け、それぞれの相関を見た方がよいと判断したからである。次に「地理」についても、被災地、特に避難地域や警戒区域に言及している語句と、拡散予測や最終処分場をめぐる議論に現れる語句とは別のコードに設定した。同様に「汚染」にかんしても、一三年の汚染水漏れ問題は分けて分析する必要があると考え、汚染土やその除去をめぐる語句とは別にした。

結果として、まず「放射性物質と食」にかんして、これらの語句が取り上げられる割合は、ほぼ似たような割合で減少傾向を示しながら推移しており、両者が互いに相関し合っていることが確認できた。「放射性物質」にかんしては、「一三年度前半」に汚染水漏れ事件が浮上した時期に、一度割合が増えてはいるものの、「放射性物質」と「食」は原発事故が起こった年の一一年から一二年の八月くらいまでは強い関心を集め、その後はある程度の割合を維持しながらも、当初の騒ぎよりも沈静化していることが読み取れる。

「地理」にかんしていえば、被災地である避難区域全般にかんする語句（地理1）は、比較的似たような割合で推移していた。しかし、廃棄物関連の語句（地理2）については、特に最終処分場候補地についての議論が活発になり、栃木県がそのひとつに選定されると、取り上げられる割合は一気に増加していく。

しかし、それでも福島第一原発で汚染水タンクの水漏れが判明すると、最終処分場問題の割合は忘れ去られたかのようにその割合は減少してしまう。逆に、「汚染水」にかんする「汚染2」は、——もちろん事故直後から汚染水の海水流出問題は報道されているわけだが——、タンク漏れという重大事件が発生したとたん、急激に割合が増え、盛んに取り上げられるようになっていく。

こうして見ていくと、「放射」報道は、事が起こるたびにその内容を劇的に変化させているわけではないことがわかる。先の対応分析の節では、「放射性物質と食」の問題から、「最終処分場」の選定、そこから「汚染水問題」

へと、その時期によって特徴的な話題が存在していたかのように見えた。しかし、コード出現率で検討しなおすと、それぞれの事柄は、ある時期に顕著な特定の事項のみをひたすら扱っているわけではないことがわかるだろう。むしろ、さまざまな事柄が同時進行的に取り扱われながら、その時々の注目や関心度によって、扱われる振れ幅が変わってきているのである。

もうひとつ、ここでは留意しておきたい事項がある。それは取り扱われる事項が帰属する問題系が、関東に帰属するか、被災地に帰属するかによっても、報道の量に差が出ているということである。「地理1」「汚染1」は、コードの性質からいって被災地の実情に言及している事柄であることにも注意しておきたい。これらは、一定程度は扱われながらも、ほかのコードに比べ総じて低い割合で動いていた。ここから、関東キー局の生活情報番組に限っていえば、自分たちの暮らしに関連する事柄（放射性物質と食）、関東圏に放射能の影響が起こりえそうな事柄（最終処分場問題）、全国的な社会問題となりうる政治的事柄（汚染水問題）は、メディア・アジェンダとして表出しやすい傾向があることがわかる。その一方で、事故の現場である被災地やそこでの取り組みは、他の事柄に比べるときわめて少なく、一定の割合でしか取り上げられていないのである。

共起ネットワーク分析――語句の出現パターンの特徴

ここまで、期間を半年ごとに区切りながら、三年という時間の経過のなかで、生活情報番組が「放射」に関連してどのような事柄を付与しているのかをみてきた。俯瞰的にみれば、取り上げられるテーマは時期ごとに変化しているように見える。しかしコードを付して追っていくと、それぞれの事柄はボリュームを増やしたり減らしたりしながら、意外にも共存しながら取り上げられていることがわかった。

では、もっと細かい単位で見てみるとどうだろうか。これまでの事例は、福島第一原発の事故に対する、放射能汚染や食に対する不安といった、いわば三・一一以降の日本社会で、「放射」という言葉に向けられる全般的な、大きな関心事項を取り扱ってきたにすぎない。もちろん、大きな視野で問題を眺めるさいには、こうした動きを確認することは重要である。しかし、もっと局所的にこの問題にアプローチしたとき、そこにおける語句の連関は、どのように変化しているのだろうか。

以下では、これまで半年に区切って見てきた語句の連関を、さらに細かく月ごとに分けて分析してみたい。分析手法としては、共起ネットワーク分析を使用する。この分析手法を用いると、「出現パターンの似通っている語、すなわち共起の程度が強い語」を明らかにすることができる（樋口 2014：155）。

ただしすべての月についてこれを検討するわけにもいかない。したがってここでは、メタデータの総数から、震災の特集が組まれやすい三月と年末以外で件数の多かった月、すなわち「二〇一一年一〇月」「二〇一二年一〇月」「二〇一三年五月」「二〇一三年九月」を代表事例として検討した。なお、分析をするにあたっては、月によって語数に開きがあるので、最小出現数については利用する言葉の数が大体一〇〇語前後に収まるように調整した。同様に、その月によって出現する言葉も違ってくるので、一度分析をかけたのち、併合して使用したほうがよい語句（たとえば「野田」「首相」など）については、その月ごとにできるかぎり強制抽出をかけている（「野田首相」として抽出される）。また、共起関係の程度を示すラインは、六〇くらいの関係軸が抽出されるよう調整してある。

・二〇一一年一〇月

この月は、震災後まだ半年という事情を反映してか、比較的さまざまな共起関係が出現している。福島原発と緊密に関係している語句としては、「放射」「検出」「セシウム」などがあげられる。これらの言葉を媒介して、「検出」には明治乳業の粉ミルク問題が強く関連を示しており、「セシウム」にはさらに「規制」を経由してコメの出荷問題、それから厚生労働省の食品選定基準が結びついていた。

一方、この時期は汚染水問題も取り上げられている。ただし、ここにおける共起関係は、福島原発に強く関連しているというよりも、事故の責任主体である東京電力に強く関連している点が特徴的である。また、関東ローカルのニュースとして、杉並区の小学校校庭で放射性物質が確認され、その処理にあたった事例も浮上している。

・二〇一二年一〇月

この時期は、先の対応分析ならびに対応コード分析においては、「放射」問題が当座の福島原発問題から、それ以後に生じた諸問題に移行した時期でもあった。この月の共起関係からも、それを反映した結果が出ている。コメの出荷基準に関連する語句は依然として散見できるものの、むしろ注目したいのは、「原発」という語句に付随する共起関係である。そこでは、「福島」はさほど強い関連は示しておらず、むしろ中心的な事項は「原子力」「規制」「委員会」や「拡散」「予測」となっている。

また、それらと強く結びついているのは「柏崎」「刈羽」といった原発再稼働問題に関連する語句であった。したがってこの時期の放射能報道は、原発事故のみを直接取り扱っているのではなく、むしろ再稼働問題やSPEEDIの是非をめぐる問題といった、全国をとりまく政治的アジェンダへと議論が傾いていったことがわかる。

・二〇一三年五月

この時期は、汚水タンク漏れ事件がまだ発覚する直前の時期である。したがって「福島」「原発」にかんする語句の結びつきは弱く、また汚染水問題も分析結果に現れてはいるものの、それほど強く共起を見せていない。それにもかかわらずこの月に放射能にかんする報道件数が増えているのは、茨城県東海村のジェイ・パーク（J-PARC）において、実験中に放射性物質が漏洩し、作業員・研究員あわせて三四人が被ばくしたという事故が起きたからである。メタデータの総数からいうと、二〇一三年以降は明らかに放射能にかんする報道が減少し、そのまま安定していく傾向にある時期にあたる。しかし原発関連の事故が起こると、それがたとえ福島第一原発にかんするものでなくても、報道の件数は伸びていくのである。もちろん東海村の事故も重要な事件ではあったが、本章の趣旨に即して言えば、社会的関心事項として、放射能問題は、いぜんナーバスなものを抱え込んでいたと指摘できるだろう。福島第一原発にかんする直接的な報道は少なく、関心はやや薄まったかのように見えても、それでも潜在的不安は社会に通底していて、ひとたび外在刺激が加えられると、とたんに関連語句の数が急浮上する様子がうかがえる。

・二〇一三年九月

この月は、前月に福島第一原発における汚水タンク漏れ事件が発覚する。したがって、「汚染水」「タンク」「地下」「検出」など、この件にかんする事柄が増えている。またこの月は季節柄もあってか、「台風」「雨水」「排出」など、汚水タンクの漏洩における台風の影響への懸念も語句として浮上している。しかし、ここで重要なのは、「放射」というキーワードに絡んで他の語句が浮上してきていることであろう。たとえば、「東京」「五輪」「招致」「開催」など、東京五輪招致にかんする語句や、皇太子夫妻が被災地を訪問したことを示す「皇太子」「夫妻」「仮設」「住宅」「訪れる」などの語句が、共起を強く示すものとして挙がっている。

最初にのべた「二〇一一年一〇月」と同様に、共起関係の数じたいは多いものの、内容的に見れば、その質は明らかに違っているのが特徴である。つまり言い方は悪いが、原発報道も、この時期になるとかなり「ワイドショー」的なものに近づいていくのである。これは、事故に直接関連する放射能問題はむしろ背景化し、話題性のある時事的関心事項に、むしろ「放射」というキーワードがぶら下がっているような構図として解釈できる。

以上、件数の多かった月を代表事例として、そこで用いられている語句の変化を見てきた。対応分析、対応コード分析とは違い、細かい期間でわけて別の手法で分析をしてみると、単に「放射」をキーワードにしたといっても、福島第一原発事故に直接関係していたものから、事故以降の原発のこれからを問う問題系へ、さらには別の箇所で起きた原発事故の報道、あるいはかなり周辺的な話題へと、取り上げられ方が変化してきていることがわかるだろう。

つまり、三年間という期間を全体としてみれば、原発震災を取り巻く全般的な事項は一貫して取り上げられ、大きな時間枠のなかで変化していく傾向にあり、一方で月別に細かく見ていくと、「放射」というキーワードに関連づけられながら、その時々に応じて関心を集める事柄も、取り上げられる事項も、細かく変化していることがわかるのである。

この変化はおそらく、取り上げられる事項の、質的な意味でのレイヤーに関係している。対応分析ならびに対応コード分析で抽出された語句群は、いわば三・一一以降、人びとが原発問題に関連して一般的に抱く関心事といってもよいだろう。それらは放射能問題に関連する問題系を共有しながら、時節と時々の出来事に応じてゆっくりと変化する。一方、その下位層にある月ごとに特徴的な事項は、社会を取り巻く時事的な出来事と関心事に、否応なく結びつく。つまり生活情報番組における放射能報道は、全体としては継続的に三・一一以降の原発アジェンダを継承しつつも、より個別な局面で検討していくと、その時々によって話題性のある関心事に強く相関しながら、内容を微妙に変えつつ取り上げられているのである。

4　時系列で考える――番組内容はどのように変化しているのか

発災時唯一の生活情報番組『ミヤネ屋』

以上、生活情報番組における放射能報道について、テキストマイニングの手法を用い、二〇一一年八月から一四年七月までのメタデータをもとに検討してきた。以降は一四年以降の生活報道番組について、日本テレビ系列『情報ライブ　ミヤネ屋』（以下『ミヤネ屋』）に焦点を絞り、メタデータと実際の映像をもとに、検討を加えていく。

『ミヤネ屋』は、関東では発災時に唯一、生放送されていた生活情報番組である。当時、東京都知事であった石原慎太郎が、四選目の出馬表明をする記者会見にあたり、スタジオから会見会場にカメラが切り替わるまさにその時、震災が起こったのだった。

画面は、すぐにコマーシャルに切り替えられる。しばらくして、キー局である日本テレビ報道フロアの混乱した状況と、定点カメラから俯瞰された新橋駅の様子が映しだされるものの、それも一瞬で、再びコマーシャルへと戻ってしまう。長いコマーシャルタイムが終わると、混乱した状態のまま、大阪の『ミヤネ屋』収録スタジオと、日テレ報道フロアとの間でのやり取りが試みられる。しかし、メイン画面はすぐに定点カメラからの東京全景へと切り替えられ、番組の司会を担当する宮根誠司の姿は隅のワイプ画面へと押しやられてしまう。そうしたなか、宮根が繰り返すのは、「東京は相当揺れてますね」という事実関係の確認と、「大阪も揺れてますよ」という緊急状況への同意的な呼応だけだ。やがて画面は、東京から宮城テレビの報道局へと移り変わる。そこから、宮根の姿はワイプ画面からもなくなり、番組の存在は完全に後退し、緊急報道番組へと切り替わってしまう。

こうした、次々と画面が切り替わっていく過程は、生活情報番組の放送中という、テレビ的にはきわめて日常的な時間軸のなかに、突如として非日常的なくさびが打ち込まれる、きわめて象徴的な現われであったといえるだろう。当時、他の民放四局はドラマもしくは旅番組を放送していた。つまり、緊急放送への切り替えは自局のタイミングでできたわけである。一方、言わずもがな『ミヤネ屋』は生放送であり、しかも、都知事会見という東京との中継のタイミングで、偶然にも地震が発生してしまうのである。その後はコマーシャルとキー局、準キー局との間でせわしなく展開が切り替わり、混乱のなか必死に視聴者に注意喚起する日テレ報道フロアと、その中継を困惑した表情で注視せざるをえない宮根の姿が、ひとつの画面に同時に映し出される。思いかけず出てきたであろう「大阪〝も〟揺れてますよ」というコメントは、大災害を示唆する言葉というよりはむしろ、遠隔地での緊急事態に現場も同期させながら、出来事を何とか生活情報番組の文脈、つまり「テレビ的日常」へと収束させようとする必死の対応のようにも受け取れる。

本書第七章で西兼志も指摘しているように、『ミヤネ屋』は巨大地震という非日常的な緊急事態が生じている局面でも、テレビの日常的な慣性をどうにか維持しようとする。先のように映像を細かく検討してみると、たしかに発災当時の『ミヤネ屋』は、テレビが日常と非日常の裂け目を露出させてしまう、象徴的なひとつの事例として考えることができる。ただ、筆者の関心は別にある。たしかに発災直後の『ミヤネ屋』においては、そうした解釈も成り立つ。しかしだからこそ、その後の番組の構成が、どのようなものだったのかを検討してみたい。その後の『ミヤネ屋』は、どのように震災と向き合ってきたのだろうか。換言すれば、震災後の長い時間のなかで、番組は被災地の状況をどのようにしてわれわれの「日常」のなかに還元してきたのだろうか。

東日本大震災以降、毎年三月はどの局でも、それぞれ十一日を中心に震災特集を組む。それは『ミヤネ屋』も例外ではない。三月放送分の『ミヤネ屋』についてメタデータを整理してみると、例年取材場所もテーマもさまざまであった。しかし、二〇一四年と一七年は、取材場所を福島県富岡町に固定している。一四年三月の段階で富岡町は警戒区域指定が解かれ、一七年四月には帰還困難区域以外は避難指示が解除される。それを受けて、番組も町の様子を再度取材しているのである。以下ではここに焦点を絞り、『ミヤネ屋』が富岡町の何を伝えたのか、メタデータをガイドにしつつ、時に実際の映像での解釈も加えながら、検討してみよう(4)。

二〇一四年の特集——「福島〝旧警戒区域から生中継〟」

二〇一四年、『ミヤネ屋』は初めて富岡町および町民を取材する。番組のオープニングでは宮城県南三陸町、岩手県大槌町、福島県新地町の、それぞれ地震直後、がれき撤去後、舗装整備後の映像がおおよそ五秒程度の間隔で矢継ぎ早に提示される。そのあと、当日の放送内容のダイジェストが示されるが、最後に再び、福島県相馬市の右記三段階の映像が示され、番組のオープニングCGが流れる。時間にして約三分程度の映像だが、各地の復興状況を反復して示すことで、発災から現在までの連続性を示しているわけだ。

つづいて、司会の宮根誠司の姿が現れる。宮根が立っているのは、まだがれきの撤去すらままならない富岡町の駅前である。すでに各地の復興状況を手短に見ている者としては、震災直後から何も変わっていないその景色に驚くが、ようやく警戒区域が解かれ、人の立ち入りが可能になった町の現状が宮根によって説明される。そして番組は、富岡町の特集へと入っていくのである。

この年の放送で震災にかんするメタデータのコーナー数は三七件、そのうち富岡町にかんするコーナーは一二件あるが、まずは特徴的な見出しを抜き出しておこう。

・地震・津波…あの瞬間から三年　福島〝旧警戒区域〟から生中継
・福島・富岡町の〝いま〟「真実を伝えるために…」
・福島〝旧警戒区域〟から生中継　人も店も戻らない…時が止まった町
・三つの区域に分断された町　厳しい現実…町民の思いとは

・福島〝旧警戒区域〟から生中継　津波に襲われた漁港はいま
・福島・富岡　漁業関係者の〝いま〟　喪失と葛藤…そして覚悟
・喪失・葛藤の末に…船長の決意「それでも海で生きていく」

・〝福島の希望〟富岡高サッカー部　友と約束した全国への夢
・友との夢かなえた　富岡イレブン　地元の期待を胸に「全国」初勝利へ
・〝福島の希望〟富岡高サッカー部　最後のロッカールーム

・〝福島の希望〟富岡高サッカー部 新たな未来へ
・逆境乗り越え〝福島の希望〟に 奇跡起こした富岡高サッカー部

番組が独自に取材した対象は、大別して以上、三つの部からなる。なお、番組はこの特集のあいだにそれぞれ、番組コメンテーターが取材した福島第一原発4号機の内部と、原発作業員のインタビューが加えられているが、それについては今は措く。富岡町の特集としての放送時間でいえば、全体としては約五二分。そのうち、一部は約二二分、二部は約六分半、三部は約一六分半という配分となっている。内容としては、一部が前年までは警戒区域として指定されていた町の惨状を訴えるもの、二部が漁業関係者の悩みと葛藤、そして三部が全国大会に初出場した富岡高校サッカー部についてである。一部の論点である町の惨状について、メタデータには次のような記述がある。

〈特集〉震災三年 福島・富岡町の〝いま〟「真実を伝えるために…」
▼藤田大さんは、去年五月から故郷富岡町をボランティアで案内している。原発事故以来、全町民に避難指示が出されていた富岡町は、去年三月に警戒区域が解除され一部の地域で立ち入りが許可された。日中立ち入りが可能となった居住制限区域は、津波の被害が受けなかった住民も殆ど戻ってきていないのは、除染作業、インフラ復旧が遅れているからである。▼父親の代から仕出し弁当店を経営していた藤田大さんは、会社は移住制限区域内にある。今では会社内は雨漏りで天井が落ち、床は青カビで変色し腐食が進んだ室内はもはや入るのも困難な状態である。富岡町では仮置き場が想定の四割ほどの面積しか確保されていない。桜の名所である夜の森、約一五〇〇本のソメイヨシノは、桜のトンネルとして富岡の人に親しまれてきた。放射線量が五〇シーベルトを超える帰還困難区域は、立ち入りが禁止されている。政府は富岡町を二〇一七年まで帰還しない方針を決定した。▼郡山市の緑が丘応急仮設住宅に移り住んでいる高齢者の人々が、富岡町の歌を合唱した。自治体会長の北崎一六さんは「高齢者の方に帰還目標の平成二九年まで頑張れと

いわれても、八〇歳をこしている方はここ一年二年の闘いなので」と話した。北崎さんは、定期的に富岡町の自宅へ戻り片付け作業をしている。避難生活の間に部屋は泥棒に荒らされていた。除染が住んだ場所でも、未だホットスポットが点在する富岡町、人々は未だ厳しい現実に直面している。

データ上の三角は、一連の取材映像における、おおまかな内容の切れ目を示している。全体的にみれば、案内ボランティアである藤田さんを通じて、一部の地域で立ち入りが許可されつつも除染やインフラの復旧が遅れている状況や、自身の会社も社屋は腐食が進み朽ち果てているという惨状が語られる。町の自慢であった桜の名所も、放射線量が規定を超えているため立ち入りできないと訴える場面もある。そうした「厳しい現実」をここでは紹介し、除染が済んだ町でも、ホットスポットがまだ点在していると報告される。

こうした映像をふまえたのち、番組はライブ映像に切り替わり、藤田さんのほか被災した住民二人を交えた宮根とのトークとなる。ここでは警戒区域が解かれた後も、富岡町に戻ってくるかどうかで住民が迷っている現状が訴えられ、賠償の規定もあいまいなまま警戒区域のみが解除されてしまう、足早な「復興」の在り方が問われる。総じて話題は深刻な内容であり、震災後三年たった時点でも、その影は払拭されていないことが描かれる。

第二の部分も同様、津波で被害を受けた漁港を題材に、その惨状を伝える。しかしここで注意したいのは、取材対象が富岡漁港で唯一被害を受けなかった、一隻の船の持ち主が取り上げられていることである。

〈特集〉震災三年　福島・富岡　漁業関係者の〝いま〟　喪失と葛藤…そして覚悟

▼岸壁にぶつかり、横一線に波しぶきを上げる津波の写真だが当時、沖へ逃がした船の上から撮影された。撮影した石井宏和さんは、当時釣り船を営んでいたが、現在営業は停止、富岡町で唯一残った船とともに、いわき市の港で身を寄せている。自宅があった海岸地区は壊滅、家族が乗った車は避難途中に津波に飲まれ、祖父が亡くなり、一歳六ヵ月

だった長女は行方不明のままである…（略）

〈特集〉震災三年 福岡・富岡 漁業関係者の〝いま〟「第一原発」洋上の真実とは
福島第一原発で沖合約一・五キロから、空間放射線量を測ってみると〇〇・二七シーベルトで東京新宿とほぼ変わらない線量を示した。現在福島県では、週に一、二回に試験操業行い、これまでに一万八〇〇〇件以上の検体を検査、安全が確認されている魚介類は首都圏にも出荷されている。しかし風評被害が拡大、石井さんはこの現状を変えたいと話す。

〈特集〉震災三年 喪失・葛藤の末に…船長の決意「それでも海で生きていく」
福島県富岡町から生中継。梅沢富美男は「三〇年後や四〇年後の人たちのために調査を続けている船長に頭が下がります」と話し、風評被害をこれからどのように払拭していくのか、大きな課題であると伝えた。

二部では震災で家族を亡くした漁師・石井さんの姿が描かれる。しかしここでは、先のような深刻な話題ばかりではない。県が試験操業と検体を行った魚介類を東京にも出荷している事実を語り、放送では富岡港で唯一残った漁船の船長である石井さんの、風評被害に打ち勝とうとする姿が描かれるのである。それを受け、スタジオではタレントが「三〇年後や四〇年後の人たちのために調査を続けている船長に頭が下がります」と語るのである。
そして第三の部分である。タイトルだけを見ても、ここでは「希望」「期待」「奇跡」のような、これまでとは違う明るい言葉が並んでいるのが確認できる。

〈特集〉震災三年〝福島の希望〟富岡高サッカー部 友と約束した全国への夢
▼福島・富岡市の富岡高校サッカー部は、雪深いグラウンドで練習していた。東日本大震災以降、学生たちはサテラ

イト校に分散して避難生活を送っている。練習前には黙祷から始まるサッカー部は、一般のグラウンドを借りて練習をしている。また、今の三年生は震災直後に入学して、厳しい環境でサッカーに打ち込んできた。その一人の草野選手はクラブチームで仲間だった少年と一緒に入学する予定だったが、今も行方不明だという。▼二人は、入学前に県大会を優勝して全国大会へ出場しようと約束をしていた。県予選決勝は一度も勝ったことがない尚志高校との試合に勝利して、三年生達は全国大会出場を決めた。福島・郡山市で仮設住宅に暮らす富岡町民も力を貰えたなどと語っている。

高校三年生といえば、震災当時は新入生として入学を控えた時期である。三部ではそうした世代を主体として、練習が困難な状況や、行方不明になっている仲間との夢をかなえるために努力する少年の姿が描かれる。そして最後は、チームが強豪校を倒し、またそうしたサッカー部を富岡町民も応援していることが告げられる。実際の映像では最後に、中継で富岡高サッカー部三年生と宮根らとのトークが交わされ、宮根が高校生に将来の夢などを聞き出すなか、最後はタレントである梅沢富美男が、「同郷どうし、がんばっぺ！」と微笑みながらエールを送る。それにつられるように出演者一同の表情が笑顔に変わり、番組は終了する。

総じて、二〇一四年の放送は警戒区域の指定を解除された富岡町の現在について、現状および将来的な困難はあるものの、人びとが負けずに前を向いていく、というような構成が準備されているといってよい。放送時間の配分からいっても、悲惨な現状を伝える一部と、希望を伝える三部のボリュームが厚い。そこに、家族を亡くしながらも風評被害と戦う漁師の姿が挟まれ、かつタレントの賛辞コメントが付される。つまり、放送上の構成としてはこの漁師のエピソードを仲介して、「深刻さ」は「希望」へと接合され、順に物語化されているわけである。

二〇一七年の特集――「来月1日…避難解除　ミヤネが見た…」

では、二〇一七年の放送はどうか。この年、宮根は事前に富岡町を取材しており、当日はスタジオからの放送という形をとっている。また番組内容も、冒頭は震災ではない別の事件が取り上げられており、震災特集は番組開始約三〇分後から始まる。さらに特集のオープニングでは、生活情報番組ではよく見られるパネルが用いられ、「いよいよ帰還へ「復興って何ですか?」」と大きく書かれたパネルの一部が効果音付きでめくられながら、特集全体の概要が語られる。

この年の震災にかんするメタデータの総コーナー数は二〇あるが、富岡町に限って、かつ重複タイトルを除くと、おおよそ次のようになる。

- 来月一日…避難解除　宮根が見た〝それぞれの帰還〟
- 来月一日…避難解除　宮根が見た帰還への歩み
- 来月一日…避難解除　ふるさとに帰る理由
- 帰る?帰らない?　県外避難者の理由
- 来月一日…避難解除「本当の復興」とは?
- 帰還へ　富岡町から生中継「復興って何ですか?」
- 来月　ついに避難指示解除　医療体制の整備は?　故郷に戻る?　戻らない?　揺れる町
- 来月　富岡町に帰ってきますか?　避難者が抱く不安と葛藤

先に述べたように、富岡町は一七年四月より帰還困難区域以外は避難指示が解除されることが決まっていた。番組もそれを受けて再取材しているわけだが、この年の富岡町の特集は、放送時間は約三〇分と少ない。また、二〇一四年のようにエピソードの区分けはなく、司会者である宮根が二月中に現地に入り取材をし、そのVTRがメインに使用されており、内容的には全編にわたって避難解除についての話題が中心である。

〈震災六年〉来月一日…避難解除 宮根が見た〝それぞれの帰還〟
（略）三年前、番組で生中継を行った富岡駅前の映像を紹介。日中立ち入りができるようになったばかりで荒れ果てていた。先月末、宮根が同じ場所を取材した。三年前、町の人と駅前通りを共に歩いたときには、生々しく残る津波被害の跡に言葉を失った。そこには震災のおそろしさがはっきりと残っていたが、現在は、倒壊した建物等もなくなりまったく姿を変えた。福島第一原発の周辺自治体では、（略）帰還困難区域以外の避難指示がまもなく解除される。富岡町でも来月一日から、面積の約八割で自由に暮らすことができるようになる…（略）

特集の冒頭では三年前の、廃墟となった富岡駅前を宮根が歩く映像が使用される。そこから、同じ場所を再び歩く宮根と、がれきが撤去され整然となった富岡町の姿が映しだされる。一四年のオープニングと同じように、ここでも、過去の映像が反復的に用いられ、三年間という時間の連続性を示しているわけである。その後の映像では、避難指示解除を前提にしたコンビニやホームセンターのオープンが報じられ、ショッピングモールのフードコートでは、宮根自身も店員が推す「浜鶏の親子丼」を試食するのである。

〈震災六年〉来月一日…避難解除 宮根が見た帰還への歩み
富岡町は避難指示の解除を前に（略）町の再生に向けて歩みを進めていた。郡山市などに非難していた町役場も、約一年半前から町内で一部業務を再開。去年夏には、町内を走る幹線道路沿いにコンビニがオープンし、復旧工事に関わる人たちなどで賑わいを見せている。さらに、住民の買い物の拠点として、町が整備した複合総合施設「さくらモールとみおか」も既にホームセンターなどが先行オープンしている。店長も、土日メインではあるが徐々に一般客が増えてきている実感があると話した。（略）さくらモールとみおかでは、ホームセンター以外にもフードコートが営業中。町内で温かい食事ができるということで、復興に携わる作業員や町を訪れた人に喜ばれている。宮根も浜鶏の親子丼を試食した。▼商業施設だけでなく、町の災害公営住宅も第一期の五〇戸はほぼ完成。既にその八割以上で入居が決まっている。(略) ショッピングモールや診療所、鉄道など、富岡町は確かに再生の兆しを見せ始めているが…開発中の駅前や幹線道路沿いから少し外れるとそこは静寂の世界。人の気配がまったくない。帰還準備のための宿泊は、受付開始から半年経ってもわずか三一五人。

新規店舗オープン前ならどこにでもありそうな風景であるが、これが避難指示解除区域での取材であることに注意しておこう。番組のトーンはきわめて明るい。たとえば、宮根が親子丼を食す場面も、鶏肉に半熟の卵が絡んだ丼のアップの映像とともに、宮根の次のようなコメントが重ねられるのである。

「ほら、これ、湯気が出て。寒いときに温かいものが頂けるというのは何よりの幸せですね。トリもおっきいし、量も結構ありますよ。これ、並でしょう? これ。頂きます…卵ふかふかで、トリも美味しい。…うん…なんかホッとしますね。」

その後はメタデータにも記述されているように、災害公営住宅や診療所、鉄道などの整備が進められ、町の復興の様子が映しだされる。一方で、その復興はまだ町の中心地であるだけという事実が示され、これを踏まえたのち、番組はこの土地が避難指示解除区域であることの困難を、あらためて提示するのである。

〈震災六年〉来月一日…避難解除　ふるさとに帰る理由

数少ない(帰還準備宿泊の――引用者)申込者の一人・渡辺達生さんを訪ねた。渡辺さんは家を新築中で、避難先の郡山市から車で二時間かけて自宅再建に通っているが、来る度にイノシシ災害に困っており、震災前にはこんなことはなかったと話した。

渡辺さんは故郷に帰る理由について「江戸時代から一五代続いている家をこれくらいの理由で絶やすわけにはいかない」と語った。また、三年前に亡くなった母のためにも帰還のために奮闘しているという。最新の調査によると、戻りたいと答えた人はわずかに一六パーセントだった。福島第一原発では溶け落ちた核燃料の場所はいまだにわからず、余震も頻発しており、住民の不安を拭うことは出来ていない。

前半では、帰還したくても、三年前に想い途中で亡くなってしまった母親の意思をついで奮闘する、代々土地を受け継いできた地元民の言葉を紹介する。一方このコーナーでは、町に戻りたいと答えた町民は全体の一六パーセントであり、核燃料の場所や余震の頻発など、この土地で暮らす不安はまだまだ消えていないことが示される。そのあと、放送はいったん途切れて別内容が放送される。そして再び「さくらモールとみおか」と中継し、そこで働く人びととのやり取りなどが挟まれるが、番組は帰還希望者が一六パーセントであるという事実を引き継ぎ、スタジオのコメンテーターとのトークに移っていくのである。

〈震災六年〉富岡町に帰ってきますか？ 避難者が抱く不安と葛藤

▼富岡町の方に故郷に帰るかのアンケート。戻りたいと考えているのが一六パーセント、判断がつかないが二五・四パーセント、戻らないと決めている方が六割近く。帰りたくない一番の理由として医療環境への不安が挙げられた。故郷に戻るのかの一点で復興を考えてはだめなのではと感じたと宮根さんが話した。（福岡大学教授の）今井さんがその通りなどと話した。（略）宮根さんが富岡町に雇用をうむなどはどうなのかと話すと、森永（卓郎）さんが、国会を移すくらいの思い切ったことをやらないと本当の復興はできないと思うなどと話した。今井さんが、復興には生活再建と

空間の復興があり、今急ぐのは生活再建。時間をかけてやらないといけないなどと話した。（ガダルカナル・）タカさんは、安全と言われてもしっくりこない人たちがいる、フォローするところがないと難しいなどと話した。

（カッコ内の補足は引用者注）

映像を見ると、ここでは、パネルによってアンケートの詳細が紹介される。その紹介の仕方は、生活情報番組ではおなじみの、パネルのシートを効果音と共に少しずつ剝がしながら、全体像を見せていくやり方となっている。その後、宮根はコメンテーターに向かい、富岡町のこれからについて、「故郷に戻るのかの一点で復興を考えてはだめなのでは」「富岡町に雇用をうむなどはどうなのか」など、かなり突っ込んだ質問を投げかけている。そして宮根の意見に同意するようにコメンテーターの側も、「国会を移すくらいの思い切ったこと」「今急ぐのは（空間復興ではなく）生活再建」「安全と言われてもしっくりこない人たちがいる」などと答え、スタジオトークを交わすのである。

生活情報番組の「日常」とは何か

以上、メタデータの記述をガイドに、実際の映像も参照しながら、二〇一四年と二〇一七年における『ミヤネ屋』の震災特集を見てきた。そこでは福島県の富岡町に焦点をあて、町の現状と行く末について語られていた。三年間という時間のひらきのなかでは、当然、同じ対象でもその描き方について、相違が生じてくるはずである。ここでは、もう一度両者を比較しながら、その相違についてまとめておこう。

まず、共通点としては、両者ともに「時間の連続性」を強調していることが指摘できる。特集のオープニングでは必ず、それぞれの三年間が明示されている。一四年の方では、他所での復興のありようが端的に示され、それとは逆に時間が止まったままの富岡町の姿が映しだされる。一七年の方は、一四年放送時の番組映像が映しだされ、そこから一新された駅前の様子が映しだされる。一方は発災後三年たっても復興ままならない現状、他方は警戒区域解除直後に比べ着実に整備されつつある状況を伝えるその映像は、内容こそ違いはあるものの、過去の映像の反復によって視聴者に出来事の連続性を示しているといえる。

また、連続性ということでいえば、一七年のパネルに大きく書かれていた、「復興って何ですか?」というタイトルも、それを想起させる。というのも、一四年の放送において宮根と住民のトークのさい、地元復帰に逡巡しているさなかで行政主導によって警戒区域解除がなされることに、住民たちが自ら疑問を呈しているからだ。さらには、一七年には帰還準備宿泊を希望する住民が取り上げられているが、そこで示された「三年前に亡くなった母」は、一四年放送時の自治体会長による「高齢者の方に帰還目標の平成二九年まで頑張れといわれても、八〇歳をこしている方はここ一年二年の闘いなので」という言葉を想起させる。細かい事例ではあるが、ここでは、番組が取り上げるテーマ自体は、通底して反復され、連続しているということができる。

一方、番組の構成は両者ではっきりとした差異がみられる。一四年放送分は、その取材が比較的に企画本位で行われているところに特徴があるといえる。警戒区域指定が解除されたばかりという、まだ復興の道筋さえ立っていないという状況も背景にあるのだろうが、住民の迷いや不安を披瀝する一部も、漁師の奮闘を紹介する二部も、富岡高校サッカー部の三部についても、テーマを絞った短いドキュメンタリーのような作りになっている。したがって、途中いくつか別の内容が差し挟まれるものの、富岡町を取り上げたものにかんしては、この三つが順序よく配置され、深刻な現状説明から希望へと続く、全体的な物語性を読み取ることができる。

対して一七年の放送分は、一四年のように司会者の宮根が現地に訪れてはいるものの、その作りは現場レポート的なものとなっている。そこには——町の活気を取り戻しつつある町の現状を伝える意味もあるのだろうが——、一四年放送時のような悲壮感はあまり感じられない。宮根が親子丼を食べるシーンなどは、何も知らずに見れば普通の「食レポ」のようだ。さらに言えば、概要を説明するために用意されたパネルの使用とシートを剝がすさいの効果音、スタジオトークで語られるどこか他人事のようなタレントたちの発言、こうしたものは、総じて生活情報番組でよく見られる手法である。

したがって、同じ富岡町での取材といっても、そのアプローチの仕方と放送内容の構造が、ここでは全く違ってきてしまっているのである。別に、震災がテーマでなくとも普通に見ることのできる、VTRとスタジオトークを中心に構成されたテレビの風景。つまり、一四年の映像と比較し、一七年の方がより、視聴者の日常感覚に近いものとなっているのだ。それは言うまでもなく、生活情報番組のあり方そのものなのである。その意味で、二〇一七年の放送において、『ミヤネ屋』は、生活情報番組としての「日常」を取り戻したということができるのである。

5 「流れ」としての原発震災報道――その「差異」と「反復」

ところで、このような分析の意義は、どのようなところに見出せるのだろうか。以下では理論的な側面からもう一度これらをまとめ、さらにアーカイブを分析することのもつ可能性と課題について、指摘しておきたいと思う。

R・ウイリアムズは、その著書『テレビジョン』において、テレビ特有の番組形式のことを「混合された新しい形式（mixed and new forms）」と呼んでいる。テレビの編成には、ニュースをはじめ、ディスカッション、教育、映画、スポーツ、気晴らしや娯楽など、さまざまな形式が存在していることは自明であろう。しかしその構成の仕方は、新聞や雑誌のように、それぞれが単独で配置されるよう構成されているわけではない。むしろこうした既定の形式に多くを依りつつも、それらを混合させた形式が、量的に質的にも拡張しており、それこそがテレビ特有の番組形式となっているわけである（Williams 1975 : 69–76）。

さらにそれは、テレビ特有の「流れ（flow）」のなかで構成されていく。テレビの編成は、新聞や雑誌の記事、あるいは映画のように、それぞれが単独で成立しているわけではない。むしろ内容的にも時間的にも、あるいはテレビ局それぞれの番組間の編成にあっても、一連の情報の束となって、家に居ながらにしてそれらを利用するということになる。したがってテレビの編成は、どの番組がどの時間枠に「分配」されているかという固定的概念として捉えるべきでなく、むしろ一連の動態的な「流れ」のなかで捉えることが必要となる（Williams 1975：87–96）。

そしてそれはとりもなおさず、「人為時事性」の問題へと結びつく。J・デリダは現代の情報テクノロジーとアクチュアリティの相関について、以下のように指摘する。

アクチュアリティは所与ではなくて、能動的に生産され、選り分けられ、投資されているし、人造の（factice）、つまり人為的な（artificiel）たくさんの装置によって遂行的に解釈されている。（中略）「アクチュアリティ」が参照する「現実（性）」が、いかに単独的で、還元不能な、頑固で、つらいもの、悲劇的なものであり続けようとも、「アクチュアリティ」は虚構の送り状を通して私たちのもとに到来する（Derrida & Stiegler 1996＝2005：10）

こんにち、複雑な現実を理解するには、メディアの存在は切っても切りはなせない。だから、ここでいわれるようなアクチュアリティが、デリダの言うように、たとえ「虚構の送り状を通して私たちのもとに到来する、能動的に生産され、選り分けられ、投資されているもの」だとしても、人はある程度のステレオタイプを受け入れざるをえないだろう。しかし、そのアクチュアリティをそのまま受け入れてしまうことと、一体どのような構造を伴って現前しているかを問うこととは、まったく別の問題である。

小林はデリダのこうした「人為時事性」を、ウイリアムズの「流れ」と重ね合わせながら、「出来事をめぐる支配的な政治的経済的状況、あるいは世論や価値観などと結びついたニュースの物語を作り出すような、広範に共有可能で、しかも完結した運動イメージ」として再定義する（小林 2010：172）[5]。「人為時事性」のアクチュアリティは、その時々でしか通用しないような、単発的な出来事なのではない。むしろそのひとつひとつは、ウイリアムズの言うテレビ的「流れ」のなかで、やがて束となり、大きな物語を生み出す契機となるものとして存在しているのだ。

時事的に重要な出来事であればあるほど、束の間に経験されても不可抗的な意味としての出来事となって一瞥の眼差しに生成し、しかも反復されなければならない。逆に、一瞥の眼差しに生成する不可抗的な意味としての出来事が、反復して表象されることで、その時事的な重要性は増す。（同前）

さまざまなジャンルの情報が矢継ぎ早に盛り込まれることで成立している生活情報番組は、まさにウイリアムズの言う意味での「混合された様式」として定義できる。芸能、エンタメ、グルメなどのさまざまな情報に混じって、報道はフラッシュニュースとして現れる。そしてそれは、各テレビ局の番組編成、そして放送時間という「流れ」の中に係留し、反復される。さらには小林の言うように、まさに人びとの「一瞥の眼差し」によって認知され、記憶としてとどまることで、その重要性を増していくのである。

ただしここで言われる「反復」は、単純にまったく同一なものを繰り返しているわけではない。「反復」と「人為時事性」の関係について、デリダは以下のようにも指摘している。

ひとびとは類似のもの（l'analogue）と同一的なもの（l'identique）を混同する。「反復するものはちょうど同じものだ、まったく同じことだ」というわけである。否。ある繰り返し可能性（反復のなかの差異）によって、回帰するものはそれでもやっぱりまったく別の出来事でありつづけるのだ。（42）

本章がこれまで検討してきた事例は、最終的に、このデリダの指摘にたどり着く。前半の分析のなかで軸とした「放射」というキーワードひとつとってみても、生活情報番組のなかで日々届けられるフラッシュニュースの内容は変化していたのだった。半年という期間においては、関心を集める事項はゆったりと変化し、また月ごとに見ればさらに、その時々に特徴的な、突発的な事例に重ね合わされながら報道内容が形成されていたのだった。それを単に「原発事故関連のニュース」として視聴することは、そうした差異の抽象化と概念化、ひいては同一化を招いてしまうだろう。

また、後半におこなった『ミヤネ屋』の分析においても同様のことがいえる。一四年の映像と一七年の映像はともに、過去の映像から始まっており、出来事の連続性が強調される。また、細々と見ていけば、一七年の放送では、一四年に取り上げた被災者の意志を引き継いで作られたと思われる特集タイトルや被災者のコメントも存在していた。そこでは、映像と内容の反復が認められ、番組はその時々で単発的に作られているわけではないことがうかがえる。しかし、番組の構成、映像の作り方を見てみると、一七年の放送では一四年のような、短いドキュメンタリーのような映像はあまり出てこない。むしろ大半は現地レポートのような取材スタイルをとりながら、カメラをスタジオに切り換えつつ、コメンテーターとスタジオトークを行うのである。それはとりもなおさず「視聴者の日常」の中での出来事なのであり、かつ生活情報番組の「日常」となっていく。このように、映像の作りにおいても、「反復」と「差異」は展開されるのである。

したがって、内容のレベルにおいても映像の作りのレベルにおいても、デリダが指摘するような「反復のなかの差異」に気づくことが重要なのである。そうした事象に眼を向けること、さらにはそうした差異が「同一的なもの」と見なされてしまうロジックを究明すること。こうした作業の積み重ねが、まさにアクチュアリティの人為時事性、そして映像のうちにあるわれわれ自身の日常をつきとめる、ひとつの端緒になっていくのだと考える。

＊　＊　＊

以上、本章では生活情報番組における「放射」報道をキーワードに、分析を進めてきた。若干まわりくどい表現になるが、ここまでの内容を要約するなら、震災報道番組のアーカイブ・メタデータを利用し、生活情報番組の中で取り上げられる原発震災の内容的な偏差を、使用される語句のレベルと、メタデータそのものの記述とその映像のレベルで見てきたことになる。

これまで、テレビのコンテンツ研究というものは、一般的に一番組の映像単位で行うのが主流であった。それは、録画機器の記録容量に限界があり、たとえその限界を克服できたとしても、研究者が個人ですべての番組を閲覧・分析し、研究として成立させるにはコンテンツの量が多すぎたからである。

しかし、メタデータは違う。ひとつのプロジェクトとして、放送されたすべての番組内容を言語化し、保存していくことが可能ということは、それを素材に大きな時間枠のなかで、テレビが取り上げた内容を検討することが可能となる。番組を保存し、アーカイブとして残し、そこに言語情報をインデックスとして残すこと、そしてその言語情報を頼りに分析を進めることは、まさにウイリアムズのいう「流れ」のなかで、テレビが多様な出来事に対してどのような内容を構成しているのか、検討する手がかりとなるだろう。

一方、ここには課題もある。メタデータはあくまで番組・コーナーの要約であって、そのものではない。また、そうしたデータをテキストマイニングすることで、語句の抽出過程を通じ、取りあげられる出来事の変遷を追うことは可能だとしても、そうした語句がそれぞれの場面で、どのような背景で語られたのかについては究明できない。筆者が今回、「言説」という概念をいっさい使用しなかった（できなかった）のは、そのためである。したがってここまでの分析段階では、映像として何が映され、誰が何を語り、そうした映像が他の何と接合され、あるいは分断しているのか、そこまでは追求できないのである。(6)本章では後半、こうした部分もふまえて考察を加えたが、まだまだ方法論的に甘い部分がある。今後は、より厳密にメタデータと映像との相関関係を検討していく必要がある。

ただしこうしたことも含めて、分析の視野を広めていくことが、アーカイブを構築することの意味なのだろう。比較的大きい時間の経過のなかでトピックの付置を措定すること、そしてそこから、実際の映像とそこにおける

「語り」を検討し、それぞれの言説がどのような連関のなかで発動されているかを考察すること。両者が合わさったときにはじめて、テレビ的「流れ」のなかで、一体何が語られたのかが指摘できるのである。

【注】

（1）筆者が確認したものとして、初期報道における研究として遠藤（2012）、伊藤（2012）など、比較的ながいスパンでの研究は三浦（2012）、松山（2012）をあげておく。また、筆者も寄稿しているが、日本大学法学部新聞学研究所（2017）においても、震災報道のアーカイブ研究にかんする特集を組んでいる。

（2）テキストマイニングの図に関しては、紙幅の都合上、本章では省略してある。法政大学学術機関リポジトリに本章の元になった論文があるので、図にかんしてはそちらを参照していただきたい（http://hdl.handle.net/10114/11458）。

（3）ただし、二〇一四年の最終期間は、七月までのデータを使用している。

（4）筆者は、この二回の放送回については映像も含めてすべて確認している。ただし今回はメタデータを素材に分析を行うことが目的であるので、映像内容については補助的に扱うにとどめた。今後、メタデータと実際の映像のズレの問題や、あるいはメタデータ分析から導かれた形での映像分析なども視野に入れているが、それについては稿を改めて論じていきたい。

（5）小林はこの論文において、本章で示したウィリアムズ、デリダの議論からドゥルーズの議論を接合し、映像の運動イメージ、時間イメージにまで言及している。しかし、のちに述べるように、本章においては、今回は基本的にはメタデータを対象として取り扱っており、映像は補足的に参照する程度にとどめている。このような理由により、本章では小林の指摘する映像の運動イメージ、時間イメージについては取り扱わなかった。これについては今後の課題とし、映像分析を行う際、改めて検討したい。

（6）この課題の指摘は、筆者が西田善行とともに行った、マス・コミュニケーション学会二〇一四年度秋期研究発表会ワークショップ13『テレビが記録した「震災」「原発」の3年――震災関連放送アーカイブの可能性と課題』（於：東洋大学）において、東海大学の水島久光先生、帝京大学の山口仁先生より頂いた指摘にもとづいている。この場をお借りして、お礼を述べておきたい。

【文献】

遠藤薫（2012）『メディアは大震災・原発事故をどう語ったか――報道・ネット・ドキュメンタリーを検証する』東京電機大学出版局

Derrida, J. et Stiegler, B.（1996=2005）*Échographies de la télévision.*『テレビのエコーグラフィー』原宏之訳、NTT出版

樋口耕一（2014）『社会調査のための計量テキスト分析――内容分析の継承と発展を目指して』ナカニシヤ出版

石田佐恵子（1998）『有名性という文化装置』勁草書房

伊藤守（2012）『ドキュメント　テレビは原発事故をどう伝えたのか』平凡社

小林直毅（2010）「メディア表象の不可抗性とテレビ的イメージ」『社会志林』法政大学社会学部学会、pp. 163–176

松山秀明（2013）「テレビが描いた震災地図――震災報道の「過密」と「過疎」」、丹羽美之・藤田真文編『メディアが震えた The Media Quaked――テレビ・ラジオと東日本大震災』東京大学出版会、pp. 73–117

三浦伸也（2012）「311情報学の試み――ニュース報道のデータ分析から」、高野明彦・吉見俊哉・三浦伸也『311情報学――メディアは何をどう伝えたか』、岩波書店、pp. 33–114

日本大学法学部新聞学研究所（2017）「特集　震災映像アーカイブを用いた研究の可能性と課題」『ジャーナリズム&メディア　第10号』、pp. 5–94

西田善行（2014）『テレビが記録した「震災」「原発」の3年――震災関連放送アーカイブの可能性と課題』マス・コミュニケーション学会二〇一四年度秋期研究発表会ワークショップ13レジュメ

Williams, R.（1975）*Television Technology and cultural form*（Second edition published 1990）, Routeledge

山田健太（2006=2014）「揺れる！　バラエティと報道の境界」、NPO法人 放送批評懇談会編『放送批評の50年』学文社、pp. 803–810

第三章　原発震災と地域の記録と記憶を読み解く

西田善行

1　「記憶の半減期」を超えて

二〇一一年の東日本大震災と福島第一原発の事故から七年になる。発災当時、日々のトップニュースとして扱われ続けていた震災や原発にかんする報道も、その量を大きく減らしていることは周知のとおりである。

実際のところ、どの程度の減少となっているのだろうか。一つの試みとして新聞（全国紙）とテレビ（NHKと関東キー局）での「震災」「原発」にかんする話題の減少率を見てみよう。発災から半年後の二〇一一年九月から二〇一二年八月までの一年間の報道量を一〇〇とした場合、その五年後の二〇一六年九月から二〇一七年八月までの報道量は、新聞は「震災」が二二・一、「原発」は三一・八であり、テレビは「震災」は二五・二、「原発」も二五・六となっている。[1]当初懸念されていた「記憶の半減期」（七沢 2016）は、二〇一三年から二〇一四年頃には過ぎてしまい、現在は四分の一程度になっているのである。[2]

とはいえ、日々放送されている震災、原発事故関連の報道や特集番組、ドキュメンタリーは、この七年間で多くの蓄積がある（原・山田・野口編 2014、原 2017）。こうした番組の視聴は、多くの視聴者にとって放送された一回限りのものに留まることだろう。しかし、中にはこの未曾有の体験を描いたドキュメンタリーや特別番組を記録に残そうと、その番組を録画し、DVDやハードディスクなどの保存媒体へと蓄積している視聴者もいるだろう。そうでなくともYouTubeなどの動画共有サイトでは発災当初の放送の様子をはじめ、震災や原発に関連するさまざまな放送が散発的にアップロードされている。さらにはNHKオンデマンドのように放送局側が過去の震災関連番組をネット上に流す場合もある。

また震災や原発事故にかんする放送を録画し、保存媒体へと蓄積してきた研究者や研究機関も少なくない(3)。保存媒体の大容量化により、小規模なテレビアーカイブであれば容易に設置可能な状況のなかで今回の震災・原発事故は発生した。

このように、たとえ断片的でも、さまざまな形で放送された震災や原発事故の映像を「見直す」ことが可能なメディア環境が近年形成されている。一般投稿動画も含め、これほどの量の映像記録が蓄積され、それを分析することが可能となる状況はメディア史上・報道史上、初のことである(4)。第一章でも述べた通り、こうしたメディア環境が震災・原発報道を短期的にも長期的にも問い直すことを可能とし、複数の研究が生み出され、一定の蓄積と厚みを生んでいる。ただし、報道量が減ったとはいえ、原発や震災に関わる報道は現在でも日々更新されているため、そこで示された経年的な変化はつねにその時点でのものとなる。その意味でこうした分析もまた更新され、問い直される必要があるのではないだろうか。

筆者も三年前に番組にかんするメタデータから、発災後半年からの三年間、テレビが「震災」や「原発」を伝えるなかで「何を」報じ、「どこ」に言及したのか、その変化を分析した（西田 2015）。そこから三年を経て、その後の報道のなかでどのように変化したのか検討していくことが、「半減期」を大きく超えた現在にこそ必要に思える。そのため本章は二〇一五年に記した拙論をベースに、その後の三年を含めた六年間で、テレビが「原発」「震災」、

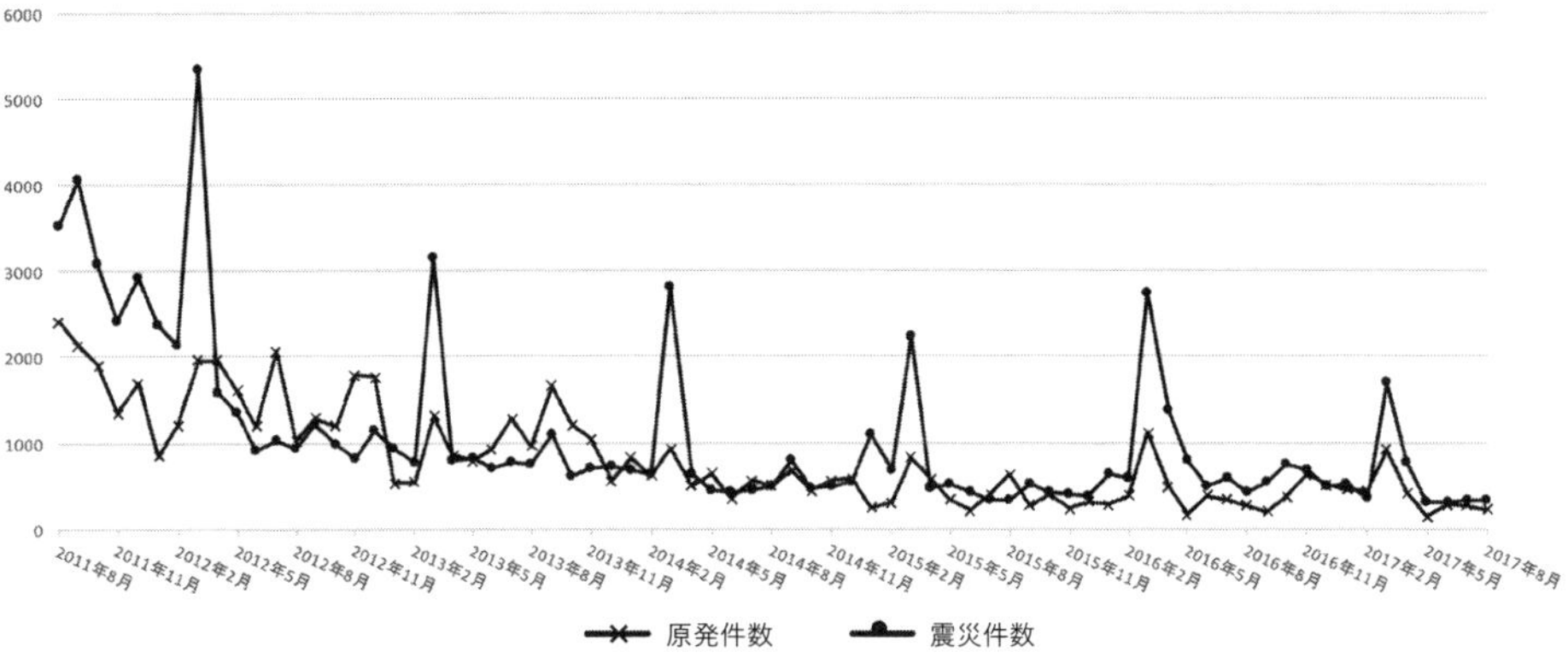

図1 「震災」「原発」に言及したコーナー数の推移

そして地域をどのように記録したのか、再度検討していきたい。分析の際には必要に応じてメタデータの具体的記述内容や、実際の映像を随時参照する。それにより、分析結果が示す傾向の背後にある出来事を振り返り、あるいはメタデータの分析結果からは見えてこない報道内容の差異も指摘しておく。

また地域に関わる記録の変化を捉えるにあたり、多くの地域の変化を見るだけでなく、一つの地域に「定点」を置き、その変化を捉えてみることにしたい。そのため津波の犠牲を受けたうえで、原発の影響を今でも受けている地域である「南相馬」の記録上の変化を追ったうえで、地域の伝統行事である「野馬追」を取り上げた番組をクローズアップし、この六年間どのように取り上げられていったのか、具体的映像からみていく。

2 メタデータの推移から見る「震災」「原発」の六年

「震災」「原発」報道量の推移

まず、SPIDER PRO で「震災」「原発」と検索した結果得られたメタデータの件数の推移から、テレビが記録した約六年間の「震災」「原発」の報道量の変化についてみていく。[5]

図1は「震災」「原発」に言及したコーナー数の月ごとの推移を図にしたものである。まず「震災」の登場数の推移についてみていくと、毎年三

月に山を作りつつなだらかに減少しているのがわかる。二〇一一年の九月以降、被災者の命日でもある三月に情報が集約化されており、まさに「カレンダー・ジャーナリズム」へと震災報道が転換していることがうかがえる。こうした推移は一見、震災の被害が収束し、復興へと少しずつ進んでいることの現れであるかのようにも見える。(6)

一方で「原発」の登場数は、「震災」と異なる推移の仕方になっている。必ずしも三月だけに山があるのではなく、それ以外にも大飯原発の再稼働が問題となった二〇一二年七月や、衆院解散総選挙が行われた時期の二〇一二年十一月—十二月、福島第一原発での汚染水漏れ問題が表面化する一方で、二〇二〇年のオリンピックの東京開催が決定するに際し、汚染水の「状況はコントロールされている」という安倍晋三首相の発言が問題となった二〇一三年九月など、原発に関連する問題が浮上するに伴って山ができていることがわかる。

二〇一二年九月から二〇一四年八月までを見ると、「原発」に言及したコーナー数が、「震災」のそれを上回る月が多くあり、その後の原発再稼働をめぐる状況や、福島第一原発の解体作業等の進捗を考えれば、その傾向は強まるものと思われた（西田 2015）。しかしこうした予測に反して「原発」に言及したコーナー数は二〇一四年以降、急速に減少した。二〇一五年の九月から二〇一七年八月までの二年間で「原発」が「震災」を上回ったのは二ヶ月のみであり、その推移も「震災」と似通ったものになっている。

時間帯別に見た「震災」「原発」報道量の推移

次に「震災」「原発」報道の時間帯別の特徴をみていこう。図2と図3は「震災」「原発」の出現コーナー数の月別推移を、メタデータの「コーナー開始日時」をもとにそれぞれ六時間ごとに四区分し、放送時間帯別の推移をみたものである。やや単純化して区分における番組の特徴を説明すれば、「朝」（二時～八時）は朝の情報番組、「昼」（八時～一四時）はワイドショー、「夕方」（一四時～二〇時）は夕方のワイドニュース、「夜」（二〇時～二六時）は夜のニュース番組がそれぞれ放送されている時間帯である。(7)

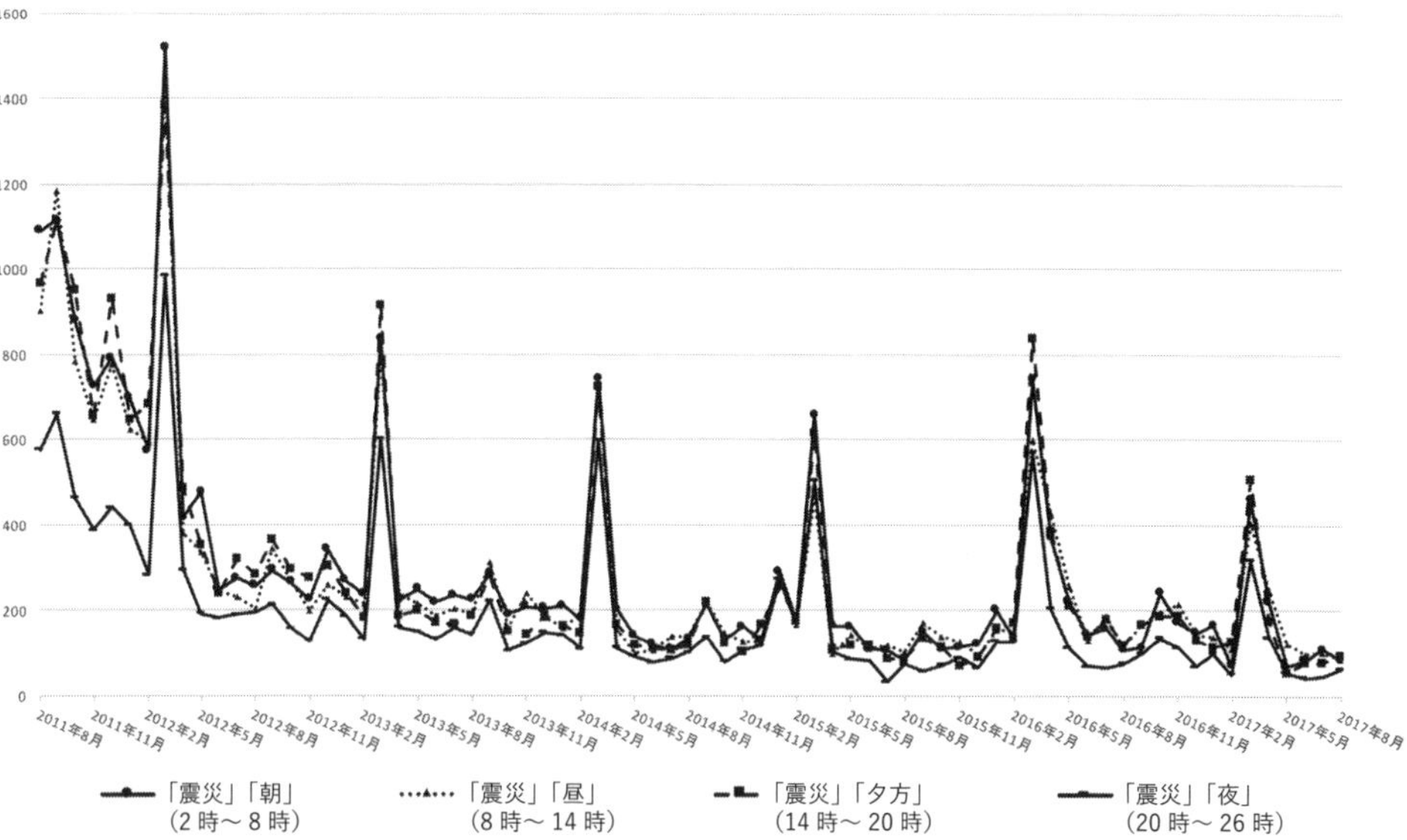

図2　「震災」の時間帯別コーナー数の推移

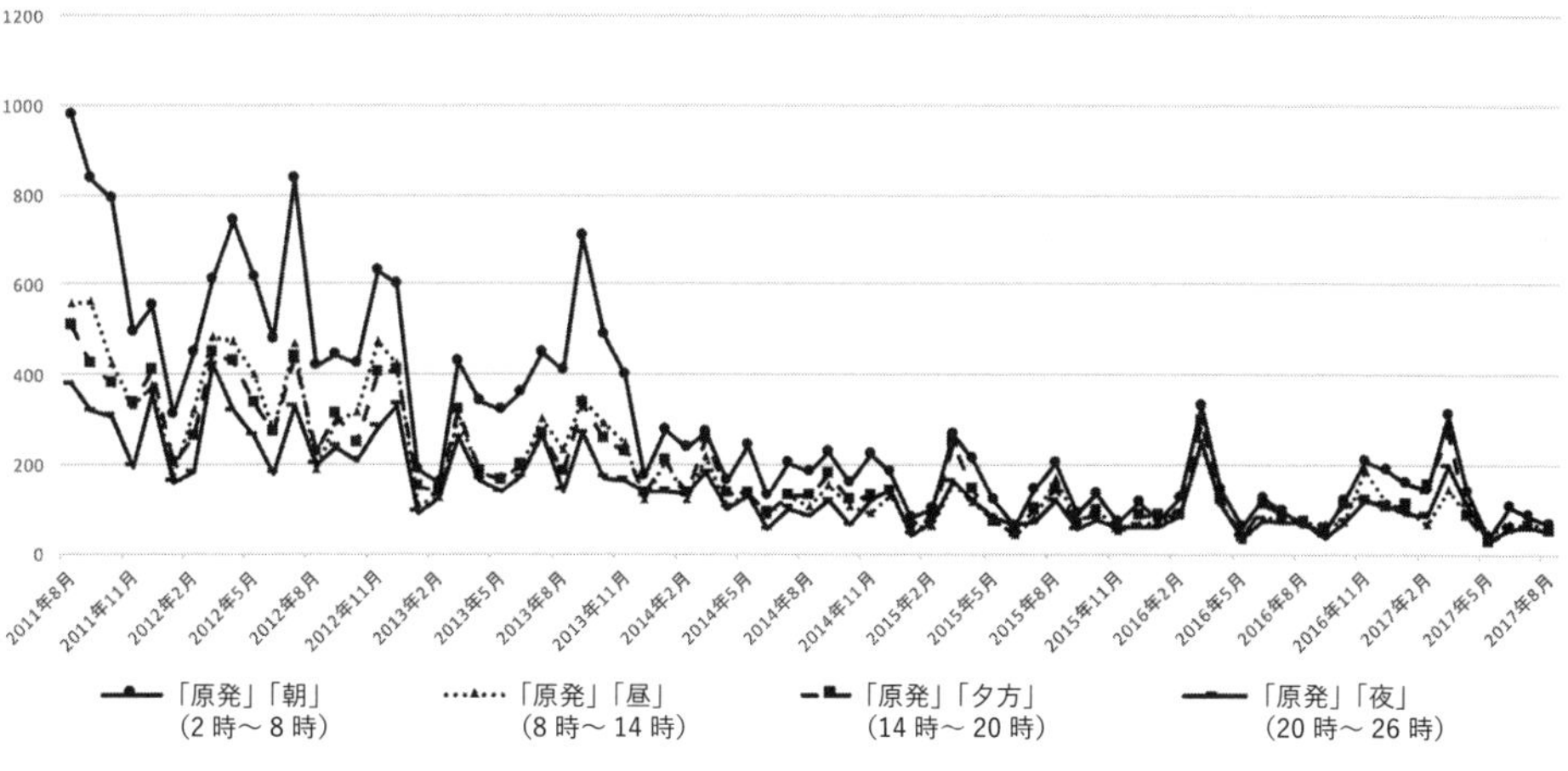

図3　「原発」の時間帯別コーナー数の推移

「震災」と「原発」で共通しているのは、「朝」のコーナー数が他の時間帯に比べて多く、「夜」のコーナー数が少ない点である。これは「朝」の時間帯に放送時間の長いニュースや情報番組が多く配置され、しかもその内容も一時間を区切りに繰り返し伝達される場合が多いのに対し、「夜」の時間帯はニュース番組の多くが一時間前後と短く、繰り返しが少ないといった、時間帯別の番組編成上の特性が主な要因として考えられる。

一方で「震災」と「原発」で異なる傾向を示しているのは、「昼」と「夕方」のコーナー数の推移である。図2の「震災」の時間別コーナー数の推移では、「昼」と「夕方」はともに「朝」に近いコーナー数の推移となっており、総数でも「夜」との差は大きくなっている。これに対し図3の「原発」の時間別コーナー数の推移では、「昼」と「夕方」はともに「夜」に近いコーナー数の推移となっており、総数でも「朝」との差が大きくなっている。「朝」の時間帯には震災報道に匹敵する頻度で「原発」の話題が取り上げられている一方で、「昼」と「夕方」の時間帯においては、震災にかんする報道に比べて原発事故にかんする報道が回避される傾向にあると考えられる。[8]

3　計量テキスト分析から見える「震災」「原発」の六年

頻出語からみた「震災」「原発」報道の特徴

ここからは言語計量ソフトの「KH Coder」(樋口 2014)を用いた計量テキスト分析から得られた知見についてみていく。KH Coder は言葉を形態素まで分解し、その出現回数や特徴が分析可能なソフトである。ここでは「震災」と「原発」でヒットしたもののうち、番組内コーナーのメタデータから「内容」の部分を抜き出し、「ニュース」や「用語」といった項目名などを除いたうえで、KH Coder で形態素解析を行った。

表1は「震災」と「原発」でそれぞれ頻出した語句の上位三〇語である。[9] 表左の「震災」には「宮城」(三位)、「東京」(四位)、「福島」(六位)といった地名のほか、「被災」(七位)、「復興」(八位)、「地震」(九位)、「津波」(一

一位）、「避難」（一五位）、「支援」（一八位）など、震災関連のニュースで繰り返し語られた言葉が並ぶ。また「原発」（二一位）も比較的上位に入っていて、東日本大震災が「原発震災」と呼ばれる性格のものであることがここからも見えてくる。他に注目したいのが「年」（五位）や「月」（一四位）など時間を表示する語句が頻用されているることである。これはもちろんニュースなどで頻出する一般的な語だが、「原発」では必ずしも上位にこの語が入っていない（「年」が二二位、「月」が三一位）ことから、震災報道でより年月への言及が繰り返されていたことがわかる。この傾向は時間の経過とともに強まっていて、三年前に比べ「震災」（三年前は八位）、「原発」（同三六位）

「震災」		順位	「原発」	
抽出語	出現回数		抽出語	出現回数
東日本大震災	94909	1	原発	99022
震災	61763	2	福島	65102
宮城	44682	3	事故	48844
東京	42271	4	福島第一原発	46884
年	39908	5	東京電力	32838
福島	38445	6	東京	30986
被災	37639	7	原子力	29776
復興	35235	8	字	23675
地震	30254	9	委員	22652
岩手	28894	10	民主党	19928
津波	28842	11	水	19842
行う	23202	12	稼働	18929
話す	22779	13	双葉	18574
月	21552	14	避難	18320
避難	20322	15	日本	17275
人	19493	16	規制	16956
日本	16485	17	大熊	16667
支援	15389	18	大字	16040
石巻	15181	19	汚染	15959
被害	14558	20	行う	15712
原発	13642	21	首相	15641
語る	13519	22	年	14984
前	12991	23	安全	14931
仙台	12375	24	千代田	14891
住宅	12110	25	夫沢	14243
熊本	12108	26	北原	14237
大震災	11543	27	話す	14172
事故	11444	28	問題	13928
街	11243	29	安倍	13845
番組	11156	30	福井	12491

表1 「震災」「原発」の頻出語句30語

ともに「年」の使用順位が上がっている。

一方「原発」では地名のほか、「東京電力」（五位）や「民主党」（一〇位）などの団体や、「安倍」（二九位）、「野田」（三四位）など「首相」（二一位）の名前、「事故」（三位）、「汚染」（一九位）など「福島第一原発」（四位）の事故とその処理問題にまつわる語句に加え、「稼働」（一二位）、「規制」（一六位）、「安全」（二三位）などのように他の原発への規制と再稼働にまつわる語句が頻出している。[10]

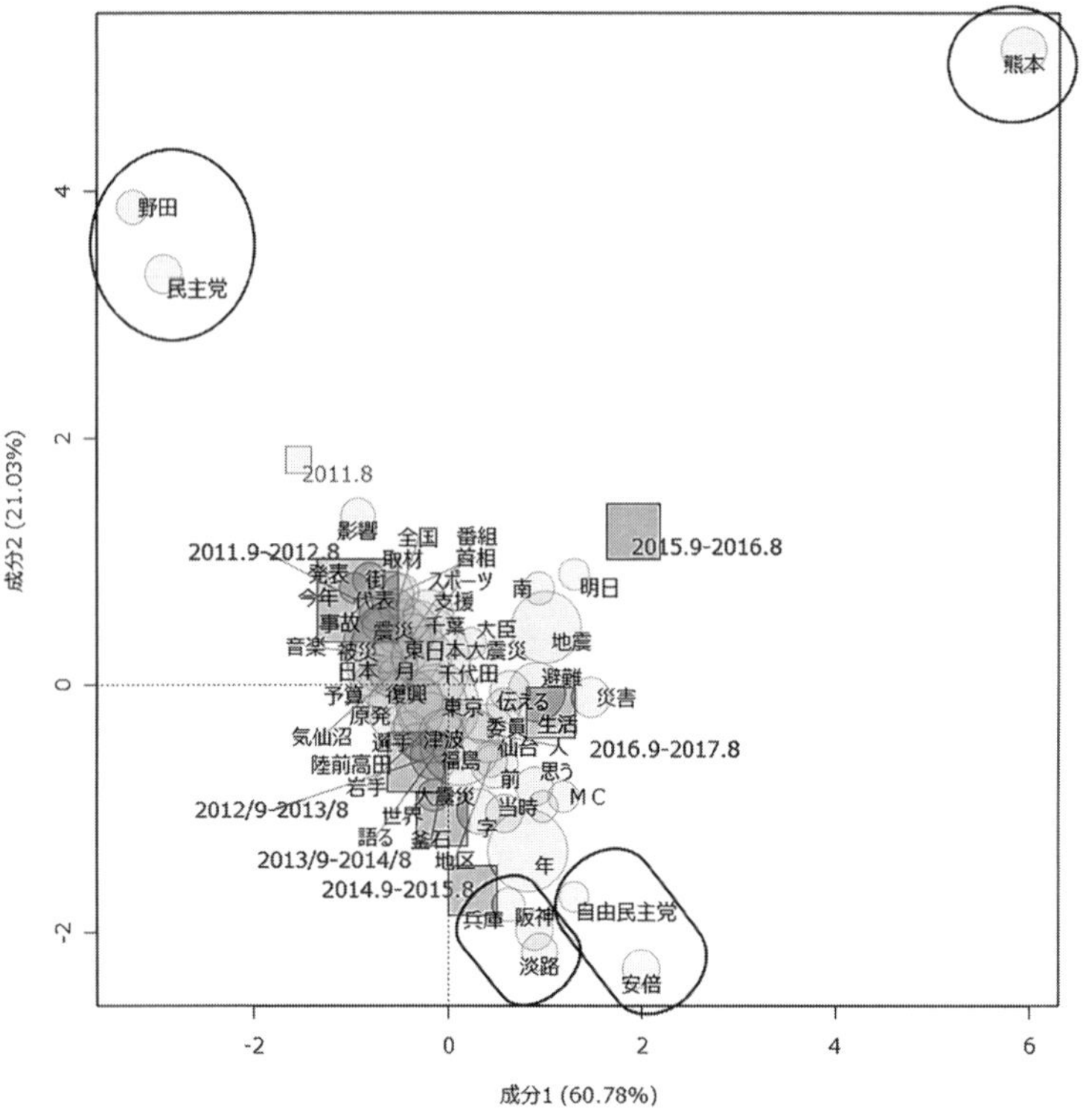

図4　「震災」時期別頻用語句の推移（対応分析）

対応分析から見た「震災」「原発」報道の推移

次に二〇一一年九月から一年ごとに時期区分をもうけ、「震災」「原発」の頻出語についてKH Coderを用いて対応分析を行ったものをもとに、それぞれの頻用語句の特徴と推移についてみていく。[11]

まず図4の「震災」の頻用語と時期区分の対応分析をみると、時期が進むほど左から右へと進んでいるのがわかる。頻

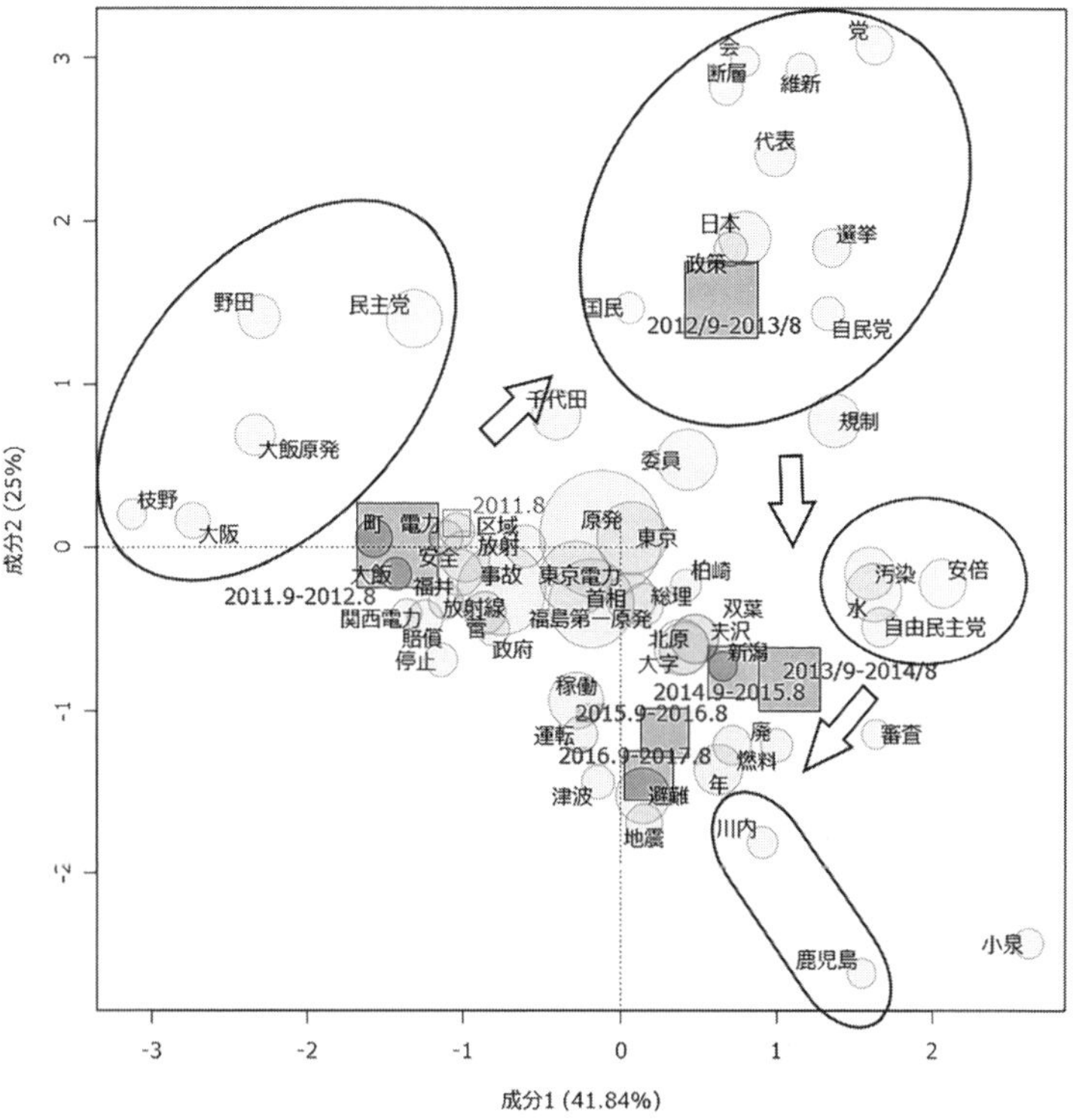

図５「原発」時期別頻用語句の推移（対応分析）

出語句のなかで時期区分との関わりが強く出ているのは「熊本」「阪神」「淡路」という東日本大震災以外の地震災害に関わる語句や、「野田」「民主党」から「安倍」「自由民主党」という首相や政権政党である。これ以外の語句の多くは原点周辺に置かれている。これは頻出語句の使用頻度に時期的差異が比較的少ないということを示しているものと思われる。

ただし、時間を表す語句が他の頻用語句より相対的に外部に位置していることもわかる。二〇一一年の時期区分が置かれた中央左寄りに「月」や「今年」が、二〇一三年以降の時期区分が置かれた右下に「年」や「当時」が位置づけられている。また震災から五年が経過した二〇一六年頃の語句として、「明日」が置かれている。このようにマクロなデータを見る限り、震災にかんする報道のトピックに大きな変化はなく、ただ時間だけが経過しているように見える。(12)

一方、図５が示す「原発」の頻用語句は、時期による変化が「震災」に比べて大きく、時期との関連のなかでいくつかのまとまりがあるように見える。時期的な配置を見ると、原点の少し左に二〇一一年から二〇一二年八月までの区分があり、そこから右上に進むと二〇一二年九月から二〇一三年八月までの区分が原点から離れた形で置かれている。さらにそこから下に移ると二〇一三年九月から二〇一四年三月があり、その後はなだらかに左下へと進んでいる。

こうした移り変わりは、そのまま原発報道のイシューの変化を映し出すものといえる。二〇一一年当初は「福島第一原発」の「放射線」の問題や「東京電力」による「賠償」などが問題の中心であった。「民主党」「野田」佳彦政権下の二〇一二年、「関西電力」の「大飯原発」が再稼働し、自治体株主である「大阪」市長の橋下徹がこれに当初反対を訴えていたことも、ここから振り返ることができる。その後「自民党」が「安倍」晋三を総裁として、二〇一二年十二月の総「選挙」で圧勝したが、その際にも「原発」問題がテレビのなかで大きく取り沙汰されていた。また二〇一三年九月から二〇一四年八月は、福島第一原発の地下から海へと「汚染」「水」が漏れる問題が表面化したなかで、「安倍」首相の発言が繰り返し伝えられた一方で、「小泉」純一郎元首相による脱原発の活動が活発化し、小泉が二〇一四年二月の東京都知事選で元首相の細川護熙を支援したことが話題となった。二〇一四年以降、原発再「稼働」にかんして最も注目されたのが「鹿児島」にある「川内」原発であった。川内原発は二〇一四年七月、原子力規制委員会による「審査」のもと新基準に適合という判断が下され、九月に許可証が交付、二〇一五年八月に再稼働となった。その後川内原発の1号機と2号機は、点検による停止期間を除いて「運転」を続け、二〇一六年四月の熊本「地震」の際も停止しなかった。また二〇一六年から二〇一七年と経るなかで多くの自治体に「避難」指示が解除され、自主「避難」者となった住民への支援やいじめの問題もクローズアップされた。

このようにメタデータの頻用語とその推移の対応分析から、二〇一一年九月以降「震災」にかんする報道のトピックに大きな変化が見られない一方で、「原発」報道がその対象を変えていることが確認された。しかし、たとえ使用される語句は同じでも、この六年間同じ内容が映し出されたわけではない。たとえば「予算」という語は「震災」で五一一四回メタデータに出現し、二〇六七件のメタデータに記載されている、二〇一一年から二〇一三年頃に頻用された語だが、比較的近い時期であってもそこで映し出される内容は異なっている。二〇一二年一月十八日放送の『NEWS23クロス』（TBS）では、「被災地で何が… 予算がついても工事のめど立たず」として、復興予算がつけられたにもかかわらず、震災後の人件費や資材費の高騰が影響し、工事が始められないという状況が語られている。業者や自治体が困惑する様子を映した映像は、当時の復興への見通しの不透明さを映し出している。これに対し二〇一三年一月二九日放送の『LIVE2013 ニュースJAPAN&すぽると!』（フジテレビ）では「過去最大92兆6115億円 〝アベノミクス予算〟で暮らしは?」と題して「アベノミクス」による経済の上向きと復興の進展への期待が語られている。閣僚や経済界の要人のみならず、保育園に子供を通わせる親にとっても「アベノミクス」への期待感が語られ、高揚感を持たせる映像となっている。これはメタデータによる量的分析が、番組のなかで「何を」映したのかというトピックの推移などを見ることには有効であるが、「どのように」映し出しているかというトピックにかんする内容の変化を見ることには必ずしも向いていないことを意味している。

4 メタデータから見る「震災」「原発」が記録した地域

「震災」「原発」報道に映る都道府県

次にこれまでと同様のメタデータを対象に、今度は分析の対象を地域に絞り、その頻度と変化を見ていく。この六年間でテレビがどこを映し出し、どこを映さなくなったのか、メタデータの推移から一定の傾向が見出せるだろう。

まずは都道府県単位で「震災」「原発」それぞれにおける出現回数を見ていこう。表2は「震災」「原発」のメタデータで都道府県がデータ上に出現したコーナー数をカウントしたものである。

「震災」「原発」ともに「東京都」が一位、二位と上位となっているのは、政府、官庁、そして東京電力などの関連の深い企業・組織が東京にあること、そしてまた放送局も東京にあり、取材先として都内が選択されやすいことなどが要因として考えられる。

他に「震災」では、中心的被災県である「宮城県」(二位)、「福島県」(三位)、「岩手県」(四位)の東北三県に次いで、「千葉県」(六位)や「茨城県」(七位)など、関東の被災県が連なっていて、東北三県を中心として東日本の太平洋側沿岸に地域が広がっていることがわかる。

こうした東日本大震災の被災地域以外で出現回数が多かったのは「兵庫県」(五位)で、一九九五年の阪神淡路大震災との関連から多く取り上げられている。このほかにも一九九三年に奥尻島地震で津波に襲われた「北海道」(八位)や、二〇〇七年に中越沖地震のあった「新潟県」(一四位)など、かつての地震・津波の被災地が東日本大震災との関連で取り上げられる傾向がみられる。二〇一四年以降はこれに加えて熊本地震のあった「熊本県」(一〇位)を筆頭に、東日本大震災以降に発生した地震災害や自然災害の被災地も増加している。

一方で、同じ東北地方でも、被害は少ないものの観光などで損害を受けつつ、避難やガレキの受け入れなどさまざまな支援を行っていた「秋田県」(三四位)や「山形県」(二五位)が、「福岡県」(一九位)や「沖縄県」(二二位)といった震災とは相対的に関連性の低い地域と比べても順位が低くなっている。これは報道に取り扱われるそもそもの地域的差異・格差といったものが関与している可能性がある。全国放送における地域偏差との関係性は、こうした災害報道のなかでも考慮する必要があるだろう。

「原発」の順位に目を向けると、原発事故の起きた「福島県」が圧倒的に多いが、それ以外の地域として「福井県」(三位)、「鹿児島県」(四位)、「新潟県」(五位)、「福岡県」(七位)、「北海道」(八位)、「茨城県」(九位)、「宮城県」(一〇位)、「佐賀県」(一三位)と、原発立地地域やその近接地域が上位を占めている。

このほか「大阪府」（六位）は関西電力の立地地域であり、大飯原発の再稼働問題などで多く登場した。原発立地県ではない「千葉県」（一二位）も比較的上位に位置していて、二〇一一年には柏市で放射線量の高い「ホットスポット」が確認されたことに関連する話題などが報じられていた。

「震災」「原発」ともに留意する必要があるのは、逆説的ではあるが、四七都道府県で一度も「震災」あるいは「原発」関連の報道で映し出されたことのない地域が一つもないということである。たとえば「震災」で最も出現回数の少なかった「島根県」でも、二〇一一年八月二三日放送のＮＨＫ『ニュースウオッチ９』で「東日本大震災で被災した宮城県女川町の小中学生たちが、島根県隠岐の島町に招かれ、地元の郷土芸能を学んだ」というニュー

「震災」		順位	「原発」	
都道府県	出現件数		都道府県	出現件数
東京都	12911	1	福島県	20373
宮城県	11829	2	東京都	14405
福島県	9011	3	福井県	6669
岩手県	7393	4	鹿児島県	2378
兵庫県	3315	5	新潟県	1866
千葉県	1936	6	大阪府	1764
茨城県	1733	7	福岡県	1697
北海道	1310	8	北海道	1505
神奈川県	1303	9	茨城県	1313
熊本県	1069	10	宮城県	1304
埼玉県	940	11	愛媛県	900
大阪府	811	12	千葉県	841
青森県	711	13	佐賀県	807
新潟県	586	14	滋賀県	707
静岡県	568	15	青森県	672
愛知県	516	16	埼玉県	604
栃木県	483	17	岩手県	571
京都府	471	18	栃木県	514
福岡県	397	19	静岡県	511
群馬県	370	20	神奈川県	481
長野県	356	21	愛知県	397
沖縄県	322	22	石川県	391
福井県	280	23	京都府	386
高知県	259	24	群馬県	343
山形県	254	25	富山県	338
鹿児島県	253	26	沖縄県	269
広島県	236	27	島根県	219
三重県	225	28	広島県	204
和歌山県	199	29	熊本県	195
山梨県	185	30	兵庫県	193

表２　「震災」「原発」都道府県別出現数（上位30）

スが伝えられている。「原発」で最も少なかった「徳島県」も、二〇一三年七月七日放送のフジテレビ『ザ・ノンフィクション・かえる物語～帰村宣言騒動記～』のなかで、原発事故のため避難をしている福島県川内村の村民を徳島県で受け入れるよう訴える元川内村村議の姿が映されていた。これらはテレビが「震災」や「原発」事故をネーションワイドな事象として構成し、日本全国に関わるものとして意味づけを行っていることの証左であろう。ただし今あげた二つのニュースとドキュメンタリーでは、映し出された地域と被災者との関係の描かれ方が異なっている。震災から間もない二〇一一年八月の島根におけるニュースは、被災者を温かく招き、癒しを得る場として隠岐の島が映されている。この日のニュースには同様な形で沖縄へと招かれる福島の子供たちの姿も映し出され、大きな災害に見舞われた地域を支援する全国的な「絆」の姿を映し出したものとしてニュースが構成されている。一方震災から二年を経た二〇一三年に作成されたドキュメンタリーでは、避難先の埼玉で原発を理由にしたいじめにあう息子について語る父親や、徳島で村民の受け入れのためのビラを配っても受け取ってもらえない元村議の姿が映し出される。そして「福島から遠くなればなるほど人々の関心も薄くなります」というナレーションが重ねられる。時間の経過と原発事故後の汚染区域への帰還や避難をめぐる住人の対応の複相性のなかで、全国的な「絆」と支援を単純に言説化できる状況ではなくなっていることが見えてくる。

「震災」「原発」報道に映る「被災地」とその推移

今度は六年間でテレビが映した地域の推移について、より詳細に見ていこう(13)。

「震災」は二〇一五年九月から二〇一六年八月までの時期区分が、他の時期区分とは離れた位置にあるのが大きな特徴となっている。それ以外では上下の配置で時期の変化を示していて、原点より上に二〇一一年から二〇一二年があり、二〇一五年八月まで下の方に向かっている。二〇一一年から二〇一二年に特徴的に登場する地域には、静岡県「島田市」や福岡県「北九州市」があるが、ともに震災がれきの受け入れを表明したことがニュースとして取り上げられてのものである。

被災した地域のなかで顕著に取り上げられなくなったのは長野県の「栄村」である。栄村は東日本大震災の翌日、二〇一一年三月一二日に震度六強の揺れがあり、地域全域で大きな被害を受けた。「栄村」はトータルの出現順位では五六位となっているが、二〇一三年以降の出現回数に顕著な減少が見られ、二〇一六年七月から二〇一七年八月までの間、「震災」のキーワードでは一回も登場していない。二〇一四年三月六日の『NHKニュース　おはよう日本』には、震災後の観光客の減少に悩む村の姿が、その対策として雪を活用したツアーを企画する模様と共に伝えられていて、町が忘れ去られることへの危機感が窺える。

一方で二〇一三年以降に比較的取り上げられる機会が増えた地域もある。最も特徴的な形で増えたのは「熊本市」や「益城町」など二〇一六年の熊本地震の被災地であり、同様に「神戸市」や「西宮市」など

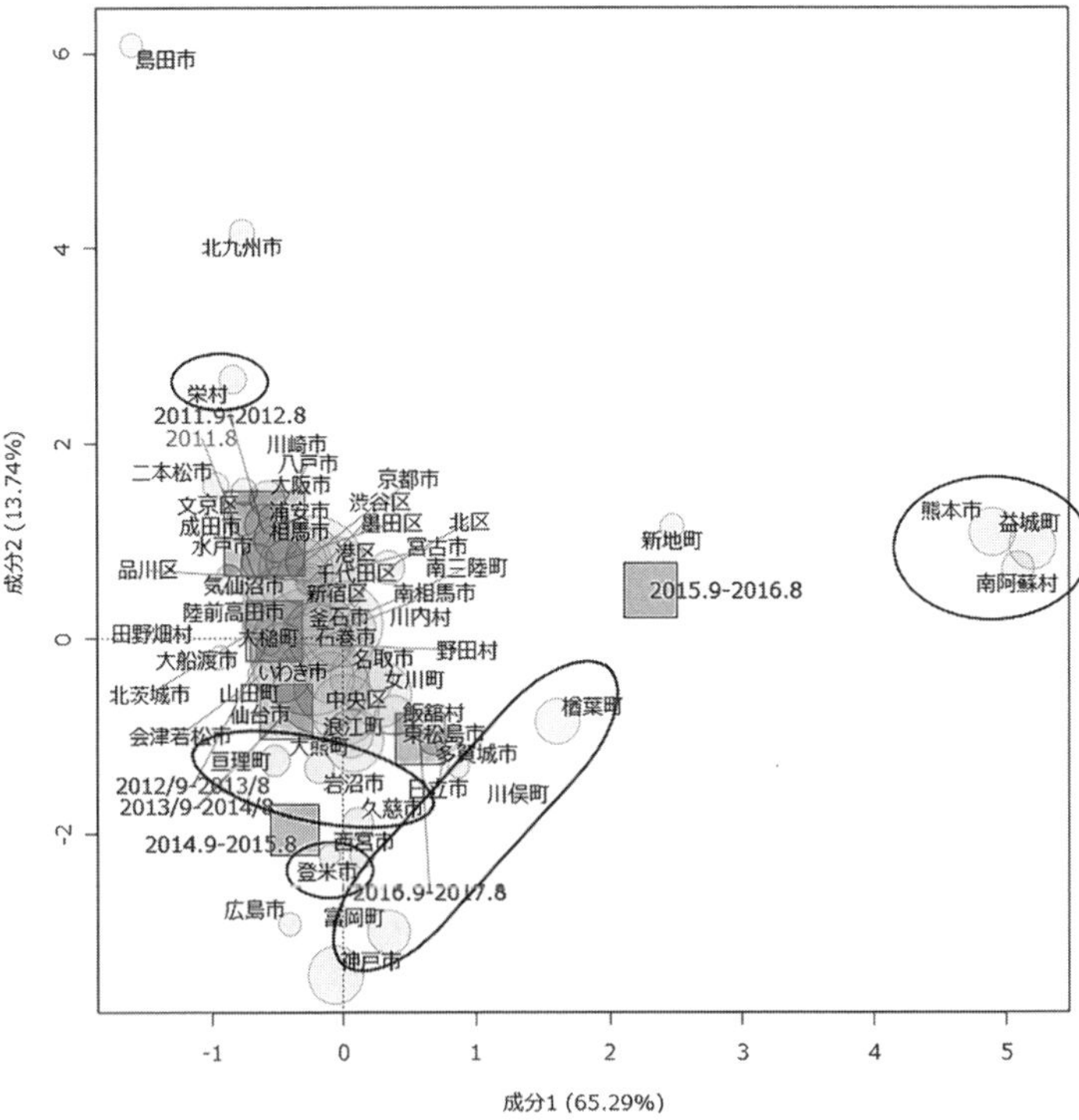

図６「震災」時期別登場市町村区の推移（対応分析）

阪神淡路大震災の被災地も、震災から二〇年の二〇一五年頃に増加している。東日本大震災の被災地はその多くが原点の近くに位置づけられているが、二〇一三年のNHK朝の連続テレビ小説『あまちゃん』の舞台となった岩手県「久慈市」や、「千年希望の丘」が注目された宮城県「岩沼市」など、二〇一三年以降に特徴的な地域となっている地域は、復興の象徴的空間であることがわかる。

これ以外に「富岡町」「楢葉町」「川俣町」など、福島県の地域が原点の右下に位置していることもわかる。これは二〇一三年以降、原発周辺地域で避難指示の解除やその準備段階に入る地域が徐々に増えていくなかで、報道が以前に比べてしやすくなったことで、こうした地域に住む人びとの様子を描く機会が増えていったことを表すものと思われる。

ただしこうした形で取り上げられる機会が増える地域は必ずしも多くはない。米倉律（2017）が指摘するように、「報道の地域偏在」は特に岩手や宮城では強くなる傾向にある。「石巻市」や「気仙沼市」、「陸前高田市」といった「報道過密地域」は依然として多くの機会で映し出されているが、震災報道それ自体の量が減っていくなか、取材過疎地域の登場回数はさらに減少しているのである。[14]

図7の「原発」の映し出す地域の変化を見ると、「人」という文字のような流れが出来ていて、左下に二〇一一年九月から二〇一二年八月の区分があり、二〇一二年九月から二〇一四年八月までの二年を交点として、二〇一四年九月から二〇一六年八月へと右下に向かい、二〇一六年九月から二〇一七年八月までの区分が上方に置かれている。左下の二〇一一年九月から二〇一二年八月の区分の近くには、先述の大飯原発の再稼働関連で「おおい町」（福井県）、「大阪市」「北区」[15]（大阪府）のほか、北陸電力のある「富山市」（富山県）、二〇一二年五月に停止した泊原発のある「泊村」（北海道）、あるいは中部電力のある「名古屋市」（愛知県）など、福島以外の原発の停止や再稼働、それに関連する夏期の電力供給をめぐって全国的にエネルギーをめぐる問題が顕在化したことがわかる。一方、右側には川内原発のある「薩摩川内市」（鹿児島県）とその県庁所在地である「鹿児島市」、二〇一六年に再稼働し

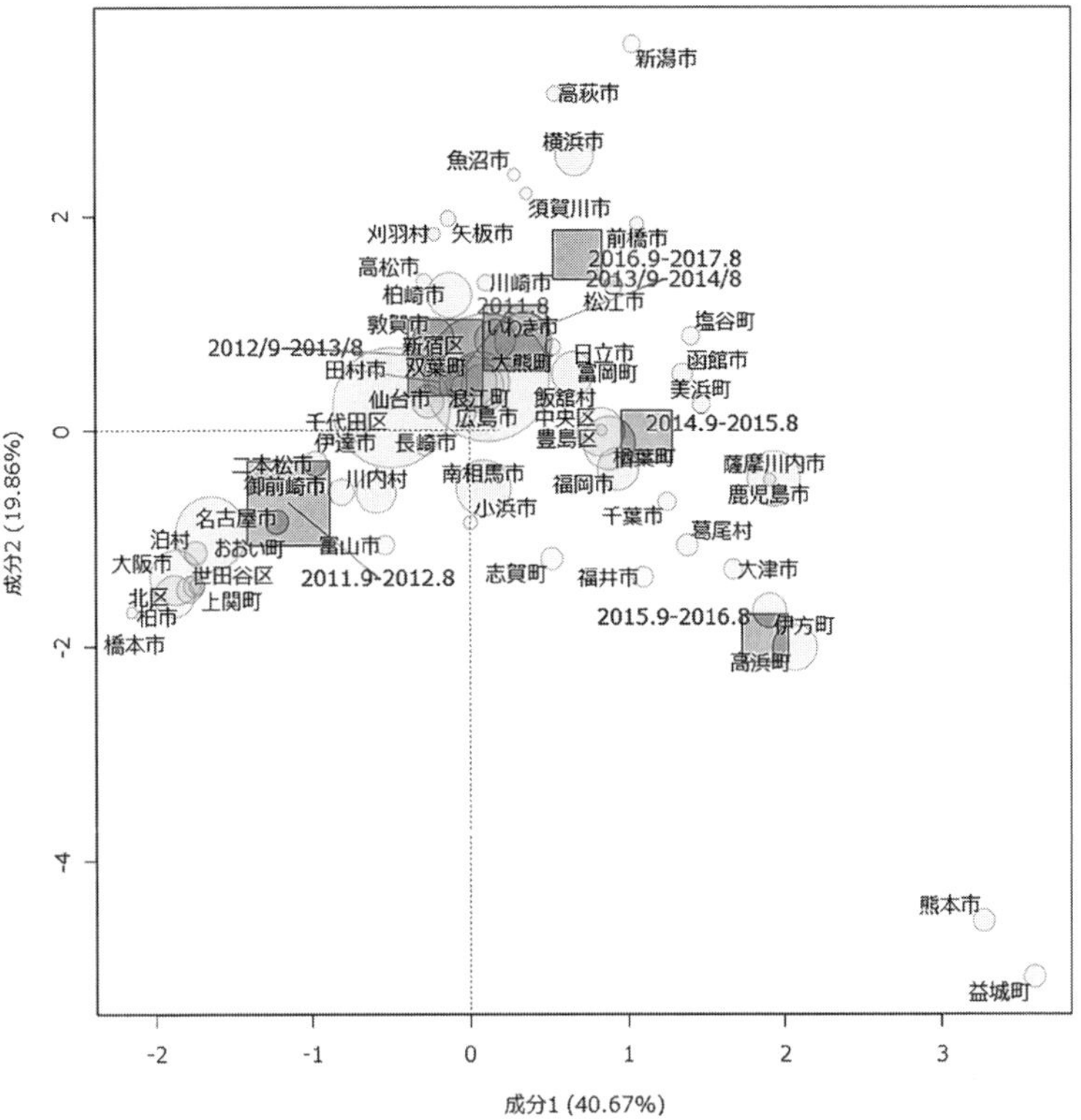

図7　「原発」時期別登場市町村区の推移（対応分析）

た伊方原発のある「伊方町」（愛媛県）、高浜原発のある「高浜町」（福井県）のように、原発事故後の新たな規制基準の下での再稼働とその手続き、あるいは再稼働をめぐる裁判によって浮上した地域がある。また青森にある建設中の大間原発の建設差し止めを訴えた「函館市」（北海道）や、原発事故の指定廃棄物の最終処分場として浮上し、町として反対の姿勢を見せている「塩谷町」（栃木県）のように、原発の立地自治体の周辺地域や、放射性廃棄物の処理場所など、福島以外の地域がさまざまな形で映し出されていることもわかる。また「横浜市」（神奈川県）が二〇一六年九月から二〇一七年八月の区分の近くに置かれているのは、二〇一六年十一月に福島から自主避難した少年への同級生の「原発いじめ」が明らかとなり、横浜市の教育委員会の対応の問題が大きくクローズアップされたことによるものであり、福島からの避難者の避難先やその場での困難も映し出されている。

これに対して福島県内の自治体はどうだろうか。[16] 福島県内の自治体の「原発」メタデータの該当数をみると、福島第一原発のある「大熊町」の出現回数が一万六七九二回と圧倒的である。[17] それ以外の地域の頻度は大熊町から放射状に広がっているのではなく、「いわき市」(三三八三回)や「南相馬市」(三一一五回)という取材拠点が置かれた地域が多く、原発から二〇キロ圏内の地域がそれに次ぐ形となっていて、避難指示の解除後に増加する傾向がある。これ以外にも「浪江町」(三六七六回)や「飯舘村」(一七八六回)など、放射能汚染地域は相対的に多く登場している。時期による変化については、先述の通り避難指示の解除した地域がその時期に特徴的な地域として登場するが、それを除けばそれほど大きな変化はみられない。当初は風評被害や避難区域からの避難者との関連で映し出されていた「猪苗代町」(四二回)などの内陸部や、放射能汚染があった地域でも福島市の隣の「桑折町」(二九回)や「伊達市」(一八二回)などは、テレビに映し出される機会が極端に減少している。

5　原発震災のなかの「南相馬」

メタデータから見る「南相馬」の六年

これまでメタデータから「震災」「原発」報道と、そこに映された地域の全体的な傾向を見てきた。これを一つの地域から定点的にみた場合どのようなことが見えてくるのだろうか。ここでは一つの地域に焦点を絞り、そこでの六年間、テレビは何を映し出したのか、その特徴を考えていく。

本節では福島県の南相馬市を対象として、同一の地域が「震災」「原発」という異なる報道のなかでどのように言語化されたのか、メタデータを基にその特徴をみていく。まずは南相馬市の概要を記しておこう。南相馬市は福島第一原発から北へおよそ一〇キロから四〇キロといった位置にある浜通りの自治体である。二〇〇六年に原町市、鹿島町、小高町が合併してできたため、南相馬市としての歴史は浅いが、古くから相馬氏の支配下にあり、陸前浜街道（現在の国道六号）の宿場町として栄えた。米作りの盛んな地域で、震災前は広範に広がった田園で稲作が行われていた。市は合併後も旧市町の区域を残し、北から鹿島区、原町区、小高区という地域自治区を設けた。市の中心は原町区で、現在の人口およそ六万人のうち四万人は原町区の住人である。

東日本大震災によって南相馬市は六三六人と、福島県で最も多い津波による死者を出すなど、大きな被害を被った。しかもその多くが福島第一原発から三〇キロ圏内に位置していることから、原発事故当初は「屋内避難指示区域」として物資がほとんど入ってこないなどの困難に見舞われた。当初はマスメディアも取材に入ってこなかったため、市長の桜井勝延が、自らYouTubeなどを介して街の窮状を訴えたこともよく知られている。その後も放射能の汚染状況によって「計画的避難区域」、「避難指示解除準備区域」、「住居制限区域」、「帰還困難区域」などとして、複数の「区域」に分けられ、避難生活を強いられる人びとが多くいた。二〇一六年七月に小高区で避難指示が解除されたが、住民の帰還は進んでいるとは言えない状況である。本章で用いているメタデータにおける「南相馬市」の市町村区別出現頻度は「原発」で六位、「震災」でも一二位と、非常に多い。しかも時期区分の偏りが比較的少なく、コンスタントにその名が登場している。同一の地域が「震災」「原発」という異なる報道のなかでどのように言説化されたのかを見るにあたり、南相馬は有意義な場と言える。

まずは「南相馬」のデータの特徴を見るため、全体のデータ同様に「震災」「原発」の頻出語と時期区分の傾向を見てみよう(18)。図8と図9をみると、第3節で取り上げた全体を対象とした図4と図5とは、出現する語句も、時期区分との配置も、様相が異なっていることがわかる。

図8は原点からみて左下に二〇一一年九月から二〇一二年八月までの一年間が配置され、ほぼ中央に二〇一二年九月から二〇一三年八月が置かれ、そこから二〇一六年八月までの区分が時間軸に沿って横に並んでいる。そして二〇一六年九月から二〇一七年八月までの区分が右下に配置されている。そして頻用語句も図4に比べて全体的に拡散し、時期によって語られる内容に変化が見られる。二〇一一年から二〇一二年の南相馬における「震災」報道

は、津波で大きな被害があったにもかかわらず、浮上する語の多くは原発問題に関わっていることがわかる。二〇一一年十月に原発から三〇キロ圏内にある「原町区」で緊急時避難準備「区域」の「解除」が行われたが、「放射

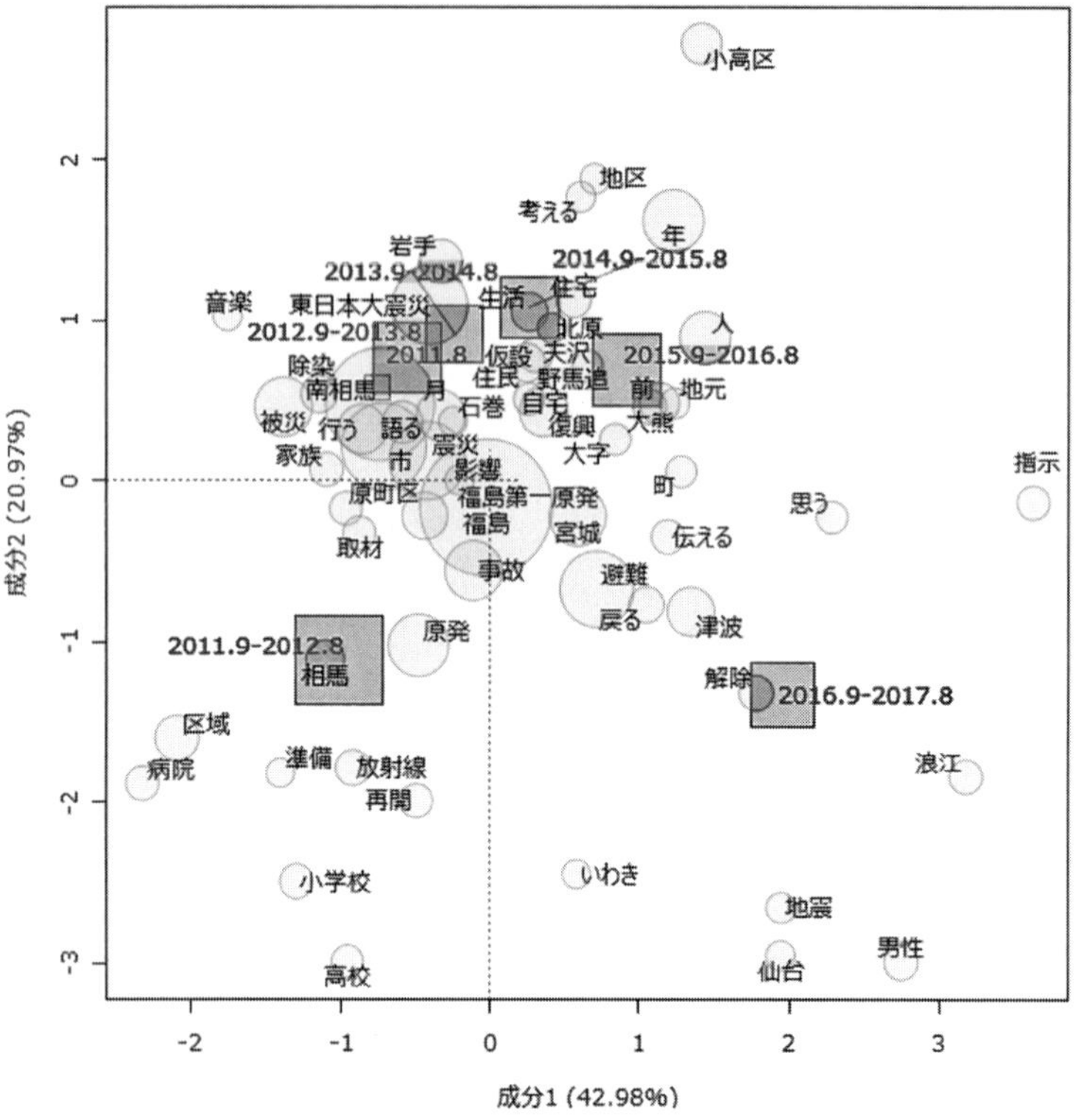

図８　「南相馬」の「震災」時期別頻用語句の推移（対応分析）

線」量の問題があるなか、「病院」や「小学校」などの「再開」とその「準備」が進められた。二〇一三年以降も含め、「震災」報道のなかでは、「仮設」「住宅」での暮らしが続き、「家族」「子ども」[19]などへの放射線の影響などからどのように「生活」すべきか「考える」南相馬の「住民」のありようが見えてくる。一方で「野馬追」や「音楽」など、地域でのイベントや復興を願う支援活動も二〇一三年以降の特徴として浮上していることがわかる。二〇一六年七月に原発から二〇キロ圏内の「小高区」で「避難」「指示」が「解除」され、「戻る」か否かが課題となっている。また同年十一月にマグニチュード七・四の「地震」が発生し、「津波」も観測されたことで、震災の教訓

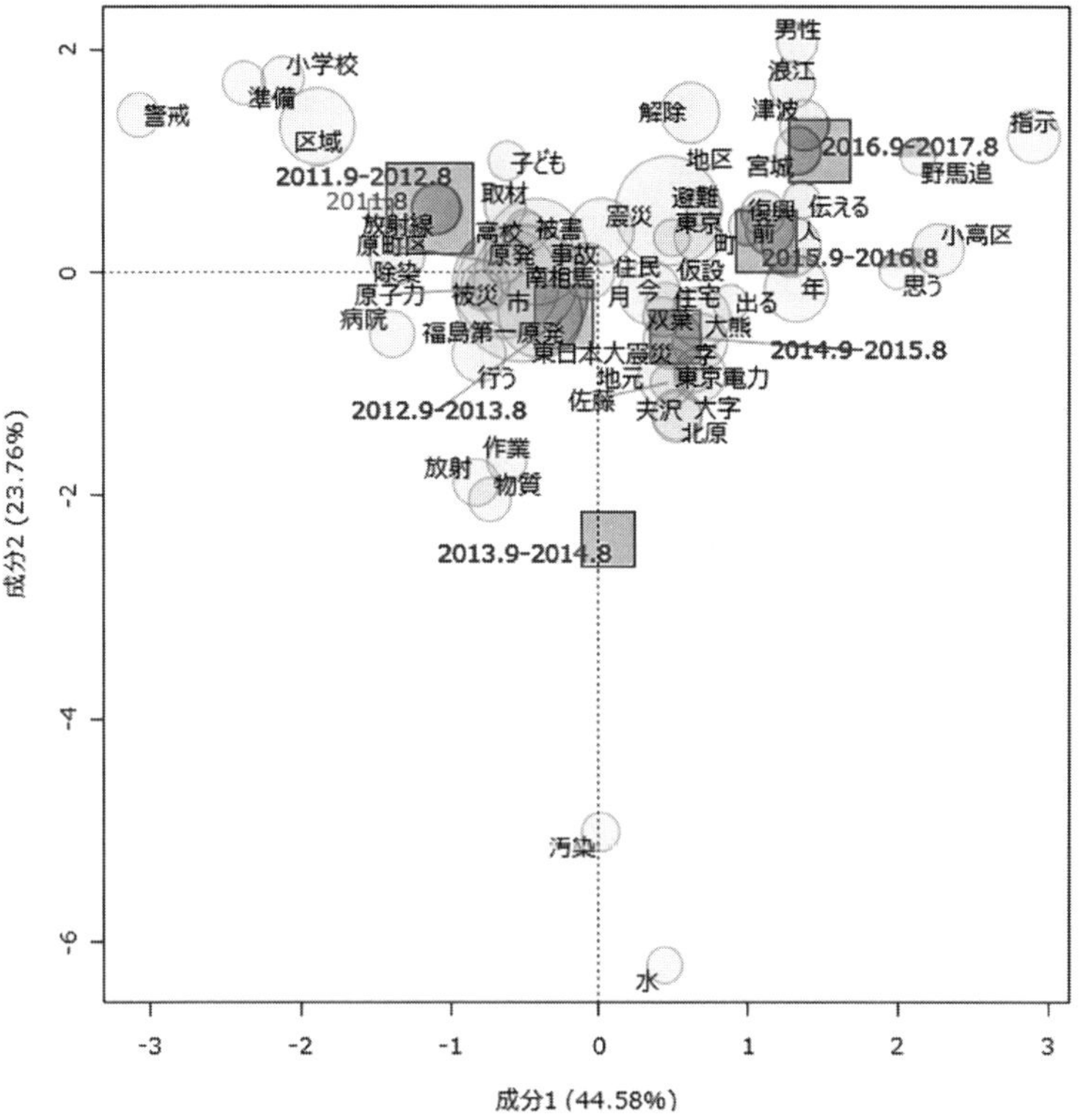

図9　「南相馬」の「原発」時期別頻用語句の推移（対応分析）

や対策が問われた。

今度は図9の「原発」報道における「南相馬」の推移を見ていこう。図5の「原発」報道全体にあった、時期による変化がここではそれほど大きくない。二〇一三年九月から二〇一四年八月を頂点にV字に左から右へと時間区分が進んでいて、左右両端には図8の「震災」と似通った語句が並ぶ。ただし図8には見られない特徴もある。二〇一三年九月から二〇一四年八月の区分が下方に位置していて、「汚染水」問題の浮上した二〇一三年秋や、「放射」性「物質」のセシウムが稲から検出された原因が福島第一原発の解体「作業」によるものであるとわかった二〇一四年など、原発の処理にかかわる問題にことあるごとに翻弄される様子が見えてくる。

このように「南相馬」という一つの空間に目を向けると、全体的なメタデータの分析からは見えてこなかった、六年という時間の経過のなかで少しずつ変わりつつある地域の実態、そしてそこに「生活」する人びとの在りようや思いが、より具体的な形で浮かび上がってくる。

「野馬追」の映像が記録した「南相馬」の六年

ここまで「南相馬」について、この六年間テレビは何を記録してきたのか、メタデータから読み解いてきた。しかし三浦伸也（2012）も指摘している通り、こうしたメタデータを用いた分析は、テレビが映し出したマクロな様相は見られるが、こうした語句を用いて実際に何を描いてきたのか、その詳細な部分は見えてこない。第一章で述べた通り、メタデータはテレビが文字化した情報を中心に構成されており、映像として何が映し出されているのか、「南相馬」の情景がどのように映し出されているのかは、記述されにくいものになっている。そのため、テレビが「震災」や「原発」の何を描いたのかを問うのであれば、当然実際の映像の視聴・分析を通して、そこで映し出されたものを考えるべきである。メタデータを介したマクロな分析と、そこから見出される構図をもとに実際の映像を見返すミクロな分析の往還こそ、その全体像に迫ることを可能にするのである。

本章はメタデータによるマクロな全体像から見えることを仮説的に提示することに重心がある。マクロなデータの特徴やメタデータの確認だけでは見えてこない、映像が示す内容の差異についてここまで折に触れて示してきたものの、本格的な映像の分析は別の機会に譲らざるをえない。その一端として、ここでは「南相馬」の「震災」「原発」のメタデータに登場した「野馬追」の映像から見えてくる、メタデータには書かれていない南相馬の移り変わりを追うことにしたい。

相馬野馬追は福島県の相馬地方、福島県沿岸部の原発周辺地域以北で千年以上前から続く伝統行事であり、その会場の多くは南相馬市にある。二〇一一年三月、福島第一原発の建屋の爆発に伴い、二〇キロ圏内の小高区が避難区域に指定され、一万二〇〇〇人が避難することになる。原町区など三〇キロ圏内も直後は「屋内避難指示区域」

となり物資が入ってこない事態となった。テレビも含めマスメディアからは状況が伝えられないなか、先述のようにYouTubeによってその窮状を訴えたのが市長の桜井勝延だった。[20] その桜井が街の窮状を訴える姿の後ろには、相馬野馬追のポスターが唯一掲示されていたのである。これは決して偶然ではない。もともと三つの自治体が二〇〇六年に合併した南相馬市において、相馬野馬追は三つの地区を結びつけ、結束を図る文字通りの象徴だったのである。戦時下においても中断されることのなかったこの祭りは、震災によって開催が危ぶまれた。しかし「鎮魂と復興への祈りを込め」て、規模を縮小しつつも開催した。翌二〇一二年には、野馬追の行事の一つの「野馬懸」会場となる相馬小高神社の修復や除染作業を行うなどして、例年並みの規模での開催となった（南相馬市復興企画部危機管理課 2013）。二〇一七年には小高区を中心とする小高郷[21]で七年ぶりの騎馬武者行列も行われ、震災後減少していた来場者も回復しつつある。

「震災」「原発」のメタデータで「南相馬」「野馬追」に該当したコーナーは合わせて一一〇件である。ここでは二〇一一年八月一一日に放送された『カンブリア宮殿　特別版「祭りで〝地域〟を取り戻せ！」』（テレビ東京）と、二〇一三年九月七日放送の『目撃！日本列島「明日に向かって駆ける〜父と娘の〝相馬野馬追〟〜」』（ＮＨＫ）、そして二〇一五年九月一日放送の『ＮＨＫスペシャル　東日本大震災「故郷つなぐ相馬野馬追〜原発事故五年目の夏〜」』（ＮＨＫ）を中心に、震災後の変化をテレビはどのように映し出すのか見ていく。

二〇一一年八月一一日の『カンブリア宮殿』は相馬野馬追を含め、開催が危ぶまれた東北地方での夏祭りの模様を描いている。その中に震災の津波で鹿島区にある自宅と、家族全員を亡くした定年間近の郵便局員の男性がクローズアップされている。男性は津波で家族を亡くしたことに「なんで俺だけ生きてるんだろうって」と語る。その後男性が流された自宅の跡に赴く姿が映し出される。そこには建物がすべて流され、平坦な空間が荒涼と広がる津波の被害地域と、無機質に積み上げられたガレキの山が登場する。こうした映像は、震災から数ヶ月経過した被災地の描かれ方として、当時われわれが目にしていたものであった。そこで男性は倒れた自動車を次々と指差し、それが亡くなった家族が乗っていた車であり、そこで家族を発見した様子を矢継ぎ早に語りだし、沈黙する。そして「自分の身内の痕跡がここにあるんですよ」と語り、大破した自動車の前で手を合わせ、佇む。このような失われた家族について語り、悼むためのグリーフワークも、やはり二〇一一年から二〇一二年にかけて、震災を描くテレビのなかで繰り返し映し出されていたものではなかっただろうか。[22] この男性はこの番組以外にも複数回映し出されている。たとえば二〇一二年八月二〇日放送の『NNNドキュメント「祭りのあと… 相馬野馬追から明日へ」』（日本テレビ）でもこの男性の二年間を追っているが、その際にも同様にグリーフワークが描かれ、家族を失った男性が体を震わせてそれについて語る様子を映している。

番組はその近くの海で「家族の協力があったから（野馬追が）できた」「（野馬追に）出ることが家族への供養だと思っている」と語る男性を映している。そして男性はガレキの中から出てきた家族の写真を身に着け、野馬追に参加する。甲冑を身にまとい、馬で闊歩する町には、稲作ができない田園と、いたるところに打ち上げられた船が映る。そこに「変わり果てた街を、千年変わらぬ武者たちが進む」とナレーションと勇壮な音楽が流れる。そしてそれを見守る観客から喜びの声が重ねられる。最後にまた甲冑を身にまとい、馬で闊歩する行列の様子が映され「それぞれが地域の絆を再確認した野馬追だった」というナレーションでVTRが閉じられる。まさに野馬追による「鎮魂と復興への祈り」、そして「家族と地域の絆」という言説がこうした言葉や映像、音楽により編成されているのである。

次にその二年後、二〇一三年九月七日放送の『目撃！日本列島』を見ていこう。このドキュメンタリーでは津波で妻を失った父と娘が野馬追に出場するまでのおよそ半年間が描かれている。番組の冒頭、クレーンの操縦士である父親が、沿岸部の復旧工事を行う様子が映し出される。また番組の中盤では野馬追の練習のため海岸を映している。そこには二年前の『カンブリア宮殿』に映し出されていた高く積まれたガレキは見えない。また当日の野馬追の武者行列にも、震災の爪痕はもはや残されていない。こうした映像から南相馬において復旧・復興が進んでいることが垣間見ることができる。ただし、父が娘を連れてかつての自宅にある妻の墓へと連れていく場面では、ガレキが撤去され、草木が生えているものの、いまだに建物はほどんどなく平坦で荒涼とした空間が映し出される。そして娘を連れて妻の墓へと向かう父親から「ものは治ってもな、心の穴は埋めらんねぇよ、何年たっても」と、津波に流され未だ行方不明の妻への喪失感が続いていることが口にされる。このような、ガレキは撤去されても何も新たに作り出されていない荒涼たる被災地と、今なお残る失った家族への喪失感といった描写もまた、震災後数年を経た二〇一三年頃の被災地の描かれ方の一例と言えるだろう。

野馬追を描く際、それが宮城や岩手の被災地の描写と大きく異なるのは、原発事故による放射能の問題が描かれることである。『目撃!・日本列島』のなかでも、娘に小中学生を対象にした放射線の検査結果が届いた様子が映され、南相馬を出ることも考えたと父親が語っている。この親子は二〇一三年三月一〇日放送の『小さな旅 シリーズ東北「根っこは　明日を枯らさない～福島県南相馬市～」』（NHK）にも登場していて、その際に震災後娘が半年間南相馬から避難していたことが語られている。これに限らず野馬追を描く番組で親子が登場し、親から子、子から孫へと、伝統行事が代々受け継がれていく家族の絆を描くものは多い。困難に負けずに祭りが引き継がれていく伝統的コミュニティそれ自体が、復興への象徴的存在になっていると言えるだろう。しかし、野馬追では原発事故による放射能の影響により、離れて暮らす家族の様子もしばしば描かれている。またこの番組の親子のように、再び一緒に暮らすことになっても、放射能への不安に晒されながら生活を送ることになることも、汚染された地域で暮らす人びとの描かれ方として、一つの定型となっている。

最後にさらに二年後の二〇一五年九月一日放送の『NHKスペシャル』を見ていこう。震災から五年目に差し掛かったこの番組では、『カンブリア宮殿』や『目撃!・日本列島』では取り上げられていなかった原発事故の影響を最も受けた小高区の様子を中心的に描いている。当時小高区は避難指示解除準備区域に該当し、立ち入りは許されていたが、宿泊は許されていなかった。そのため小高区（小高郷）の野馬追の参加者は、故郷を離れそれぞれ別々の場所からこの日のために集まっていた。番組のなかでは埼玉で避難生活を送る家族と、家族とは離れて南相馬で暮らす父親の様子が中心に描かれている。そこでは翌年に避難指示解除を迎えるにあたり、建てたばかりで避難した自宅にいつ戻るのか、郷土愛の強い娘が「戻りたい」と話した時、放射線の影響を無視できないなかで戻ることができるのか、という葛藤と、離れた人びとや家族をつなぐ役割をする野馬追への思いが語られる。この葛藤や思いを主に口にするのは小高から離れた場に暮らす母親である。これは「郷土愛」という名のもと放射線への不安が残る場に帰還させる「固定」型コミュニティへの力の働きと、離れた場であっても野馬追という地域の祭りによって共同性を確認できているという、事実としての「流動」型コミュニティ（デランティ 2006、吉原直樹 2016）の継続への希求のなかで発生する葛藤や思いのようにみえる。

この番組の映像に映る小高の姿には、注目すべき景観がいくつかある。まず人がいない街と除染などで発生した放射性物質を詰め込んだ袋（フレコンバック）である。がれきの山が取り除かれた後でいたるところに置かれたままとなっているフレコンバックは、まさに原発事故後の福島の景観を象徴するものといえるだろう。もう一つ経年的に映像を見ていくことで意味を持ってしまったのは、小高で津波被害を受けた場を映した際に見られた、生い茂った木々である。津波に流されがれきも取り除かれた後、何も建てられることのない平坦な場に高く生い茂った木々は、まさに震災・原発事故から五年という時間の経過を物語る「時間イメージ」（ドゥルーズ）として浮上しているように思える。

南相馬の野馬追という一つのトピックから映像を見てみると、「震災からの復興」を描きつつそれが必ずしも順調には進んでいない現状、そして原発周辺地域の「放射能による復興の妨げ」という「震災」「原発」報道における実際の一端が見えてくる。こうした特徴が時間とともにどのようになるのか、あるいはどのような「時間イメージ」が示されるのか、テレビが映す経過を今後も追っていく必要があるだろう。

記録から見えた原発震災の六年

ここまで主に六年間の「震災」「原発」関連番組のメタデータを使用して、テレビが映した「震災」「原発」とその地域の六年間について考えてきた。ここから見えてくるのは「震災」「原発」報道の質の違いと時間の経過である。これを五つの点から考えてみよう。

一点目が「原発」「震災」の話題としての自律性の問題とその変化である。「原発震災」という性格を持ち、特定の被災地に位置づけられた「震災」に関わる報道は、とりわけ南相馬のような福島での被害を語るうえでは「原発」を避けて語ることが困難である。一方で「原発」に関わる報道は、その再稼働をめぐって全国が映し出され、たとえその発端に震災と福島第一原発の事故があってもそこに必ずしも触れられることもなく、多様な形で語られている。ただし原発の再稼働が次第に日常化していくことで他地域の原発にかんする報道は下火になっていくかもしれない。

二点目が「時間」の経過とトピックの変化である。「震災」は二〇一一年三月一一日という固定された日に意味付けがなされ、カレンダー・ジャーナリズム化が進行しているのに対し、「原発」は必ずしもそのようになっておらず、三月でなくとも突発的に報道量が増えることがある。とはいえ特定の地域に焦点を当てれば両者とも六年という経過のなかで少しずつ変わってきていることも指摘できる。

三点目が内容の変化と焦点である。「震災」は報道されるトピックとなるものに大きな変化がないのに対し、「原発」は対象となる原発や場所、事故処理の状態などの変化がある。ただし同じトピックでも取り上げる地域や時期によって、それを伝えるトーンなどの違いも見えてくる。

四点目が頻繁に登場する有名人の差異である。「震災」がスポーツ選手やミュージシャン、とりわけ天皇・皇后等の皇室が関わることで話題化し、その地域も映し出されるのに対し、「原発」はもっぱら政治的なものとしてあり、選挙の争点となるか否かが原発問題を考えるうえで大きな意味を持つ。[23]

五点目が「忘却」「風化」の問題ということになるだろうか。「震災」も「原発」も未だに「終わり」となっておらず、特に原発問題は長期にわたって終わらない問題であるにもかかわらず、「記憶の半減期」を過ぎ、時間の経過のなかでその姿が次第に見えなくなってきている。

今後はここから見えたことを一つの仮説としてとらえ、より詳細な分析を行う必要があるだろう。繰り返しになるがメタデータでわかるのはその報道内容の概要であり、テキストマイニングはそのメタデータから特徴を理解するための「採掘（マイニング）」の作業なのである。真相を知るには個別のメタデータの確認と番組視聴が重要になる。また言うまでもなく、こうした作業を継続するためには、アーカイブが継続的、安定的に運用されていることが必要であり、こうしたメタデータやそこから導き出された結果の共有はさまざまな場でなされるべきであろう。

【注】

（1）新聞は全国紙（朝日新聞、読売新聞、毎日新聞、日経新聞）の各社データベースから「震災」「原発」をキーワードに検索した該当件数を合わせ、その推移を見た。テレビについてはSPIDERのメタデータの該当件数を表している。詳細は後述。

（2）もちろん「震災」「原発」の報道量の減少は新聞社や放送局、地域によって異なる。子細については本章では触れないが、たとえば宮城県の県紙で東北他地域にも販路を持つ河北新報は、同じ期間比で「震災」は三二・三、「原発」も四四・一と、全国紙や関東の放送局に比べれば減少はしているものの、一定の報道量が保たれている。

（3）たとえばＮＨＫ放送文化研究所や日本大学法学部新聞研究所など。ただし、こうした番組は権利処理の関係上、視聴の範囲は限定的なものとなっている（林 2013）。

（4）東日本大震災については大小含めてさまざまなアーカイブが構築されており、その収集対象にはスマートフォンや携帯電話などのモバイル機器によって残された多くの映像も含まれている。詳しくは大井（2017）。

（5）分析を行った二〇一一年八月一日から二〇一七年八月三十一日の六年一ヶ月のなかで、「震災」「原発」という言葉が含まれていたコーナーの総数は、「震災」が七万八九六八件、「原発」が五万九一四八件となっている。該当コーナーが放送された総時間は「震災」が四八四五・三時間、「原発」が二九五九・八時間である。第一章で示した通り、本データにおけるコーナー数は必ずしも一般的な認識におけるニュースや情報番組等の一コーナーを表していない。またＮＨＫ教育テレビの多くでコーナー記述が行われておらず、ドラマやスポーツ中継でも記述は簡略化されている。なおSPIDERのメタデータから時間量の変化をみることも可能であるが、件数の推移との明らかな相違が特に認められなかったため、本章では取り上げていない。

（6）　三月以外で件数が大きく増加するのは、主に二つの要因によるものである。一つは「関東大震災」（一九二三年九月）や「阪神・淡路大震災」（一九九五年一月）といった、過去の大規模地震災害の発生が振り返られる場合。もう一つは二〇一六年四月の熊本地震のように、放送時に大きな地震災害が発生した場合である。どちらも東日本大震災との関わりから報じられることが多い。

（7）　それぞれの時間帯別コーナー数の合計は、「震災」が「朝」二万二二七二件、「昼」二万九八三件、「夕方」二万一五七八件、「夜」一万四一三五件であり、「原発」は「朝」二万一二三七件、「昼」一万三五三七件、「夕方」一万三五六八件、「夜」一万八〇六件となっている。

（8）　同時間帯で「震災」「原発」のコーナー数を比較すると、「朝」はほぼ半々（五一対四九）であるのに対し、「昼」と「夕方」はともに六対四（六一対三九）という割合になっている。ただし「朝」においても二〇一三年一二月以降その差は急速に縮まっている。これは二〇一三年一一月まで積極的に原発問題を取り上げていたＴＢＳの朝の情報番組で、その司会者が降板して以降に顕著である。

（9）　この頻出語句の検証については、いくつか留意する点がある。ここでいう「出現回数」とはメタデータ内での言葉として何回出現したかという意味であり、放送のなかで述べられた、あるいは映し出された回数ではない。また第一章でも説明した通り、SPIDERのメタデータには「関連ワード」という形で地域（その住所）や施設、用語、あるいは人名などがピックアップされている。今回の分析ではこうした語も含めて分析しているため、内容との重複によりこうした語が上位となりやすくなっている。また語句のなかでも『ある』「いる」といった一般的な語句や数字・記号などは除いている。

（10）　三年前に比べて「安全」（一六位から二三位）が下がり、「稼働」（二一位から一二位）が上がったことは、この三年の原発再稼働をめぐる状況の変化を示唆しているようにも思える。

(11) 図4と図5の二次元散布図は、「震災」と「原発」の「内容」(第一章表1を参照)から、それぞれ出現数が五〇〇〇回以上あった頻用語(「震災」一一七語、「原発」一〇九語)のうち、時期区分との関連性が強く出ている六〇語を、時期区分との関係から配置したものである。四角は一年ごとの時期区分を示し、円(バブル)が頻用語を示している。それぞれの大きさは、円はその語句の使用回数に、四角は時期区分内で用いられた文書に含まれたすべての語数に対応している。また原点(0、0)に近いものほど時期による頻用の差異が少ない語であることを示していて、原点から見て時期区分の近く、あるいは同一方向にある語句は、その時期に比較的多く用いられていることを示している。

(12) もちろんトピックにも全く変化がなかったわけではない。三年前の分析結果と比べると、二〇一一年から二〇一二年に特徴的な語句であった「がれき(ガレキ)」がもはや頻用語句ではなくなっている。二〇一一年九月から二〇一二年八月までに一三七一件のメタデータに出現した「がれき」という語句は、二〇一六年九月から二〇一七年八月までの一年間のメタデータに出現したのはわずか三八件である。

(13) 図6と図7はKH Coderを用いて全国の市町村に東京二三区を加えた市町村区のうち、「震災」と「原発」の「内容」から、「震災」は出現数が三〇〇回以上あった八二市町村区で、時期区分との関連性が強く出ている六〇市町村区を、「原発」は出現数が一〇〇回以上あった一〇八市町村区で、時期区分との関連性が強く出ている六〇市町村区を、時期区分との関係から配置したものである。ただし区については、「中央区」や「北区」「港区」など、政令指定都市の行政区と同名のものが重複して扱われているため、東京都の特別区のそれを指していない場合もある。たとえば図7で「大阪市」と「北区」が近い位置にあるのは、この「北区」が多くの場合で大阪市北区を意味しているからである。

(14) メタデータを見ていくと必ずしも絶対数は多くないがある時期に突発的に映し出される地域がある。たとえば福島県の新地町は二〇一六年に七三件のコーナーデータに記録が残されている。これは二〇一六年二月にNHKのバラエティー番組『鶴瓶の家族に乾杯』で新地町が取り上げられたことが大きく作用している。他にも天皇をはじめとする皇室や、AKB48など有名人の被災地への訪問によって、全国的には映し出されることの少ない地域が突発的に取り上げられることもあり、有名人の訪問というニュースは震災の話題が減少していくなか、普段取り上げられることの少ない被災地を映し出す要素として意味を持つものと思われる。

(15) 注13で述べた通り、ここでは「北区」は大阪市の北区を意味している。

(16) 図7を見ると「福島市」や「郡山市」「相馬市」などいくつかの市が見当たらないが、それはこれらの市が原発にかんして取り上げられていないという意味ではない。むしろ時期区分での偏りが比較的少ないことを示している。

(17) 依拠するメタデータの記載のされ方の違いのため、米倉(2017)による調査とは大熊町の出現頻度が異なっている。詳しくは第一章を参照。

(18) SPIDERのメタデータで「南相馬」に言及した番組内のコーナーは、「震災」が一四八三件(およそ一四〇時間)、「原発」が一四六七件(およそ一三〇時間)あった。このうち重複するコーナーが六二七件ある(計二三二四件、およそ一九〇時間)。これを重複も含めてそれぞれKH Cocerにかけ、対応分析を行った。図8と図9の二次元散布図は、これらのメタデータの「内容」の中に、「震災」では出現数が二一五回以上あった頻用語七四語のうち、時期区分との関連性が強く出ている六〇語を、「原発」では出現数が二一五回以上あった頻用語七六語のうち、時期区分との関連性が強く出ている六〇語を、時期区分との関係から配置したものである。

(19) 「震災」「南相馬」のメタデータにおいて「子ども」は三二一回と使用頻度の高い語であるが、時期区分との関連での特徴が弱いため図には表示されていない。

(20) 桜井はテレビを含めたマスメディアが取材に入ってこない状況について次のように言及している。「メディアの方々も直接入ってくるメディアはほぼ少ないと、テレビ取材することなく電話取材が圧倒的に多いのが現実でございます。現場を知らない、現場を直接取材しなければ今の実情が伝わりません。ぜひとも現場に入っていただいて、多くの方にこの現場の現状を知っていただきたいと思います」(Minami Soma city 2011)。南相馬にテレビによる取材が入らなかった状況については、二〇一六年三月八日に放送されたテレビ朝日・福島放送制作のドキュメンタリー番組、『テレメンタリー2016「その時、「テレビ」は逃げた〜黙殺されたSOS〜」』(テレビ朝日)で検証が行われた。そこでは取材に入りたくても入れない記者たちのジレンマが回顧されている。

(21) 相馬野馬追では地域ごとに三つの神社に従う「郷」に属して甲冑競馬や神旗争奪戦を行なう。

(22) 同時期に放送された『NHKスペシャル「東北 夏祭り 〜鎮魂と絆と〜」』(NHK、二〇一一年八月七日放送)も非常に似通った構成となっている。妻を津波で失った鹿島区の別の男性が映し出され、最後に甲冑姿で馬を連れて流された自宅前で妻を悼んでいる。

(23) 分析の対象期間からは外れたが、二〇一七年の衆議院選挙において、希望の党の結党を宣言した小池百合子が当初大きく取り上げたのが「脱原発」であった。これを受け、二〇一六年の参議院選挙時にはほとんど争点化されていなかった「原発」が、突如として争点の一つとして注目を受けた。

【文献】

デランティ（2006）『コミュニティ――グローバル化と社会理論の変容』山之内靖・伊藤茂訳、NTT出版

原由美子・山田健太・野口武悟編（2014）『3・11の記録――東日本大震災資料総覧 テレビ特集番組篇』日外アソシエーツ

原由美子（2017）「東日本大震災から5年テレビ番組は何を伝えてきたか――夜のキャスターニュース番組とドキュメンタリー番組」『NHK放送文化研究所年報2017』第61集、pp. 8–41

林香里（2013）「震災後のメディア研究、ジャーナリズム研究――問われる「臨床の知」の倫理と実践のあり方」『マス・コミュニケーション研究』82巻、pp. 3–17

樋口耕一（2014）『社会調査のための計量テキスト分析――内容分析の継承と発展を目指して』ナカニシヤ出版

Minamisoma City（2011）「SOS from Mayor of Minami Soma City, next to the crippled Fukushima nuclear power plant, Japan」（二〇一七年一一月三日取得、https://www.youtube.com/watch?v=70ZHQ--cK40）

南相馬市復興企画部危機管理課（2013）「震災の記録――南相馬市」『南相馬市ホームページ』（二〇一四年十月二十日取得、http://www.city.minamisoma.lg.jp/index.cfm/10,15930,c,html/15930/16.pdf）

三浦伸也（2012）「311情報学の試み――ニュース報道のデータ分析から」、高野明彦・吉見俊哉・三浦伸也『311情報学――メディアは何をどう伝えたか』岩波書店、pp. 33–118

七沢潔（2016）『テレビと原発報道の60年』彩流社

西田善行（2015）「テレビが記録した「震災」「原発」の3年――メタデータ分析を中心に」『サステイナビリティ研究』第5号、pp. 125–143

大井眞二（2017）「東日本大震災TV映像アーカイヴ化の試み――日本大学法学部新聞学研究所のアーカイヴ化事業に関する覚書」『ジャーナリズム&メディア』第10号、pp. 7–26

米倉律（2017）「震災テレビ報道における情報の「地域偏在」とその時系列変化――地名（市町村名）を中心としたアーカイブ分析から」『ジャーナリズム&メディア』第10号、pp. 27–46

吉原直樹（2016）『絶望と希望――福島・被災者とコミュニティ』作品社

第四章　原発震災以前の反原発運動と映像アーカイブ

西田善行

1　社会運動とメディア利用

よく知られているように、社会運動にとってメディアは重要な役割を担っている。新聞やテレビなどマスメディアとの関係でいえば、社会運動がマスメディアにおいてどのような形でフレーム化され、意味づけられるのかが、その社会運動の認知と拡大において重要な意味を持つ。シドニー・タローはマスメディアが「集合的アイデンティティの構築とイメージの投影という両方の過程にとって重要なメカニズムとなる」とし、とりわけテレビが可視的なシンボリズムを強調することでこの両方の過程にとって重要な役割を担っていると指摘する（タロー1998=2006:199）。運動は怒りや憎しみといった感情を育成することで打ち立てられていく（タロー 1998=2006:195）ため、映像による情動の伝達は運動の拡大・縮小を占う重要な要素となる（畑 2011）。その意味で社会運動の担い手は、自らがマスメディアにおいてどのように言語化され、表象されるのか、大きな関心を寄せる。(1)

一方で社会運動の担い手自身も自らメディアを使ってその活動を記録、発信している。そしてこうした記録物は同様の活動をしている人びとに配られていく。これらの記録物はミニコミ誌のような紙媒体だけでない。社会運動の担い手自らがフィルムに収めた自主制作映画（畑 2011）やビデオなどの映像も含まれる。周知のように、近年こうした運動の担い手自らが制作・発信する映像が、YouTube や Ustream などを介してインターネット上で発信されていて、運動の拡大に用いられている（青野 2016）。

法政大学の大原社会問題研究所には、環境問題や、それに関連する市民運動の資料を収集している環境アーカイブズが設置されている。そこでは従来アーカイブで収集、整理されていた紙媒体の資料だけでなく、市民運動の集会の模様や、運動団体が作成した教育ビデオ、そして団体が収集した放送番組など、映像資料も少なからず収集・整理をしている。こうした映像資料のなかには、たんぽぽ舎や原子力資料情報室といった、反原発に関わる活動をしている団体が収集した資料がある。このなかに環境問題や反原発の活動をしている市民団体が制作した、自らの団体の活動記録やPRのための映像作品、あるいは他の団体から提供を受けたと思われる映像資料、そして映画やテレビドキュメンタリーといったマスメディアが制作した映像もある。テレビ番組の映像だけでなく、さまざまな制作者によって制作され、運動団体によって収集されたこの映像アーカイブには、本書がベースとするようなテレビアーカイブとは異なった種別の映像が多く含まれている。これらの映像は実際にはどのようなものであるのか、その特徴について見てくことで、反原発運動団体が映像をどのように利用しているのか、その一端が見えてくるだろうし、「原発震災のテレビアーカイブ」を考えていくうえでも、踏まえておくべきことが多くあるのではないだろうか。この小論では、環境アーカイブズの所蔵映像資料から、多くの映像資料の寄贈を受け、すでに整理やデジタル化を終えて一部公開をしている、「たんぽぽ舎の反原発（その他）映像資料」について、目録や公開された映像をもとにその内容について検討する。[2]

2　映像からわかる反原発運動の記録

たんぽぽ舎の映像資料の概要

たんぽぽ舎は一九八九年、チェルノブイリ原発事故を受けて設立された市民団体である。以降継続的に活動を続け、二〇一一年の福島第一原発の事故の際にはいち早くデモを開始するなど、反原発運動のなかでも重要な役割を果たしている（平林 2012）。たんぽぽ舎の映像資料には、設立時の一九八〇年代後半の映像から始まり、環境アーカイブズが寄贈を受けた二〇一〇年までの二十数年間にわたる一七シリーズ、五五九ファイル、一三七一アイテム[3]、時間にしてのべ一一〇〇時間以上の映像、音声資料[4]が収められている（環境アーカイブズ 2017）[5]。本章の本題とは異なるが、これらの記録媒体の数や種類、内容について分析を行うことは、オーディエンスの観点からのメディア史としても有益である（石田 2009）。

反原発運動団体主催の集会とデモ

本資料群にはたんぽぽ舎をはじめ、気候ネットワークや原子力資料情報室、グリーン・アクション美浜の会など、さまざまなNGO、NPO、市民運動団体の主催・共催の集会を映した映像や、制作した映像がある。こうした集会や研究会の映像は、反原発運動の活動の実態を視覚的に理解する重要な資料といえる。集会・研究会には、主催者やその形態から、いくつかの類型を見出すことができる。まず反原発運動団体主催の集会での専門家によるスピーチ、活動家による報告、デモや抗議活動を映したものがある。こうした集会やデモでは、複数にまたがる団体内部の結束と外部への反原発のアピールが目指される。先述のタローが指摘した「集合的アイデンティティの構築とイメージの投影」が集会の目的であり、マスメディアで取り上げられるのもこうした集会やデモの様子である。ただし団体主催の集会やデモを描いたものでも、屋外での大規模な集会から、体育館、会議場、旅館、民家までさまざまな場所、規模のものがあり、その内容も公的で一方的なスピーチから、質疑応答のあるセッション、酒も交えた対話まで多様である。

ここで一例として「DIALOG ON MONJU（文殊の対話）」という一九九三年ごろに自主制作されたドキュメンタリー作品を見ていこう。(6) 映像はバスで福井県敦賀市にある高速増殖炉もんじゅへと向かう車中からの景色から始まる。その後民家での食事を囲んでの集会が進む。ホームビデオの映像を組み合わせて作られている印象だが、会話の節目にもんじゅの見える水晶浜海水浴場で泳ぐ人びとが映し出され、食事の際の会話がボイスオーバーで挿入されるなどの演出が見られる。たとえば「（もんじゅに対する）市民の方々の興味はないんですね」というボイスオーバーに、海水浴場でもんじゅが背景に見えるなかビニールボードで遊ぶ女性数名を映すことで、そのコントラストともんじゅに対する忘却を描いている。(7)

映像は次に一九九三年一〇月三日、敦賀で行われた「止めようもんじゅ93全国集会」の様子を映している。集会では物理学者で原子力資料情報室の設立者でもある高木仁三郎のスピーチや、それを聞く人びとの様子が映し出されている。その後敦賀でのデモの様子が映し出され、マスクをかぶって仮装して練り歩く人びとの姿をカメラは捉えている。これらの一連の映像は、集会のお祭り的様相の一端を示すものといえる。集会の祝祭的な様子は他の映像からも見て取れる。たとえば一九八九年の反原発集会とデモを映した「原発止めよう東京行動　4／23六郷公園（集会）1」(8) でも高木仁三郎や槌田敦ら専門家のスピーチだけでなく、「原発が止まらないなんて／嘘だろ／福島原発の事故なんて／嘘だろ」などと歌う山本コータローの反原発ソングや、上々颱風のライブパフォーマンス、(9) さらに原発に関連する〇×クイズも模様されている。

伊藤昌亮（2012）は二〇一一年の福島原発事故以降の反原発デモのスタイルを市民運動型・サウンドデモ型・ピースウォーク型という三つに分類し、本気で要求を訴える市民運動型とどこかお祭り的なサウンドデモ型を対比的に分析している。ただしこの映像が示唆するように、デモのスタイルはピースウォーク型のデモが興隆する二〇〇〇年代以前から一様ではない。その意味でこうしたデモの映像を追うことで、日本における反原発デモのスタイルの変遷について、その一端を理解できるだろう。

研究・調査報告

次に反原発運動主催の研究会での学者や活動家による報告がある。これは集会やデモのように、マスメディアでしばしば取り上げられる内外へのパフォーマンスを意図したものというより、むしろ自分たちの科学的知を深め、その運動の正統性を確保するためのものといえる。

たとえばたんぽぽ舎のメンバーも多く関わっている地震・環境・原発研究会では、一九九五年の阪神淡路大震災を受けて、活断層型の地震をはじめとするさまざまな大規模地震の際の原子力発電所への被害について検討している。一九九六年一月に制作された「1／14地震と原発全国集会——阪神・淡路大震災から1年・「もんじゅ」ナトリウム大事故を踏まえて」[10]では阪神淡路大震災での地震の性格と被害について解説がなされ、一九九五年一二月のもんじゅのナトリウム漏れ事故との関連で原発事故への警鐘がなされていた。こうした映像は反原発運動のなかで、東日本大震災以前から地震と原発の関係に注視してきたことを示す資料としても重要である。

これに類するものとして学会やそれに準じる場での学者、専門家による発表、スピーチもある。たとえば資料群のなかに風力関連の映像資料が四四ファイル、一七二アイテムあるが、その大半が風力エネルギー利用総合セミナーや風サミットなどでの風力エネルギーにかんする講演や研究報告である。これらの映像は文書資料同様、原発や地震、自然エネルギーなどへの科学的知が市民運動団体によって集積されており、その歴史的変遷を明らかにするものといえる。一方でニュースやドキュメンタリーなど放送番組等でこうした映像を見ることはまれである。

行政、電力会社などによる説明会

また、たんぽぽ舎の映像資料にはマスメディアによっても映し出されることがある、行政、電力会社などが主催する場での説明会の様子も残されている。たとえば二〇〇〇年二月二〇日に科学技術庁と東海村の共催で行われた「JCO臨界事故説明会」[11]では「東海村からの説明　JCO臨界事故の経過と対応・防災とまちづくりアンケート報告」や、「科学技術庁からの説明　JCO臨界事故の概要と今後の取組・線量評価と健康管理について」といった主催者による報告と、「会場参加者からの意見と質疑」がなされていた。また二〇〇七年の新潟県中越沖地震による東京電力柏崎刈羽原発の被災を受けて東京電力が制作した「発電所からのビデオレター」[12]や原子力発電にかんして全国の電力会社側が作成したさまざまなCMを集めて編集した「CMが語る原発89」[13]など、電力会社側のPR映像が収集されていて、原発問題をめぐる複合的な視点からの映像が集められていることがわかる。

3　収集されるテレビ番組

環境アーカイブズに寄贈された映像資料のなかには、ニュースやドキュメンタリーなど放送番組を録画したものも多い。たとえばたんぽぽ舎が収集した映像資料のなかには、全五五九ファイルのうち、およそ三割にあたる一四二ファイル（のべ一六〇ファイル）が放送番組を含んだ映像資料であり、そのなかに二八〇アイテム（のべ三一九アイテム）の放送番組が収集されていた。表1は環境アーカイブズの目録から、この二八〇アイテムの制作・放送をおこなった放送局をカウントしたものである。

その内訳を見ていくと、一〇八アイテムと最も多く収集されていたのがNHKの制作番組であった。『調査報告　プルトニウム大国日本　第1回　核兵器と平和利用のはざまで』（一九九三年五月二一日放送）『東海村臨界事故への道』（二〇〇三年一〇月一一日放送）といった『NHKスペシャル』をはじめとする特集番組、ドキュメンタリーのほか、一九九三年一月のプルトニウムを積んだ「あかつき丸」入港にかんするニュースや、二〇〇七年の新潟県中越沖地震にかんするニュースなどが収集されていた。

民間放送局の番組では『ニュースステーション』をはじめとするテレビ朝日の番組や、日本テレビ、TBSなどの関東キー局の制作したニュース、ドキュメンタリーが多くあったが、その一方で一九九六年に新潟県巻町での原子力発電所設置の是非を問う住民投票を報じた、新潟放送などの新潟県の民放局や、福井県にある美浜原発やもんじゅの事故を報じた福井放送のニュースなど、地方のローカルニュースも収集されていた。またBBCやチャンネル4といったイギリスの放送局が制作した、チェルノブイリ原発事故にかんするドキュメンタリーなど、海外の放送番組も複数あった。(14)

たんぽぽ舎のような反原発運動に携わる団体が、数多くの放送番組を収集しているということは、次のような意図が認められるだろう。一つは収集したドキュメンタリーなどのテレビ番組が、原発や地震などにかんする歴史的、社会的、科学的認識をもたらすという意味での学習的用途である。もう一つは巻町の住民投票の報道のように、一連のニュース、ドキュメンタリーを記録・収集することでその出来事に関連する状況を監視することである。テレビ映像は研究者に限らず、市民にとっても資料として活用されているのである。ここであげた二つの意図は、前の節で放送番組以外の映像の類型として提示した、「研究・調査報告」と「行政、電力会社などによる説明会」に重なるものでもある。反原発運動のなかでさまざまな知識が蓄積され、また行政や電力会社への監視も継続される。(15)これは放送番組に限らずさまざまな映像を収集・視聴することが運動の一環として一

放送局	番組数
NHK	108
テレビ朝日	32
新潟放送	32
日本テレビ	27
TBS	26
フジテレビ	8
新潟テレビ21	7
福井放送	7
BBC（イギリス）	7
石川テレビ	6
青森放送	6
広島テレビ	4
テレビ東京	4
新潟総合テレビ	4
チャンネル4（イギリス）	3

表1　たんぽぽ舎収集の映像資料における主要放送局（法政大学大原社会問題研究所環境アーカイブズ所蔵）

定の意味を持っていることを示唆するものといえる。

また教育的用途や環境監視といったオーディエンスによるテレビをはじめとするマスメディアの用途は、利用と満足研究をはじめとするマスコミュニケーション研究のなかでしばしば指摘されてきたものである（マクウェール 1972=1979）。たんぽぽ舎が作られた一九八〇年代に急速に普及したビデオデッキを用いて番組を録画・収集することで、こうした用途での利用がより容易になったというメディア環境の変化もここで指摘しておくべきだろう(16)。

4　映像資料からわかること・わからないこと

ここまでたんぽぽ舎が二〇一一年以前に制作、あるいは収集してきた原発映像資料から、自らの団体の活動記録やPRのための映像作品、あるいは他の団体から提供を受けたと思われる映像資料の特徴をみるため、集会や研究会、デモなどを映し出した映像、そして放送番組の類型や用途について検討してきた。そこから見えてくるのは、これまでの社会運動論がメディアとの関連のなかで取りこぼしてきた、運動の担い手の記録と歴史性、そして知の集積という面での映像の役割である。反原発運動のような活動は一過性のものではなく、少なくとも国内の原発がすべて稼働をやめるまで、たとえ団体の解散などがあったとしても反原発運動そのものがなくなることは考えにくい。その意味で反原発運動の歴史的変遷を組織や運動のスタイル、活動の実態、さらには運動が依拠している学知の変遷を問うことは、運動の意味や可能性を考える意味でも重要である。ただしここでの「学知」は単純な意味での知識の取得のみを意味するものではない。情報が認知可能な知識のみでなく、その知識の伝達者の身体性や、そのオーディエンスを含めた会場の空気感といった、必ずしも言語化されない情動（ドゥルーズ）をも伝達するのであれば、高木仁三郎をはじめとする反原発運動に対する学知を提供する専門家が喚起する情動性も含め、どのような形で知識が伝達されているのか、その複合的な言説編成も含めて学知伝達の歴史を理解すべきである。

この小論で取り上げたのは環境アーカイブズに所蔵されている「たんぽぽ舎の反原発（その他）映像資料」の公開された数本の映像と、目録、それと資料群の概要などからわかることのみである。より多くの映像を視聴すれば、さらに八〇年代後半から二〇〇〇年代にかけての反原発運動や自然エネルギーにかんする実践や知の蓄積について、その変遷を知ることが可能だろう。ただし文書資料がそうであるように、映像資料もそれ単独で知りうることには限界がある（西田 2016）。むしろ映像資料の方が、そこから知りうる情報としての知識には限界があり、補足的な情報をさまざまな形で取り入れることによって初めて映し出された状況を深く知りうることもしばしばである。実際デモや集会の形式は、映像から類型化したもの以外にもありうるだろうし、こうした類型が必ずしも社会運動における集まりの形式の全体を伝えているわけではない。映像は素朴にありのままの現実世界を描き出す道具ではない。どのような映像であれ、その作り手が意図をもってカメラを構え、映し出したものである。それは時にある情動を伝達し、受け手にそれを喚起する。これは一見社会的事実を改変し、偏向させるものと思われるかもしれないが、作り手の認識や伝達される情動への了解も、資料を読み解くための材料であり、映像を研究する際にはこうした態度が必要なのである。[17]

【注】

（1）いうまでもなく、これは環境保護運動や反公害運動、反原発運動でも同様である（横山 2001、齋藤 2015）。特に現実的空間だけなく、インターネット上でも自らの運動のＰＲが可能となったことで、自らのパフォーマンスに対する自覚や戦略はより深まっているといえる（青野 2016）。

（2）たんぽぽ舎の映像資料は環境アーカイブズで目録が公開されており、また一部の映像が視聴可能になっている（環境アーカイブズ 2017）。

（3）環境アーカイブズの視聴覚資料はＶＨＳやＤＶＤなどの媒体一つを一ファイルとしている。また原則、放送番組は一番組を一アイテム、イベント・講演は講演者やセッションごとに一アイテムとしている。ただしなかには一分程度の短時間のストレートニュースを数多く録画したものもあり、目録記述の頻雑性などの理由から一番組を一アイテムとせずすべてまとめて一アイテムとしたファイルが二四ファイルある。なお、二〇一七年一二月現在、本資料群のうち公開されているのは一二九ファイル一九五アイテム（重複除く）である。

（4）ただし音声資料はカセットテープのうち未使用のテープを除く一一ファイルのみである。

（5）本資料群は寄贈者が行った分類により、大きく三つの種別に分けられる。A群はそれぞれ核、地震といったテーマにより分類されており、八つのシリーズがある（計一九二ファイル）。B群は地域別に分類されており、七つのシリーズがある（計二二七ファイル）。C群は未整理のものであり、DVDとVHSでシリーズが分かれている（計一四〇ファイル）。約半数が二〇〇〇年以降に制作され、媒体の多くがVHS（五五九ファイル中四六〇ファイル）となっている。

（6）ファイル番号0014V0087、制作：NORI SASAKI、編集：ASAO MATSUMOTO、88分。

（7）こうした演出はその後も用いられている。本作の後半、映像は「止めようもんじゅ93全国集会」の後に行われたと思われる宗教者による集会を映している。そこで敦賀で反原発運動を行っている人物が「原発に見学に行けば被曝する」という旨の発言をしたのに合わせて、子供が描いた原発の絵を掲示している映像を挿入したり、「ドイツやアメリカでは高速増殖炉をストップさせた」という旨の発言に合わせて、日本で活動を行うドイツ人やアメリカ人の活動家の様子を映すなど、ホームビデオに映した映像を組み合わせて、そこに意味を持たせている。

（8）ファイル番号：0014V0436.

（9）高木はこれ以外にも「六ヶ所村集会11／12」（ファイル番号：0014V0269）での六ケ所村の再処理工場の再処理反対集会でのスピーチや、「国際市民会議（1）持続可能で平和なエネルギーの未来本会議（1）基調講演・特別講演」(0014V0532) での特別講演など、反原発運動や自然エネルギーにかんする集会や研究会に頻繁に映し出されている。これは高木が福島原発事故直後の小出裕章などと同様、あるいはそれ以上に、一九八〇年代後半から一九九〇年代末にかけて反原発運動の知を保証する専門家として非常に重要なアイコンであったことを示している。

（10）ファイル番号：0014V0018.

（11）ファイル番号：0014V0190.

（12）ファイル番号：0014V0392~0014V0394.

(13) ファイル番号：0014V0521.

(14) 海外の放送局の制作番組の多くは、NHKで放送されたものである。

(15) ここでの監視の対象には放送局をはじめとするマスメディアの報道姿勢も含まれているだろう。

(16) 家庭での普及の前に、教育目的でのビデオ利用を行う教育現場が市場として見込まれていた（永田 2016）。その意味で蓄積して繰り返しみることを可能とするビデオは、教育的な用途が当初から想定されていたのである。

(17) 別稿でも放送番組をめぐる学術的利用の阻害要因について検討したが、根本的には映像一般に同様な問題をはらんでいるといえる（西田 2016）。

【文献】

青野恵美子（2016）「社会運動調査におけるインターネット上の映像資料の利用――ウォール街占拠運動の事例から」『社会政策』第7巻3号、pp. 90–101

畑あゆみ（2011）「「運動メディア」を超えて――一九七〇年前後の社会運動と自主記録映画」、藤木秀朗編『観客へのアプローチ』森話社、pp. 385–411

平林祐子（2012）「何がデモのある社会をつくるのか――ポスト3・11の反原発アクティヴィズムとメディア」、田中重好ほか編『東日本大震災と社会学』ミネルヴァ書房、pp. 163–196

石田佐恵子（2009）「個人映像コレクションの公的アーカイブ化の可能性」『マス・コミュニケーション研究』75号、pp. 67–89

伊藤守（2013）『情動の権力――メディアと共振する身体』せりか書房

伊藤昌亮（2012）『デモのメディア論――社会運動社会のゆくえ』筑摩書房

環境アーカイブズ（2017）「たんぽぽ舎反原発映像資料」（二〇一七年十二月七日閲覧、http://k-archives.ws.hosei.ac.jp/wp/public_document/0014/）

タロー・シドニー（1998=2006）『社会運動の力――集合行為の比較社会学』大畑裕嗣監訳、彩流社

マクウェール・デニス（1972=1979）『マス・メディアの受け手分析』時野谷浩訳、誠信書房

永田大輔（2016）「ビデオにおける「教育の場」と「家庭普及」――一九六〇年代後半―七〇年代の業界紙『ビデオジャーナ

ル』にみる普及戦略」『マス・コミュニケーション研究』88巻、pp. 137–155
西田善行（2016）「「史資料」としてのテレビ報道——環境報道アーカイブの取り組みから」『社会政策』第7巻3号、pp. 68–78
斎藤さやか（2015）「環境ＮＧＯとメディア——気候変動法の制定過程におけるFoE UKのコミュニケーション戦略」、関谷直也・瀬川至朗編『メディアは環境問題をどう伝えてきたか——公害・地球温暖化・生物多様性』ミネルヴァ書房、pp. 230–255
横山隆一（2001）「ＮＧＯからみた環境報道」、財団法人地球環境戦略研究機関編『環境メディア論』中央法規、pp. 256–273

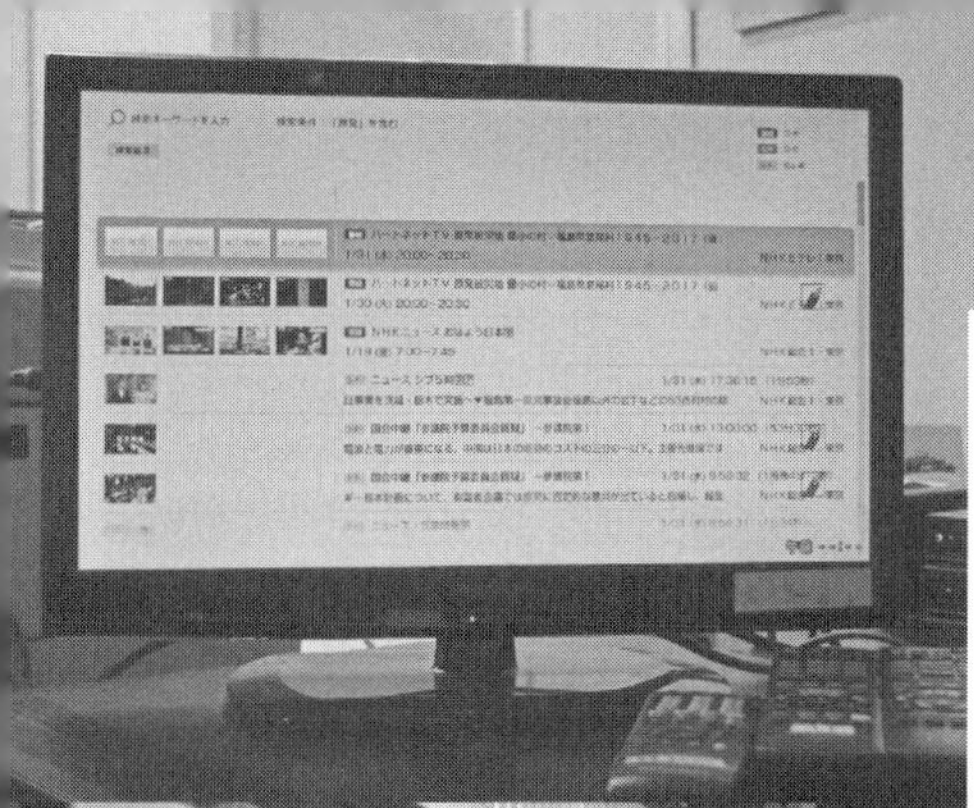

第二部　テレビアーカイブというメディアとその思想

第五章　原発震災のテレビドキュメンタリー

小林直毅

1　テレビの「遅さ」からテレビアーカイブの「遅れ」へ

震災報道の生中継の「遅さ」

人類が初めて経験することになった原発震災の始まりを、テレビはどのように語り、描いたのだろうか。じつはそこには、テレビを成り立たせ、特徴づけている技術の特性が如実に現れている。この章では最初に、テレビというメディアのどのような技術によって、原発震災の始まりがどのように表象されたのかを考えてみよう。

東日本大震災のテレビの初報の「速さ」は、発災までに放送されていた映像と音声の流れと、それが表象する出来事の流れの切断によって可能となった。地震が発生するまでのＮＨＫの放送では、『国会中継』が参議院決算委員会の審議の経過を、「いま」の出来事の流れとして描き、語っていた。この持続的な時間が、「国会中継の途中ですが、地震津波関連の情報をお伝えします」という言表によって断ち切られる。この切断こそが、テレビの震災報道の初報の「速さ」であった。

原発震災という人類史上初の災禍の始まりの初報もまた、テレビの映像と音声の流れと、それが表象する出来事の持続する時間の切断こそが、その「速さ」を可能にしていた。巨大津波の襲来とともに、NHKの報道では津波に襲われる東日本の太平洋沿岸各地の生中継の映像が流れていく。発災から約二時間が経過しようとしていた午後五時前には、浸水する北海道広尾町の沿岸地域が映し出されていた。

そこに、映像の流れが表象する出来事とは無縁の、「いま、原子力発電所にかんする情報が入ってきました」という言表が重なる。スタジオのアナウンサーは、「福島第一原子力発電所の情報です」とつづけた。そして、福島第一原発で原子炉の冷却に必要な非常用ディーゼル発電機が使えなくなり、「ただちに安全上の問題はない」ものの、原子力災害特別措置法に基づいて異常事態を伝える、いわゆる「十条通報」が行われたことが語られていく。いまのところ放射性物質が漏れるといった外部への影響はないと語る記者の説明にも、「ただちに安全にかかわるような状況ではない」という言表が現れる。生中継の映像の流れが表象する、東日本の沿岸各地に大津波が到達していく持続的時間を断ち切るこうした言表の出現こそが、原発震災の始まりを伝えるテレビの報道の「速さ」であったのだ。

スタジオのアナウンサーと記者が、福島第一原発の「十条通報」について語ったのは二分ほどである。この間の映像の流れは、北海道広尾町の映像から、津波によって浸水した福島県南相馬市の海岸地域の空撮映像へと切り替わり、さらに青森県八戸市の海岸にも津波が到達する映像に変わっていく。おそらく、八戸でも道路を越えて海水が押し寄せている状況が、「速さ」をもって語られなければならなかったのだろう。アナウンサーは、原発の「十条通報」を「ただちに安全にかかわるような状況ではありません」と説明する記者の言表をそこで断ち切り、つぎのように語った。「ご覧いただいているのは現在の青森県八戸市の様子です。また津波が押し寄せていまして、そして陸地の方に津波が流れ込んでいく様子です」。こうして東日本大震災を原発震災として決定づける初報もまた、短く断ち切られたのである。

生中継、生放送、あるいは実況放送とよばれる技術に注目して、テレビは「速報」のメディアだとしばしばいわれてきた。たしかに国会中継が見られていたとき、人びとは参議院決算委員会の経過を同時に経験していた。震災報道の生中継の映像が見られていたときにも、数多くの人びとが巨大津波の襲来を同時に経験して立ちすくんだ。しかし、国会中継の映像と音声の流れとなった時間は、参議院決算委員会というある特定の出来事の持続する時間からはけっして逃れられない。震災報道の生中継の映像と音声の流れも、巨大津波が何もかもを押し流し、飲み込んでいく衝撃が持続する時間からはけっして逃れられない。テレビの生中継、生放送の技術が可能にしているのは、「現実の時間とテレビの時間の同一化」(Eco 1967=1990 : 238) なのである。

だからこそ、国会中継の映像と音声の流れを断ち切らなければ、その最中に新たに生じた大地震を表象する映像と音声の流れの「速さ」は実現しない。巨大津波襲来の生中継の映像と音声の流れも断ち切らなければ、その最中に明らかになった福島第一原発の異常事態を語る言表の「速さ」は実現しない。生中継の映像と音声の流れは、「撮影された出来事の自律的な持続時間を短縮しえない」(Eco 1967=1990 : 238) のである。そのような意味で、ある特定の出来事の持続する時間から逃れられない映像と音声の流れを生み出す生中継は、テレビの「速さ」ではなく、「遅さ」の技術といってもよいだろう。

テレビドキュメンタリーの「遅れ」

東日本大震災の発災から間もないテレビの震災報道は、生中継の技術に多くを負っていた。しかし、テレビというメディアは、もうひとつの別の技術によっても成り立ち、特徴づけられている。それは、映像と音声によって出来事を記録する技術である。テレビ番組をよく見ると、出来事を記録した多くの映像や音声によって構成されていることが分かる。生中継の映像と音声の流れに注目が集まる震災の初期報道でさえ、地震発生当時の各地の光景を記録した映像と音声の流れの反復は少なくない。そして原発震災の時間が経過するにつれて、数多くのドキュメンタリー番組が制作され、放送されるようになる。そのようなテレビドキュメンタリーこそが、テレビを成り立たせ、特徴づけている記録技術によって可能になっていることはいうまでもない。

発災から半年以上が経った二〇一一年十月十六日、フジテレビ系列ではドキュメンタリー番組『3・11 あの時、情報は届かなかった』（以下、『3・11 あの時』）が放送された。この番組のなかで、三月十一日の福島第一原発「十条通報」の直後に、首相官邸で何が起きていたのかを、そのときの菅直人首相の補佐官であった寺田学がつぎのように証言している。

非常に深刻な顔で、たしか海江田（万里、経済産業）大臣と（原子力安全）保安院長だったと思いますが、報告にきたというのが記憶にあります。総理は、何度も本当にすべての電源が喪失されたのか、そのため用のディーゼルエンジンだってあるだろうということを一つひとつ確認して、本当にすべての手段がなくなっている報告を受けたときに、深刻な顔になっていました。

もとより証言という行為は、それによって語られる出来事からの「遅れ」である。福島第一原発の「十条通報」から半年以上の時間が経過した時期の寺田の証言は、「十条通報」直後の首相官邸での出来事を「遅れ」て到来させる言表である。そしてさらに、寺田の証言を記録した映像と音声の流れが見聞きされるとき、出来事としての寺田の証言はすでに時間の彼方に消え去っている。にもかかわらず、番組のなかで寺田が証言する表情に眼差しが向けられ、声に耳が傾けられている「いま」という時間に、彼の証言は「遅れ」て到来する。こうしてこのドキュメンタリー番組が見られるとき、「十条通報」を受けた後の首相官邸での出来事が二重に「遅れ」て到来することになる。

生中継の映像と音声の流れを人びとが見聞きすることで出来事を経験しているときには、映像と音声の流れが表象する出来事は人びとの経験と同時に存在し、経過している。あるいは、出来事が生中継の映像と音声の流れによって表象されるとき、それを見聞きする人びとも、その経験も、当の出来事と同時に存在し、経過していく。生中継では、映像と音声の流れが表象する出来事の持続的時間と、人びとがテレビを見ることで出来事を経験する持続的時間とは、「いま」という時間で逃れがたく結びついているのである。

これにたいして、出来事を記録した映像と音声の流れを見聞きすることで人びとが出来事を経験しているとき、映像と音声の流れが「いま」表象している出来事は、すでに時間の彼方に消え去っている。あるいは、出来事が映像と音声の流れとなって記録されているときには、撮影者や取材者を除けば、それを見聞きする人びとは不在で、映像と音声の流れはあとになってから見聞きされ、出来事もあとになってから経験される。いずれにしても、映像と音声が見聞きされている「いま」という時間に、出来事は過去から「遅れ」て到来する。(1)

人びとが映像と音声の流れを見聞きすることで記録された出来事を経験しているとき、映像と音声の流れが表象している出来事は、もはや「いま」にはない。テレビというメディアは、そのように時間の彼方に消え去った出来事を「いま」に到来させる、「遅れ」としての記録技術によっても成り立ち、特徴づけられているのである。あるいは、記録としてのテレビの映像と音声の流れは、あとになってから人びとがそれらを見聞きすることで経験する出来事を「先取り」しているといえるのかもしれない。

『3・11　あの時』が放送された二〇一一年十月には、福島第一原発で炉心溶融が起き、大量の放射性物質が撒き散らされるまでの経過はかなりの程度で明らかになっていた。その過程で、政府の事故対応の数々の重大な問題も指摘されている。しかも、この番組が放送される一ヶ月前に菅は首相の座を退き、放送当時の寺田は野田佳彦首相の補佐官の職にあった。そのような「いま」という時間に、発災当時の経産大臣が福島第一原発の危機的状況を深刻な顔で報告し、首相も深刻な顔になったという証言が、そう語る首相補佐官の映像の明証性をもって「遅れ」て到来する。

番組では、寺田の証言につづけて、発災当時の官房副長官福山哲郎が、官邸地下の危機管理センターの混乱ぶりを証言する映像と音声の流れも現れる。これが見聞きされる「いま」という時間に、福山の証言もまた、消え去った時間の彼方から「遅れ」て到来する。さらに番組では、これらの映像と音声の流れが、三月十一日午後十時前の会見で、原発三キロ圏内の避難指示を発表する当時の官房長官枝野幸男の映像へと連なっていく。そこで枝野は、「これは念のための避難指示でございます。放射能は現在、炉の外には漏れてはおりません」と語っていた。この言表もまた、原発震災の始まりから半年が過ぎた「いま」という時間によび戻され、「遅れ」て到来していることはいうまでもない。

寺田と福山の証言がいつ収録されたのかは定かではないが、三月十一日の枝野の会見よりもあとであることに疑問の余地はない。にもかかわらず、テレビの記録技術は、この二人の証言を原発三キロ圏内の避難指示を発表する枝野の会見に先立つ出来事として表象し、「遅れ」て到来させる。[2] それによって、官邸が福島第一原発の状態を深刻に受け止めながらも、混乱を来したままでの「念のための避難指示」を行ったことが描かれ、語られる。あるいは、寺田と福山の証言の場面は、この番組の放送当時の原発震災をめぐる「後知恵」(エピメティア)となって、「念のための避難指示」が発表されるまでの経過を「先取り」しているともいえるだろう。

出来事の記録としてのテレビドキュメンタリーは、消え去ってしまう出来事の流れと、それを表象する映像と音声の流れを、たんに保存しているだけではない。テレビの記録技術によって、出来事がこうして「遅れ」て到来することこそが、テレビドキュメンタリーを可能にしているのだ。

原発震災は、さまざまな困難を引き起こしつづけている。原発震災のテレビドキュメンタリーは、そうした困難を映像と音声の流れとして記録しつづけてきた。そして、人びとが原発震災のテレビドキュメンタリーを見る「いま」という時間には、さまざまな困難が、映像と音声の明証性、対象性をもって「遅れ」て到来しつづけている。その「遅れ」によって、どのような出来事が到来し、どのような原発震災の記憶が想起されてきたのだろうか。そして、今もなお進行中の原発震災の、どのような災禍の記憶が構成されていくことになるのだろうか。

「遅れ」の技術としてのテレビアーカイブ

テレビの記録技術は、さらにもうひとつの可能性を現しつつある。それは、時間の彼方に消え去ってしまうテレビ番組の流れも、番組を構成する出来事の流れも、それらを表象する映像と音声の流れも保存するテレビアーカイブの可能性にほかならない。生中継の技術に多くを負う発災直後の震災報道も、原発震災の時間が経過するなかで放送されたドキュメンタリー番組もテレビアーカイブには保存されていく。そして、消え去っていった震災報道も、ドキュメンタリー番組も、テレビアーカイブは任意の「いま」という時間に呼び戻すことができる。

テレビアーカイブでは、震災報道にも、原発震災を記録したドキュメンタリー番組にも、放送された年月日時がメタデータとして刻印されている。しかし、それらが呼び戻されるとき、生中継の映像と音声が表象する出来事も、ドキュメンタリー番組の映像と音声が記録した出来事も、かつて人びとに見聞きされた時間からは解き放たれ、「いま」という時間に「遅れ」て到来する。そのとき、忘れられようとしていた原発震災の記憶が想起されるだけではない。この「遅れ」によって、召喚された映像と音声が表象する出来事と、原発震災のさまざまな経験と知が相互に参照され、その意味を問い直すことが可能になるのだ。

発災直後の原発危機の記憶がまだ生々しい二〇一一年十月に、民放の全国向けのドキュメンタリー番組として『3・11 あの時』は放送された。そのような時期のテレビドキュメンタリーが、なす術もなく「念のための避難指示」が発表されるという原発震災の破局的事態を記録した言表と映像の出現領野であった。このことをテレビアーカイブは明らかにしてくれる。同時に、そうした危機の記憶が遠のきつつある「いま」という時間に、寺田と福山の証言も、枝野の会見も、かつてこの番組が見聞きされた時間からは解き放たれ、「遅れ」て到来する。そのとき、忘れられようとしていた、原発事故が引き起こす破局的事態の記憶が想起される。それだけではなく、このような「遅れ」によって想起された記憶が、原発再稼働が進む「いま」に至るまでの原発震災の経験と知を問い直しもするのだ。

人びとが地震の激しい揺れにおののき、巨大津波の生中継の映像に立ちすくんだ発災直後に、福島第一原発の「十条通報」は伝えられた。そのとき、原子炉の冷却に必要な非常用ディーゼル発電機が使えなくなる異常事態が、「ただちに安全上の問題はない」という言表とともに語られている。この報道が原発震災の始まりを告げる初報であったと先に述べた。しかしよく考えてみれば、これが放送された時点では、「十条通報」の報道が原発震災の第一報となることは分からない。テレビアーカイブは、放送年月日時を刻印された「十条通報」の報道を「遅れ」て到来させ、その後の原発震災の経過と相互に参照することを可能にする。そうした「遅れ」によって、事後的にこの報道が原発震災の初報になるのだ。あるいは、テレビアーカイブでは、「十条通報」の報道は、その後の原発震災の経過を「後知恵」とすることで、原発震災の始まりを「先取り」するようになるともいえるだろう。

原子炉の冷却に必要な電源を喪失するという異常事態を「ただちに安全上の問題はない」と語る言表の出現領野は、発災直後のテレビの震災報道だった。こうしたことも、記録技術としてのテレビアーカイブによって明らかになる。さらに、このような言表が出現していた発災直後の震災報道の映像と音声の流れと、その半年後に放送されたドキュメンタリー番組のなかの政治家たちの証言や会見の映像と音声の流れを、テレビアーカイブは接続することもできる。そして、原発震災の始まりを記録したこれら一連の映像と音声の流れが、「いま」という時間に「遅れ」て到来する。そのとき、原発震災の始まりはどのような意味としての出来事となって到来し、どのような記憶が想起され、再構成されていくだろうか。

テレビの震災報道は、「十条通報」を「ただちに安全上の問題はない」と語っていた。しかし同じ頃、原発の異常事態に直面した政治家たちは、「深刻な顔」をするほかになす術もない。数時間後、「ただちに安全上の問題はない」といわれていたにもかかわらず、福島第一原発三キロ圏の避難指示が発表される。それは、この国で長く騙られてきた「原発安全神話」が崩壊した瞬間だった。ところが、官房長官はテレビカメラの前で、崩れ落ちる「安全神話」にすがりつくように、あるいは「安全神話」を守ろうとするように、「これは念のための避難指示」だという。発災直後のテレビは、原発の危機を楽観的に語るこの種の言表の出現領野であったのだ。テレビアーカイブでは、原発震災の始まりはこのような破局的事態となって、「いま」という時間に「遅れ」て到来するのである。

「いま」では、時間の経過とともに、こうした原発震災の破局的事態の記憶は遠のきつつある。そして、原発の「世界でもっとも厳しい新規制基準」が喧伝され、原発再稼働が進められている。このような「いま」という時間に、テレビアーカイブによって想起され、再構成された原発震災の始まりの記憶が「遅れ」て到来する。そのとき、原発震災の記憶は、「原子力施設新規制基準」のもとでの原発再稼働を、新たな「原発安全神話」の始まりとして問い直すものになっていく。

テレビアーカイブでは、生中継の映像と音声も、ドキュメンタリー番組の映像と音声も、原発震災の記録としての意味が重ねられていく。つまり、テレビアーカイブとは、消え去ったテレビの映像と音声の流れを召喚し、忘却に抗って記憶を想起させ、さらにテレビの映像と音声の流れに記録としての意味を重ねていく技術なのである。そう考えると、原発震災をさまざまに記録したテレビドキュメンタリーとその映像と音声の流れは、テレビアーカイブによって、さらに記録としての意味を重ねていくことになるだろう。

初期被曝、内部被曝の不安。除染のできない森林、河川、海の放射能汚染。放射能汚染によって失われた生活基盤。長期の避難生活による地域住民の分断や地域社会崩壊の危機。原発震災のテレビドキュメンタリーは、こうした苦難を映像と音声の流れとして記録しつづけてきた。テレビアーカイブによって、原発震災のテレビドキュメンタリーは、さらにどのような記録としての意味を重ね、どのような記憶を想起させ、再構成していくのだろうか。そしてテレビドキュメンタリーの映像と音声が記録した出来事が「遅れ」て到来するとき、原発震災後の「いま」という時間がどのように問い直されていくだろうか。記録技術としてのテレビアーカイブによって、原発震災のテレビドキュメンタリーがどのような記録と記憶となりうるのかを考察してみることにしよう。

2 遅れ、あるいは「未来の物語」としてのチェルノブイリ

「いま」を問うチェルノブイリの記憶

「震災五年」を、あたかもひとつの区切りとするかのように、二〇一六年三月には、東日本大震災のその後を取り上げた数多くのテレビ番組が放送された。そのような熱が急速に冷めた同年十一月、ベラルーシから一人の女性が福島を訪れた。彼女は、二〇一五年にノーベル文学賞を受賞した作家、スベトラーナ・アレクシェービッチである。代表作の『チェルノブイリの祈り――未来の物語』は、彼女がチェルノブイリ原発事故の被災者や関係者を訪れては、語り合い、それを記録した作品で、一九九七年に公刊された。翌年には日本語にも翻訳されて多くの読者がいる。(3)

そのアレクシェービッチの福島への遅い訪問を取材したドキュメンタリー番組、『ノーベル文学賞作家アレクシエービッチの旅路～チェルノブイリからフクシマへ～』(以下、『アレクシェービッチの旅路』)が、NHK・BS1で放送された。それは、彼女の福島訪問からさらに遅れて、「震災六年」を迎えようとする二〇一七年二月十九日だった。

この番組は前編と後編から成る大型番組である。前編には『チェルノブイリの祈り』、後編には『フクシマ 未来の物語』の副題が付されている。前編は、アレクシェービッチの作品名と同じ副題からうかがえるように、記録文学ともよばれる『チェルノブイリの祈り』に登場した人びとのその後を、映像と音声によって記録したものである。そこには、作品公刊後の二〇〇〇年十一月にNHKが放送した『ロシア・小さき人々の記録』や、二〇〇五年八月放送の『ZONE～核と人間～』(以下、『ZONE』)といった、二〇〇〇年代のテレビドキュメンタリーの映像と音声が引用されている。まずは、『アレクシェービッチの旅路』前編のこうした特徴に注目して、この番組が

チェルノブイリ原発事故のどのような記憶を想起させ、どのような出来事が原発震災後の「いま」に遅れて到来するるのかを考察してみよう。

文学作品としての『チェルノブイリの祈り』は、チェルノブイリ原発事故後を生きる人びとの証言によって成り立っている。そこでは、一九八六年のチェルノブイリ原発事故から十年の時間を生きてきた人びとが経験した出来事が遅れて到来する。そして、この作品が公刊された一九九七年から、さらに数年後の証言を、それを語る人びとの映像の明証性をもって記録したのが、二〇〇〇年代のテレビドキュメンタリーなのである。

アレクシェービッチの文学作品で最初に登場する証言者は、リュドミラ・イグナチェンコである。彼女の夫は消防士で、事故直後のチェルノブイリ原発の消火活動にあたった。高線量の放射線を被曝した彼は、事故直後にモスクワの病院に移送され、二週間余りで亡くなっている。結婚後間もない二十三歳の若さで、しかも妊娠していた妻の、夫が亡くなるまでの日々の証言は壮絶以外の何ものでもない。高線量被曝による急性症状が進行する夫を間近で看病したリュドミラも被曝した。そして夫の死後二ヶ月で彼女は女の子を出産する。生前の夫とは、女の子が生まれたらナターシャと命名すると約束していた。しかし、心臓と肝臓に障害をもって生まれたナターシャは、生後四時間で死亡する。夫と娘の死後二年、二十五歳になったリュドミラは再婚して男の子を産む。アレクシェービッチの作品のなかの彼女の証言は、ここまでで終わっている（Alexievich 1997＝2011：1–28）。

リュドミラの息子の名前はアナトーリー・イグナチェンコ、愛称をトーリャという。二〇〇〇年代のテレビドキュメンタリーには、心臓と肝臓に重い病を抱えながらも聡明な少年に育った彼の証言と映像が現れる。かつてトーリャの母の証言に耳を澄ませたアレクシェービッチが、今度はトーリャのもとを訪れて、語り合う。二人は、晴れ渡った青空のもとで草原を歩き、小川を渡り、トーリャは川で釣りをする。そして岸辺に腰をおろし、語り合う。こうした映像の明証性をもってトーリャの証言を記録したのが、二〇〇〇年放送の『ロシア・小さき人々の記録』である。

当時十歳の少年は、原発事故による数多くの死を目の当たりにしてきた。アレクシェービッチは、多くの人が死んで、あなたは怖くないのかと問う。トーリャは、「もちろん、怖いです。でも、原因がわかる死です。逃げ場はありません」と答えた。

その後、十五歳になったトーリャの証言も、二〇〇五年放送の『ZONE』に記録されている。当時のトーリャは、ウクライナのキエフにある原発事故被災者集住団地で、母のリュドミラと二人で暮らしていた。彼は人間と科学技術の関係に興味を抱き、理系の学校に進学したという。『ZONE』で、トーリャはつぎのように語っている。「原発は、おそらく特定の人の利益のためには必要ですが、安全というものはすべての人に必要なものです。僕は安全の方が、はるかに良いと思います」。

物理学者のワシーリィ・ネステレンコも、文学作品としての『チェルノブイリの祈り』にその証言が記録されている。原発事故当時、彼はベラルーシ科学アカデミー核エネルギー研究所長だった。ネステレンコは事故直後、ただちに住民にヨウ素剤処置をとる必要があること、原発付近の全住民と家畜を一〇〇キロ圏外へ避難させることを、ベラルーシ中央委員会第一書記に繰り返し要請していた。「しかし、私たち、科学者や医者のいうことに耳をかす者はいませんでした」と彼は証言する。つづけて、つぎのように語った。「科学も、医学も、政治にまきこまれていたんです。（中略）忘れちゃならないのは、こういったことすべてが起きた背景にあった意識、あの当時、一〇年前の私たちがどんな人間であったかということです」（Alexievich 1997＝2011 : 239）。

ネステレンコたちは、放射能汚染地図を作成した。その地図では、ベラルーシの南部全体が赤くなった。にもかかわらず、政治の無策と情報の隠蔽はつづく。そうした彼の証言をアレクシェービッチの作品は記録している。ネステレンコは、「いま、この真実とともに、いかに行動すべきなのか？　もし、ふたたび爆発すれば、同じことがくり返されるだろう」（Alexievich 1997＝2011 : 244–247）と語った。

その後もつづく苦難と苦悩を、ネステレンコは二〇〇〇年放送の『ロシア・小さき人々の記録』のなかで語りつづけている。このとき、彼はすでに科学アカデミーを辞め、民間のベラルド放射能安全研究所を立ち上げ、所長として汚染地域の子どもたちの被曝状況の調査をつづけていた。ネステレンコは、ベラルーシ南部が赤くなった汚染地図や線量の数値をアレクシェービッチに示して、牛乳の汚染状況は「原発から二〇〇キロでもひどいです」、「子どもたちの内部被曝は牛乳がおもな原因です」と語る。つづけて、チェルノブイリ原発から二〇〇キロ以上離れたベラルーシのオリマニで、体内の放射線量を測定する装置を使って調査をつづけるネステレンコらの映像が流れていく。それに重なるナレーションは、子どもの許容数値は五〇ベクレルとされているが、その五倍以上の数値が測定されたと語った。

『ロシア・小さき人々の記録』には、体内の放射線量が増加しつづける子どもの家をネステレンコたちが訪れる場面も現れている。訪れたのは、両親と子ども五人の貧しい農家だった。ネステレンコは、父親に「お宅の牛乳の汚染度はとても高い。大変危険です」と説明する。しかし、農家の下働きで生計を立てているこの家族にとって、安全な食料を買う収入はないとナレーションは語る。放射能で汚染された牧草を食べるこの家の乳牛、汚染された牛乳を飲むこの家の小さな女の子、母親と五人の子どもの映像が流れていく。母親は、「子どもたちには、朝晩牛乳を与えています。ええ、汚染されているのは分かっています。どうすることもできないんです」という。そして、夕暮れに焚火の煙が流れるベラルーシの広大な農地の映像に、つぎのように語るアレクシェービッチの声が重なった。

汚染された家で土地を耕し、子に牛乳を与えなければ生きてゆけない人びとがいます。これは世界の中に出来たもうひとつの世界。私たちの世界の身代わりなのです。そこに通うたび、私は考えました。過去ではなく、未来のことを。(4)

『ロシア・小さき人々の記録』、『ZONE』といったテレビドキュメンタリーは、こうして、アレクシェービッチの作品が記録した出来事を、二〇〇〇年代に遅れて到来させる。それは、文学作品が遅れて到来させたチェルノブイリ原発事故後を生きた人びとの記録と記憶の、さらに二〇〇〇年代という時間への二重に遅れた到来である。と同時に、そこには、チェルノブイリ原発事故後十年という時間を越えて、二〇〇〇年代になってもつづく苦難と苦悩を表象する言表と映像が出現している。そのような映像と音声を、原発震災後六年の「いま」という時間に、さらに遅れて召喚するのが、二〇一七年二月に放送された『アレクシェービッチの旅路』前編なのである。そこでは、かつてのテレビドキュメンタリーの映像と音声が記録し、想起させたチェルノブイリ原発事故の記憶が、またさらに遅れて想起される。このようなチェルノブイリ原発事故の記録と記憶のいくつもの遅れこそが、原発震災後の「いま」を問い直しているのだ。

「未来の物語」の出現領野

文学作品が記録したチェルノブイリ原発事故後十年の時間を越えて、果てしなくつづく苦難と苦悩を記録したのが、二〇〇〇年代のテレビドキュメンタリーであった。それは、チェルノブイリ原発事故の記録であると同時に、その記憶を想起させる言表と映像の出現領野が、二〇〇〇年代のテレビドキュメンタリーであったことも意味している。これを明らかにしてくれるのが、『アレクシェービッチの旅路』前編のもうひとつの特徴である。それでは、二〇〇〇年代のテレビドキュメンタリーは、チェルノブイリ原発事故の記録を遅れて到来させ、その記憶を想起させる言表と映像の、どのような出現領野であったのだろうか。

アレクシェービッチの作品が翻訳され、ひろく読まれるようになったのは一九九八年以降である。それは、この国の原子力開発が、「事故・事件の続発と低迷・動揺の時代」という全般的な特徴づけができる」（吉岡 2011 : 245）時期とちょうど重なる。「原子力災害リスクについて、日本では一九九〇年代以降、二～三年ごとに大きな事故・事件が起き、そのたびに国民の懸念が高まった」（吉岡 2011 : 345–346）ともいわれる。二〇一一年の原発震災に至るまでのこの時期に、原発、原子力施設のどのような事故や事件がつづいたのかをたどってみよう。

たしかに、一九九五年の高速増殖炉もんじゅナトリウム漏洩火災事故、一九九七年の動燃東海村再処理工場火災爆発事故、一九九九年の東海村JCOウラン加工工場臨界事故（以下、東海村臨界事故）、二〇〇二年の東京電力等の原子炉損傷隠蔽事件、二〇〇四年の関西電力美浜3号機配管破断事故、二〇〇七年の北陸電力・東京電力臨界事故隠蔽事件と、事件、事故は続発している。さらに二〇〇七年には、新潟中越沖地震によって東京電力柏崎刈羽原発が被災して、微量の放射能を含む使用済み核燃料プールの水の流出、ヨウ素等の放射能の放出、所内変電所の火災といった事故も発生した（吉岡 2011：346–347）。

なかでも、一九九九年の東海村臨界事故では、二名の作業員が急性放射線障害で死亡している。臨界状態が約二〇時間つづき、事故発生から五時間後に二五〇メートル圏内の住民約一五〇人に避難勧告が出され、その後さらに、一〇キロ圏内の住民約三一万人に屋内退避勧告が出された（吉岡 2011：289）。それでも周辺住民六六三人が被曝している（七沢 2005：232）。東海村臨界事故は、「急性放射線障害で二名の従業員が死亡した点と、多数の周辺住民の避難が実施された点において、日本の原子力開発利用史上初めての深刻な事故となった」（吉岡 2011：287）。この事故を契機に、一九九九年十二月に制定されたのが、原子力災害特別措置法（原災法）である。原発震災では、その一〇条に定められた原子力施設の異常事態の国への通報、いわゆる「十条通報」が行われている。それは、二〇〇〇年の原災法施行後初の事態だった。

東海村臨界事故をめぐっては、作業員の一人が東京大学病院に移送されて死亡するまでの被曝治療を記録したドキュメンタリー番組が放送された。それは、二〇〇一年五月にNHKが放送した『被曝治療83日間の記録〜東海村臨界事故〜』（以下、『被曝治療の記録』）である。このドキュメンタリー番組は、被曝治療にあたった医師、看護師らの証言と映像を中心に構成されている。そうした映像と音声の流れは、アレクシェービッチの作品に記録されたリュドミラの証言を想起させずにはおかない(5)。

しかし、こうした高線量被曝による急性放射線障害に焦点化して、その記憶を想起させるような映像と音声だけが、二〇〇〇年代のテレビドキュメンタリーに出現していたわけではない。東海村臨界事故へと至るいくつもの要因の複雑な折り重なりに迫ろうとするドキュメンタリー番組も放送されている。それは、NHKが二〇〇三年十月に放送した『東海村臨界事故への道』である。

この番組のディレクターであった七沢潔は、調査報道の取材記録と資料をもとにした著作で、東海村臨界事故がけっして特殊な事例ではないと指摘する。この事故は、「バケツ」でウラン溶液を製造したり、許認可に違反した作業を行ったり、さらには「裏マニュアル」まで作るほどに杜撰、かつ悪質な特殊な場所で起きた、特殊な事故だとしばしばいわれた。しかし七沢は、一九九五年の高速増殖炉もんじゅの事故が、もともと多くの注意が払われず、事故の想定もされず、安全対策も不足した周辺的な部署で起きていることに注目する。さらに、東京電力が自主検査データを改竄して、炉心隔壁のひび割れを隠蔽していたことが明るみに出た二〇〇二年の事件や、関西電力美浜3号機で基準以下の肉厚の配管が破損し、蒸気が噴出して作業員が死亡した二〇〇四年の事故にも注目してみる。そうすると、いずれも「経済効率を優先するため、安全基準に違反する行為」による事故であって、そうした行為が、東海村臨界事故と同様に「日常的に原子力産業のあちらこちらで行われて」いたことが見えてくる（七沢 2005 : 212–213）。

電力自由化が日程にのぼり、「電力各社の原子力発電にも市場競争力が求められるようになってきた」のが二〇〇〇年代である。そうしたなかで、「原発には一つの損傷もあってはならない、というそれまでの無謬神話に代えて、少々の傷があっても稼働を続けるアメリカ型の「稼働率が高く効率的で経済性が高い」運転に切り替えていこう」とする動きが広がる（七沢 2005 : 219）。その結果、核燃料サイクルのごく一部を担っていたJCOのような原子力施設や、高速増殖炉もんじゅや関西電力美浜3号機の二次系配管のように、周辺的と思われる部分の安全がないがしろになって事故が起こる（七沢 2005 : 212）。

にもかかわらず、このような「普遍性のある出来事を「特殊」に押し込めて排除しようとする」力学がしばしば働く。チェルノブイリ原発事故も、原子炉の構造的欠陥と、それを運転員が十分に知らされていなかった情報伝達の欠如がおもな原因であった。しかし当初は、「運転員の信じられない規則違反」が事故原因とされていた。事故を特殊な「原因」に還元して、普遍的な原因を潜在化しようとする力学が働いていたのである。しかも、この国では、チェルノブイリ原発事故そのものを、ソ連型原子炉の特殊性による事故へと還元して、「日本ではあんな暴走事故は起こらない」とまでいわれた。しかし、一九九〇年代後半から原発震災までに相次いだこの国の原発、原子力施設の事故は、「決して「特殊」な事故ではなく、どこでも起こりうる構造をもっている」事故だった（七沢 2005 : 213–214）。

『ロシア・小さき人々の記録』、『被曝治療の記録』、『東海村臨界事故への道』、『ＺＯＮＥ』といったテレビドキュメンタリーは、原発、原子力施設の事故を、けっして特殊なものには還元できない普遍的なものとして記録している。そこには、急性放射線障害で人間の生命が失われていく惨状を遅れて到来させる言表と映像が出現する。あるいは、放射能汚染によって生活が根こそぎ奪われる人間の姿を遅れて到来させる言表と映像が出現する。

人間が作り出した核エネルギーは、人間が立ち入ることのできない区域、すなわち「ゾーン（立入禁止区域）」を生み出す。広島、長崎、世界各地の核実験場、チェルノブイリ、東海村ＪＣＯとその周辺と、「軍事利用」であれ、「平和利用」であれ、空間的、時間的なひろがりはさまざまであっても、いくつもの「ゾーン」が地球上に生み出されてきた。その歴史を、核エネルギーと人間との関係の普遍性として遅れて到来させる言表と映像が出現するのが、二〇〇五年放送の『ＺＯＮＥ』である。

この番組の終盤に、ドイツの旧カルルー高速増殖炉の映像とそれを説明するつぎのような言表が現れる。「多額の国家予算をかけて建設されたドイツの高速増殖炉は、稼働直前廃止となり、いまは遊園地となっています」。この言表と映像は、人間が核エネルギーの利用を止めたとき、「ゾーン」がなくなることを意味している。逆に、人

画像１　稼働直前に廃止となり，いまは遊園地になっているドイツの旧カルルー高速増殖炉（NHK『ZONE ～核と人間～』2005 年 8 月 7 日放送より）

間が核エネルギーとの結びつきを断ち切らないかぎり、「ゾーン」が生み出されることも意味している。核エネルギーと人間との関係のこの普遍性を、遊園地風に塗装された旧カルルー高速増殖炉の建造物の映像と、そこで遊ぶ子どもの声が象徴しているのかもしれない（画像1）。

『ZONE』では、「石棺」となったチェルノブイリ原発の映像に遅れて、旧カルルー高速増殖炉の映像が現れる。あるいは、メディア環境に反復して現れつづけてきたチェルノブイリ原発の映像に遅れて、旧カルルー高速増殖炉の映像が現れると考えてもよいだろう。このチェルノブイリ原発と旧カルルー高速増殖炉との差異と遅延、すなわち差延（différance）こそが、核エネルギーと人間との関係が「最終的に保っている還元不能なもの」を到来させるのだ。[6]

チェルノブイリのような原発事故は、日本の原発ではありえないといわれた。しかし、この国でも原発、原子力施設の事故は相次ぎ、人びとは懸念を募らせる。ところが、こうした事故は特殊な原因に還元して語られる。そうではなくて、チェルノブイリ原発事故も、この国で相次いだ事故も、核エネルギーと人間との抜き差しならない結びつきがつづくかぎり引き起こされる普遍的な事故なのである。それが現実になったときの苦難と苦悩の記録を遅れて到来させる言表と映像が、原発震災前の二〇〇〇年代のテレビドキュメンタリーにはたしかに出現していた。そしてさらに、このことを遅れて明らかにしてくれるのが、原発震災後六年が経過して放送された『アレクシェービッチの旅路』前編にほかならない。それができるのは、このドキュメンタリー番組が、二〇〇〇年代のテレビドキュメンタリーに出現していた言表と映像を、原発震災後の「いま」にさらに遅れて召喚するからなのだ。

チェルノブイリ原発事故の記録と記憶のいくつもの遅れによって、原発震災後六年の「いま」を問い直そうとする『アレクシェービッチの旅路』前編の、このようなテレビアーカイブ的な特性は注目されてよい。と同時に、この遅れが、悔恨を喚起することも忘れてはならない。この番組の終盤、いまも廃炉にすることができずに「石棺」のままのチェルノブイリ原発の夕陽を背にした映像に、つぎのように語るアレクシェービッチの声が重なる。

私の本の副題「未来の物語」は非難され、事故は二度と起こらないといわれました。しかし、「残念ながら起こりうる」と思っていました。日本でこういわれたこともあります。「いい加減なロシア人だから事故は起きた。日本ではすべてが計算済みです」。思い出すのは、チェルノブイリの立入禁止区域で日本の学者たちと出会ったときのことです。「あなた方は、ここで何をしているのですか」と私が尋ねると、彼らの一人はこう答えました。「未来の準備をしている」。

「未来の物語」が現実になった福島を、遅れて訪れたアレクシェービッチは、どのような人びとと、何を語り合ったのだろうか。そして、その訪問を記録したテレビドキュメンタリーは、原発震災後の「いま」の何を、どのように問うことになるのだろうか。

3　遅れてきた訪問者のテレビドキュメンタリー

原発震災がもたらす「ゾーン」と死

『アレクシェービッチの旅路』後編は、『フクシマ　未来の物語』の副題のとおり、二〇一六年十一月のアレクシエービッチの福島訪問を記録したドキュメンタリー番組である。番組の冒頭のナレーションが、ベラルーシからの訪問者にとって、「福島への旅は五年越しの念願だった」と語る。アレクシェービッチは、かつてチェルノブイリでそうしたように、原発震災の被災者を訪れては、語り合い、それを記録していく。この遅れてきた訪問者の福島への旅を記録し、それを原発震災後六年の「いま」に到来させたのが、『アレクシェービッチの旅路』後編である。

この番組を構成する出来事の流れのなかで、彼女が最初に訪れたのは南相馬市小高区だった。福島第一原発から約一六キロのこの町では、原発事故後、約一万二〇〇〇人の住民のすべてが町を離れ、五年後のこの年の夏、避難指示が解除されたとナレーションが説明する。運行が再開された常磐線の小高駅でアレクシェービッチを出迎えたのは、元小高商業高校校長の齋藤貢一である。彼は駅頭に立って震災直後の駅前の写真を示しながら、小高は、地震、津波、そして原子力災害による放射線という三つの被害を受けたと語った。

小高商業高校には、津波に飲まれて一晩中海を漂い、翌日、奇跡的に生還できた女子生徒がいた。その生徒の経験から、津波に原発事故が重なると、救えなくなる命があることに気づいたという齋藤は、アレクシェービッチにつぎのように証言している。

夜の海のなかで、赤ちゃんの泣き声とか、助けを求める声とか、そういう声が耳に焼き付いて離れないらしいんですよ。その生徒は、たまたま（原発から）二〇キロの外の、避難しなくてもいい場所に流れ着いたので助かりましたが、二〇キロ圏内は、すぐ避難ということになってしまいましたので、見捨てざるをえない命があったんじゃないかなあといっています。

原発事故がなかったならば、津波で流されて生還してきていた人たちの命は救えたかもしれないんです。ですから、隣の浪江町に住んでいる方々には、救えなかった命があるということの悔しさ、そういう気持ちをもっていらっしゃる方がたくさんいらっしゃいます。

このように齋藤が語る間に、「この先、帰還困難区域につき通行止め」と書かれた看板の立つ富岡町、浪江町の写真、「東日本大震災慰霊」と彫られた石碑の立つ、やはり浪江町の映像が現れる。そしてこの映像の流れは、アレクシェービッチの悲しい表情の顔のクローズアップにつづいていく。

原発震災がもたらした死の記憶を想起させるのが、齋藤の証言であることはいうまでもない。同時にそれは、かつて南相馬で起きたこの破局的事態を、悲しみの情動さえも生成する映像の明証性をもって、原発震災後の「いま」に遅れて到来させる。(7) それに加えて、テレビアーカイブは、『アレクシェービッチの旅路』後編のこの場面に、原発震災による死の記録としての意味をさらに重ねていくことができる。なぜなら、テレビアーカイブは、この場面の映像と音声の流れに、さらに他の映像と音声の流れを接続することができるからだ。そうすることで、齋藤の証言とその映像だけではなく、接続される他の映像と音声の流れも、原発震災の記録としての意味を重ねていく。

ここで、発災直後の震災報道にあって、津波の生中継の映像とその衝撃を語る言表の流れを断ち切り、「速さ」をもって伝えられた福島第一原発「十条通報」の報道がテレビアーカイブに保存されていることを思い出してみよう。この報道では、「十条通報」は「ただちに安全上の問題はない」と語られていた。これが、東日本大震災を原発震災と決定づけた出来事の初報であったことは、テレビアーカイブによって事後的に明らかにされている。じつはそこに、津波に飲み込まれていく南相馬の海岸地域の空撮による生中継の映像が出現していたのである。

津波の報道では、南相馬の生中継の映像は、相次いで津波が襲来する各地の映像のひとつとして偶然現れたにすぎないのだろう。しかし、テレビアーカイブは、その南相馬の映像が、「十条通報」を「ただちに安全上の問題はない」と語る言表とともに出現していたことを偶然のままにはしない。それは、テレビアーカイブが、南相馬の映像が現れているこの原発震災の始まりの報道を召喚し、『アレクシェービッチの旅路』後編のなかの齋藤の証言と映像に遅れて到来させ、接続することができるからだ。

「十条通報」が報道されていたとき、南相馬の海岸地域は津波に飲み込まれていた。そのとき国に報告された福島第一原発の異常事態は、「ただちに安全上の問題はない」といわれた。ところが、その数時間後からは、原発三キロ圏、一〇キロ圏、二〇キロ圏と拡大していく避難指示区域、すなわち立入禁止区域《ゾーン》が生み出される。津波に飲み込まれながらも、幸運にも原発二〇キロ圏の外に流れ着いた南相馬の女子高校生の命は救われた。しかし、拡大する避難指示が、津波に飲み込まれながらも生還できた人びとに救援の手を差し伸べないまま、彼ら、彼女らを見捨てて死に至らしめる「ゾーン」を、南相馬、富岡、浪江に生み出したのである(8)。

原発震災によるこのような死こそが、原発の異常事態を「ただちに安全上の問題はない」と語る言表とともに、津波に襲われる南相馬を記録した映像を召喚し、齋藤の証言と映像に接続することで遅れて到来する出来事にほかならない。あるいは、「十条通報」を語る言表と南相馬の生中継の映像は、齋藤の証言を後知恵として、原発震災がもたらす死の始まりを先取りしているといえるのかもしれない。いずれにしても、齋藤の証言と映像も、南相馬を襲う津波の生中継の映像も、「十条通報」を「ただちに安全上の問題はない」と語る言表も、原発震災がもたらす不条理な死の記録としての意味をこのようにして重ねていく。

浪江町にも、原発震災による死をもたらす「ゾーン」が生み出されていたと齋藤は証言していた。テレビアーカイブは、これを裏付ける証言と映像を、二〇一一年十月放送のドキュメンタリー番組『3・11　あの時』から召喚することもできる。当初は原発三キロ圏だった避難指示が、翌十二日午前六時前には浪江町を含む一〇キロ圏に拡大される（さらにその後、二〇キロ圏にまで拡大される）。その頃、浪江町には、津波に襲われ、瓦礫の下で助けを求める人が多くいた。しかし、「念のための」避難指示は、助けを求める人びとを見捨てて、そこを「ゾーン」にせよという指示以外の何ものでもなかった。『3・11　あの時』のなかの浪江町長馬場有の証言と映像を、あらためて確認しておこう。

屋根の上から、助けてくれという声が聞こえるんだそうです。これは相当生存者がいると。だから、後ろ髪を引かれるように、私どもはこちらの方に避難してきていますよ。あれがなければ、生存していた方、かなりいらっしゃったと思いますよ。

いやあ、これは、本当につらかったですよ。いま、三十何体（遺体が）あがっていませんからね。[9] 本当に、申し訳ないなという気持ちだったですね。

こう語られる間に、一階が倒壊して、かろうじて二階が原型をとどめる住宅の窓からカーテンが風にたなびいている映像につづいて、証言する馬場の映像が流れていく。「本当につらかったですよ」と語ったところで声を詰まらせ、涙を流す馬場の顔が、わずかにクローズアップになる。『3・11 あの時』にも、「ゾーン」を生み出し、死をもたらす原発震災の破局的事態を、情動も生成する映像の明証性とともに遅れて到来させ、その記憶を想起させる言表がたしかに出現していたのだ。テレビアーカイブは、それを原発震災後六年の「いま」にさらに遅れて到来させ、『アレクシェービッチの旅路』後編に現れた齋藤の証言と映像に接続する。

『3・11 あの時』のなかの馬場の証言は、浪江町長として経験した原発震災による死を、その記憶もまだ生々しい原発震災半年後に遅れて到来させた。そこに現れたのは、馬場がみずからの経験を語ったときの情動、すなわち感情イメージとしての彼の涙を流す顔のクローズアップである。それらが、テレビアーカイブによって原発震災後六年の「いま」にさらに遅れて到来し、『アレクシェービッチの旅路』後編に現れた齋藤の証言と映像に接続される。一方で、『アレクシェービッチの旅路』後編での齋藤の証言は、彼が聴いた女子高校生の経験を原発震災後六年の「いま」に遅れて到来させる。そこに現れるのは、南相馬を遅れて訪れたアレクシェービッチが齋藤の証言に耳を傾けたときの、六年の時間を経ても生成する情動、すなわち感情イメージとしての彼女の顔のクローズアップである。

馬場の証言と映像、その感情イメージと、齋藤の証言と映像、それを聴くアレクシェービッチの感情イメージとの間のこのような差異と遅延は、原発震災後の「いま」という時間に何を到来させるのだろうか。馬場は「あれがなければ」といい、齋藤も「原発事故がなかったならば」という。齋藤も、馬場も、原発事故による避難さえなければ救われた命があったと語っている。そしてそこには、馬場の顔、アレクシェービッチの顔のそれぞれのクローズアップからは独立できないが、しかし、それを表現する個々の顔のクローズアップからは区別される情動が生成する。[10] それは、原発がひとたび事故を起こせば人間の立入禁止区域、すなわち「ゾーン」が生み出され、救われるはずの命も奪われるという破局的事態と、そこに生成する情動なのだ。これこそが、原発震災による死が「最終的に保っている還元不能なもの」にほかならない。

テレビアーカイブはこうして、原発震災が生み出す「ゾーン」がもたらす死の記録を、原発震災後の「いま」に遅れて到来させ、その記憶を想起させる。たしかにそれは、忘却されつつある原発震災による死の記憶を想起させる記録の、テレビアーカイブによる再構成といってもよい。同時に、いくつもの差異と遅延によって到来するのは、「原発事故さえなければ救えた命があり、原発事故は救えたはずの命を奪う」という、原発震災による死が「最終的に保っている還元不能なもの」なのである。そしてそれは「未来の物語」となって、「原子力施設新規制基準」という新たな安全神話のもとで原発再稼働に前のめりになっている「いま」を問い直さずにはおかない。

飯舘村とチェルノブイリの「未来の物語」

『アレクシェービッチの旅路』後編には、飯舘村の酪農家として五〇頭以上の乳牛を飼っていた長谷川健一を訪ねて、その証言に耳を澄ませるアレクシェービッチの姿も現れている。飯舘村は、福島第一原発から三〇〜四五キロ圏の阿武隈山地にあって、原発立地自治体ではない。原発交付金に頼らないこの村は、「むしろ原発とは対極にあるような「手間ひまをかける」の意で「までい」を標語に、持続可能な村づくりや、スローライフの試みを実践してきた村として知られる」。その飯舘村が、年間の積算線量が二〇ミリシーベルトに達する恐れがあるとして、発災後一ヶ月余りが経った二〇一一年四月二十二日に「計画的避難区域」に指定され、五月末日までの全村避難を国から指示されたのである（豊田 2011 : 35）。

長谷川は、避難先の仮設住宅から、原発震災後六年が経過しようとしている飯舘村へアレクシェービッチを案内した。番組には、彼の家の外観の映像が現れる。それは、除染で生じた汚染土を詰めたフレコンバックの山に対峙するように森林を背にして建ち、多くの乳牛を飼育していた酪農家らしい大きな構えの木造の家である。この映像に、計画的避難区域に指定されるまでの出来事を語る長谷川の声が重なった。「国からの指示がある前には、高名な大学の先生が来て、「大丈夫だよ」といっているわけだから、その結果、避難をした人たちも戻ってきちゃったんです」。

これにつづけて、長谷川が発災直後に経験した苦難を、原発震災後六年の「いま」に遅れて到来させる言表と映像が出現する。長谷川の家に案内されたアレクシェービッチは、敷地のなかの広い空き地を指して、「ここは何だったんですか」と問う。長谷川は、「ここに牛舎があって、いまはもう解体しちゃった。ここで酪農を再開するっていうのは無理だから、牛舎のなかにあった搾乳機械とか、そういうのも全部処分しちゃいました」と答えた。そのあとに、原発事故直後からの出来事をつぎのように語るナレーションがつづく。

> 最初の爆発事故から一週間が過ぎた三月十九日、飯舘村の牛乳が基準値の一七倍に汚染されていることが判明。出荷制限がかけられ、乳は捨てるしかなくなった。搾っては捨て、搾っては捨てる毎日が始まった。やがて出された殺処分の指示。酪農仲間が集まって、一頭一頭、牛の尻を押した。

この間、当時の長谷川の苦難を記録した映像が現れる。いまは解体されてしまった長谷川の牛舎で餌を食べる乳牛、牧草地に掘られた穴に音を立てて捨てられる原乳、その傍らに立つ長谷川、酪農家たちに押されてトラックの荷台に登る乳牛の映像が流れていく。そして、「一頭一頭、全部思い出があるんだよ」といって涙ぐみ、服の袖で涙を拭う長谷川の顔がクローズアップになった。

かつては両親、子、孫の四世代八人が暮らし、いまも手入れの行き届いている家のなかに案内されたアレクシェービッチは、「このような家を去ることはとてもつらかったでしょう」と問う。長谷川は、「孫たちは学校に行くときに、必ず牛舎に顔を出して、牛にたいしても「行ってきます」と声をかけて行った」と原発震災までの暮らしの一端を語る。「事故後に起きたすべてのことをどう思っていますか」というアレクシェービッチの問いに、長谷川は「事故の直後から、村の対応、国の対応、そういうものにたいして批判をしています」と答えた。

こうした言表と映像は、飯舘村の酪農家として、長谷川が経験した苦難の記憶を想起させながら、それを原発震災後六年の「いま」に遅れて到来させる。それでは、彼が暮らしてきたこの村は、原発震災によって、どのような出来事を経験したのだろうか。その数々がテレビドキュメンタリーに記録されている。原発震災に翻弄された飯舘村の記録を、テレビアーカイブによって召喚してみよう。

風に乗って福島第一原発から飛来した放射性物質によって、原発から三〇キロ以上離れた飯舘村も汚染されたことを、国は早くから知っていた。そして、事故後五日目には放射線量の測定を始めていた。ところが、国はその測定結果を住民には直接伝えない。こうした国による放射線量の測定とは別に、京都大学原子炉実験所の今中哲二が「飯舘村周辺放射能汚染調査チーム」を組織して、三月二十八日と二十九日に飯舘村の放射線量を測定していた。今中らは、「びっくりするぐらいの放射線量のなかで、村の人たちがごく普通に暮らしているのを見て、まさに唖然としながら」（今中 2012 : 31）測定をつづけている。三月二十八日にある地点で測定したところ、放射線量は三〇マイクロシーベルト／時だった。今中は、研究用原子炉のような二〇マイクロシーベルト／時以上の高線量率区域が放射線管理区域とされていることを例示して、この線量の高さを説明している（今中 2012 : 63–64）。

飯舘村の放射線量を測定する今中らの調査チームの動向を、いくつかのドキュメンタリー番組が記録している。そのひとつが、二〇一一年五月十五日にNHKで放送された『ネットワークでつくる放射能汚染地図〜福島原発事故から2ヶ月〜』(以下、『放射能汚染地図』)である。この番組は、まとまったドキュメンタリー番組としては初めて、本格的に原発震災による放射能汚染の実態を描き出したものである。そこに、飯舘村の放射線量を測定する今中らのチームの姿がとらえられていた。

その場面では、この調査チームが、村役場の協力のもとで村内の汚染状況の全貌をつかもうとしていたことがナレーションによって説明される。つづけて、測定の方法と、明らかになった飯舘村の放射能汚染の実態が語られていく。今中らは、村内の主要道路から一三〇ヵ所の地点を選んで放射線量を測定して汚染マップを作成し、土壌のサンプルも採取して放射性物質の種類も特定していった。汚染の深刻さは調査チームの予想を越えていた。

番組には、線量計を手にして、測定値を「一四」、「三〇」(マイクロシーベルト/時)と読み上げていく今中の映像と声、チームのメンバーである広島大学の遠藤暁が土壌サンプルを採取する映像も出現する。放射能汚染の実態を「現実とは思えない」という今中は、「私は、いま、ここで起きている汚染がどういうものかをきちんと測定して、記録する、そして歴史に残す。これが僕の仕事です」と語った。こうした映像と音声の流れのなかに、農道で犬の散歩をする住民の姿も現れる。テレビドキュメンタリーには、今中を唖然とさせた、驚くほどの放射線量のなかで普通の暮らしをしていた住民の姿も、映像となって記録されていたのである。

『放射能汚染地図』は、取材を始めてから一ヶ月以上が経過した五月に放送された。この遅れこそが、発災後二ヶ月が経過して徐々に日常が戻りつつあるメディア環境に、原発三〇キロ圏外の飯舘村の放射能汚染を明らかにする言表と映像を出現させたのである。それだけではなく、この遅れによって、四月上旬に発表された、調査チームの報告書の内容も紹介されることになった。報告書に含まれる汚染マップ、すなわち放射能汚染地図は、飯舘村の汚染の深刻さを可視的に明らかにしている。それによれば、汚染は飯舘村の全域に及び、とくに南部の放射線量の値が高い。土壌からは、採取地点のすべてで、半減期三〇年のセシウム137が検出された。ナレーションは、「汚染の長期化は、農業が盛んな飯舘村にとっては死活問題です」と語っている。

もうひとつ、今中らによる飯舘村の調査を記録しているドキュメンタリー番組に注目してみよう。それは、TBS系列のシリーズ番組「報道の魂」の一番組として、二〇一一年九月に放送された『その日のあとで〜フクシマとチェルノブイリの今〜』(以下、『その日のあとで』)である。この番組は、今中を、チェルノブイリ原発事故を研究してきた専門家として紹介している。彼は、福島に出発する前に、現地で放射線量の測定をすることの意味をつぎのように語った。

事故が始まってから二週間の段階で、周辺の避難されている村の放射線量がどれくらいであるかと、きちんと測っておく必要がある。(中略)私自身の頭のなかに、チェルノブイリのときの放射線量がありますから、それと比較することによって、その事故の規模をはっきりと示すことができるんじゃないかと。

番組には、飯舘村に向かう今中の映像と音声の流れが現れる。ナレーションが、飯舘村は緊急避難区域ではないが、放射線の積算量が高くなっている地域が出ていると説明する。にもかかわらず、普段どおりに屋外に放たれている牛や、農道を歩く住民の映像も現れる。これらもまた、今中を唖然とさせた、高い線量のなかで普通の暮らしをしていた住民の姿の記録なのである。

『その日のあとで』には、今中らが、飯舘村の菅野典雄村長に結果を報告している場面が記録されている。今中は、「現在の恐ろしさという意味では、先々子どもさんたちにガンが出てくる、大人も含めてガンが増えるのではないかと。それのリスクがどれくらいですよと合理的に説明することだろうと思います」と報告した。これにつづけて、測定地点に立って、つぎのように語る今中の映像が現れる。

僕は、涙流すしかないです。ここの現状はどうで、どれくらい被曝するだろうとは、僕はいえます。ある程度、自分の責任で。それで移住するとか、避難するとかは、それぞれの人の判断ですから、僕からはいえません。多分、行政は何らかの判断をしなければいけないという、非常に苦しい立場だとは思います。ですから、私たち専門家ができることは、行政なり、普通の人びとが、判断できるための情報をきちんと出していくということだと思います。そのために、いま、私はここに来ているつもりです。

今中が菅野村長に報告した場面、そして「僕は涙流すしかない」と語ったこの場面につづけて、放射線の甲状腺への影響がいちばん不安だと語る母親の映像が現れる。子どもをおぶった若い母親は、「(そうした影響は) います ぐではないだろうけど、いつかは、そういうの出てきたら困るなというのもありますし、その心配があるから、飯舘村から離れようかなっていう考えでいます」と語った。

この言表と映像は、被曝による甲状腺ガンにたいする住民の不安を記録しているだけではない。村長への報告、測定地点での今中の言表、そして若い母親の言表と映像をたどってみると、一連の映像と音声の流れは、深刻な放射能汚染が飯舘村に報告され、住民にも何らかのかたちで伝えられていたことの記録でもあるのだ。それは、今中らが専門家として、行政や普通の人びとが判断できる情報を提供していたことの記録にほかならない。

チェルノブイリの立入禁止区域、すなわち「ゾーン」でアレクシェービッチと出会い、「未来の準備をしている」と語った学者たちの一人が今中であったのかどうかは、テレビドキュメンタリーでは定かにはならない。しかし、『その日のあとで』が紹介するように、彼はチェルノブイリ原発事故による放射能汚染を研究してきた。そうした専門家として、今中は、チェルノブイリに「未来の物語」を読みとり、「未来の準備」をしてきたに違いない。だからこそ、彼は飯舘村の放射線量を「きちんと測っておく必要がある」と考え、その結果をチェルノブイリの放射線量と比較しようとした。だからこそ、かつてベラルーシの専門家のネステレンコがそうしたように、今中も飯舘村の放射能汚染地図を作成した。そして、チェルノブイリの「未来の物語」が現実のものになったことを知った彼は、涙を流すしかなかったのだろう。

とはいえ、専門家は涙を流しているだけではいられない。今中は、飯舘村の「未来の物語」のひとつとして、ガンの発生の危険性を村長に語った。彼は、「移住するとか、避難するとかは、それぞれの人の判断ですから」といいつつも、「行政なり、普通の人びとが、判断できるための情報をきちんと出していく」ことが専門家のできることだともいう。そう語ったときの今中は、「ゾーン」になろうとしている飯舘村の「未来の物語」を読みとることに苦悩していたのかもしれない。

4　チェルノブイリの「未来の物語」に背を向ける言説

情報の隠蔽と「専門家」の言説

テレビアーカイブはこうして、テレビドキュメンタリーが記録した飯舘村の放射能汚染による苦難と苦悩を、原発震災後の「いま」に遅れて到来させ、その記憶を想起させる。それでは、『アレクシェービッチの旅路』後編で長谷川が憤る「専門家」のどのような言動をテレビドキュメンタリーは記録しているのだろうか。あるいは、彼が事故直後から批判している、どのような「国の対応」を記録しているのだろうか。そして、テレビアーカイブがそれらを遅れて到来させるとき、テレビドキュメンタリーによる飯舘村の放射能汚染の記録は、どのような意味を重ねていくことになるのだろうか。

国は、早い段階で飯舘村の放射能汚染に気づいて放射線量を測定していたにもかかわらず、こうした情報を住民に伝えようとしない。『放射能汚染地図』には、福島第一原発2号機が爆発した三月十五日から、文部科学省が原発の北西方向の三地点に注目して放射線量の測定をしていたことが記録されている。この三地点には、飯舘村に近い浪江町赤宇木付近が含まれている。しかし、文科省のホームページに公開された測定結果では、具体的な地名が伏せられていた。

番組では、いずれの地点もきわめて線量が高く、そのうちの一地点は三三〇マイクロシーベルト／時で、日本の平常値の五五〇〇倍にもなることをナレーションが語っていく。この結果は官邸にも伝えられていた。しかし、枝野官房長官は三月十六日の会見で、「(この数値の)専門家のみなさんの概略的な分析の報告に基づきますと、ただちに人体に影響を与えるような数値ではない」と説明する。この会見の映像と音声も『放射能汚染地図』に引用されている。そして、文科省が三月二十三日からは、放射線の積算量の計測も始めていたことを語るナレーションとともに、「文科省測定中」と書かれた浪江町赤宇木のモニタリングポストの映像が流れていく。さらに、こうした計測結果が浪江町に正式に伝えられなかったことも、馬場町長へのインタビューによって明らかにされた。文科省が地名を伏せていたのは、風評が広がるのを恐れたからだという。

住民にとって重要な情報を明らかにしない文科省が一転して、三月二十三日に、飯舘村の住民の生活を根底から揺るがすような情報を発表する。飯舘村の土壌から、セシウム137が、一キログラム当たり一六万三〇〇〇ベクレル検出されたというのだ。これをもとに、今中が面積当たりに換算して、推計したところでは、一平方メートル当たり約三二六万ベクレルのセシウムが検出されたことになる。チェルノブイリでは、一平方メートル当たり五五万ベクレル以上のセシウムが検出された地域の住民は強制移住させられている。さらに三月二十六日に文科省は、飯舘村で採取した雑草から、一キログラム当たり二八七万ベクレルのセシウムが検出されたと発表したのである。じつは、すでに三月二十一日から、福島県産の野菜と原乳の出荷が制限されていた。当時、長谷川は、飯舘の牛乳はダメだろうと覚悟していると語っている(豊田 2011 : 37–39)。

飯舘村の住民の多くは、酪農、畜産を含む農業を生業としてきた。その基盤が放射能汚染によって奪われていく苦難を、長谷川ならずとも、飯舘村に暮らす人びとは原発震災の始まりの段階から余儀なくされていたのである。しかも、ガンのリスク、子どもの甲状腺への影響を考えなければならないほどの放射線量が測定され、それは、チェルノブイリであれば住民が強制移住させられるほどになっていた[11]。ところが、国はこうした情報を知り、各所にモニタリングポストを設置するといった、容易にそれと分かるような方法で放射線量の測定をしながら、その結果を住民には直接伝えない。不安を募らせ、それが不信に変わりつつある住民が、業を煮やして、村役場に線量計の貸出しを迫る姿がテレビドキュメンタリーに記録されている。その番組は、NHKが二〇一一年七月に放送した『飯舘村〜人間と放射能の記録〜』(以下、『飯舘村』)である。

村役場に線量計を貸出すように求めたのは、飯舘村の南部にある長泥地区の区長の鴫原良友だった。長泥地区は浪江町赤宇木に近く、今中らが作成した放射能汚染地図は、村内でもっとも放射線量の高い地域であることを示している。『飯舘村』には、その鴫原が、国の測定が行われている場所に取材班を案内する場面がある。国は、とくに汚染の強い長泥地区で放射線量の測定をつづけていたのだ。番組では、「原子力災害時支援・研修センター」と書かれたモニタリングカーの映像、手書きされた三月二十四日からの毎日の測定値を貼り出した道端の掲示板の映像が流れていく。掲示板の上部には、「文科省測定中」と、これも手書きされたモニタリングポストが赤いテープで貼り付けられている。

鴫原が、二一〜三〇マイクロシーベルト/時の測定値が書かれた掲示物を指さしながら、これが貼り出されるようになるまでの経緯をつぎのように証言した。「いま、これ掲示してもらってるが、この日(三月二十四日)からなんだよ、やっと掲示してもらったのは。(中略)この前から、測ってはいました。長泥の住民は、この値が知りたいと、役場とか、テレビのなかの数字よりは、自分でこれを見たいっていうわけで、お願いして(掲示されるようになった)」。そして、長泥での測定値は、三月十七日の最大で九五・一マイクロシーベルト/時にもなっていたこと、これは屋外に半日いれば年間の許容限度を越えてしまう数値であることがナレーションによって説明された。

『飯舘村』では、これにつづけて驚くべき場面が現れる。それは、「こうした事実は、住民にたいする説明会で触れられることはありませんでした」というナレーションとともに現れた、四月六日に実施された「福島県・飯舘村による住民説明会」の場面である。そこでは、つめかけた住民を前に、「福島県放射線健康リスク管理アドバイザー」という「専門家」として、長崎大学大学院教授の高村昇がつぎのような説明をしていたのだ。

雨で流される。台風で流される。すみやかに土壌中の放射性物質は流されていく。いまの量で、お子さんたちは大丈夫なのかという話しですよね。基本的に一〇マイクロシーベルト／時を下回るようであれば、これは普通に子どもさんたちが、学校生活を送ったりとか、登下校をしたりとかというのは問題ないと思います。まあ、いわゆる「共生」、共に生きるということだろうと思います。

これは住民が撮影した記録で、『飯舘村』ではそれが引用されている。テレビアーカイブによって、この言表と映像を、『アレクシェービッチの旅路』後編に出現した長谷川の言表と映像に遅れて到来させ、接続してみよう。長谷川は、国の避難指示の前に、高名な大学の先生が来て「大丈夫だよ」といったがために、いったん避難をした人たちも戻ってきたと証言している。テレビアーカイブによる遅れと接続こそが、彼のこの簡潔な証言がどのような出来事を意味しているのか、彼の憤りが何に向けられているのかを具体的に明らかにくれる。そして、「福島県・飯舘村による住民説明会」の記録も、『アレクシェービッチの旅路』後編の長谷川の言表と映像も、「専門家」の言動、さらには飯舘村の人びとが国や自治体に翻弄された記録としての意味を重ねていく。

じつは、村の存続、住民がこの村で暮らしていくことを考える菅野村長は、深刻な放射能汚染を報告した今中に、放射線量を下げる方法、下げ幅を大きくする方法を問うていたという。しかし、すでに汚染の実態を知った今中は、汚染の拡大を防ぎ、建物内に汚染物質を持ち込まない、食べ物の汚染を監視するシステムを導入し、飯舘村自身で測定を行うといったことしか答えていない（豊田 2011：33–34）。チェルノブイリに「未来の物語」を読みとっていた今中は、このときも、その姿を見せ始めた飯舘村の「未来の物語」を読みとることに苦悩していたのかもしれない。[12]『飯舘村』のディレクターの石原大史は、取材当時に菅野村長が語っていたこと、そして飯舘村の置かれていた状況をつぎのように述べている。

菅野村長は今起きている事態を「自治体消滅の危機」と表現した。事実この時、飯舘村は大きな岐路に立たされていた。事故後一週間ほどで、徐々に高い汚染が明らかになると、村の人口約六〇〇〇人のうち約半数が、村外へと自主避難していった。一方、原発から三〇キロメートル以上離れていたことから飯舘村は、国から特別な避難指示などはいっさい出されていなかった。むしろ国は「ただちに健康に影響はない」とマスコミを通じて盛んにアナウンスし続けていた。結果、避難生活の疲れや子どもの学校の再開を期待するなどの理由で、村人たちは続々と村へ帰還していた。この時ですでに人口は四〇〇〇人余りに回復、村はなんとか正常化へ向けて舵を切れないかと模索を始めていた。

（NHK ETV特集取材班 2012：151）

事故直後から村の対応、国の対応を批判してきたという長谷川も、土壌汚染が高いと作物が作れなくなって、飯舘村はチェルノブイリのように廃村になってしまうという不安を口にしている（豊田 2011：38）。しかし、そうした自治体消滅の不安に仮託して、土壌の放射性物質は流れ去るとか、一〇マイクロシーベルト／時を下回る放射線と「共生」[13]するなどと語る「専門家」の言説は、楽観論の域を越えているといわざるをえない。なぜなら、それが原発震災による被曝の危険性を矮小化し、典型的には補償のようなかたちで国や東京電力が負うべき責任を縮減していくという強い政治性をもっているからだ。さらにそれは、放射能汚染地域の住民に長期にわたる被曝の犠牲を強いることによって、この地震列島に原発を推進してきた国策の誤りを免責する言説にもなっていくのだ。

「わが亡き後に洪水よ来たれ！（Après moi le déluge !）」

『飯舘村』には、さらに驚くべき出来事が記録されている。それは、放射能汚染の除去を試す目的で、長泥地区区長の鴫原の自宅で行われた実験の記録である。当時は原子力委員会委員長代理で、その後、二〇一七年九月まで原子力規制委員会委員長の職にあった田中俊一がこの実験を主導していた。番組は彼を、「国の原子力政策を推進してきた田中俊一博士です」と紹介する。放射線量は一〇分の一くらいまでに減らせると分かっていると話した上で、田中らは鴫原の自宅の内外で放射線量を測定していく。屋内のもっとも高いところでは八・六マイクロシーベルト／時、屋外では四四・二マイクロシーベルト／時という高い線量が測定された。田中が、この汚染源として裏庭の大木を指摘したことから、やむなく鴫原が伐採する映像も現れる。「本当に除染できれば、なんだっていいと思うんだ。みんなが助かることだから」と鴫原は語った。

しかし、三日かけても屋内の線量は半分にしか下がらず、大量の汚染ゴミが発生する。そこで、田中がある提案を鴫原にもちかけた。それは、これ以上の除染をするには村内に放射性廃棄物の貯蔵施設を作るほかはないので、その用地を村で確保してはどうかというものだった。田中は、「廃棄土壌貯蔵管理場（イメージ）」と標題の付された概略図を鴫原に示しながら、つぎのように説明する。

> 多分、飯舘だけで考えても、何百万トンて（放射性廃棄物が）出るんですよ。そうすると、谷ひとつぐらいは埋まっちゃう。でも、これだけ広いんだから、どこかの谷を村で確保してもらえれば、全部こういうのを集めて、どこかにまとめて処分できるようにしないといけない。

鴫原は、「理屈では分かっても、身体が許せねえもんな、拒否するもんな」と応ずる。それにたいして田中は、

「いまのまま何もしなければ、帰って来れないんですよ、本当に」と説得とも、脅しともつかない言表を重ねる。当惑と苦悩を隠せない鴫原の映像に重なるナレーションが、「村に戻るには、汚染されたゴミを引き受けるしかない。あまりに不条理な現実でした」と語った。

田中の考えるところはこうだ。放射能汚染によって「ゾーン」になろうとしている飯舘村も、除染を徹底すればそれを回避できる。しかし、除染は大量の放射性廃棄物をもたらす。だから、それを処分するための貯蔵管理場を村内につくればよい。そうすれば、住民は村に帰って来られるし、飯舘村は「ゾーン」にならずに済む。

しかし、大がかりな除染をしてみても、線量は半分程度にしか下がらず、除染の効果にも限界があることが分かる。そのようなところへ帰還しても、長期にわたる被曝がつづくことは目に見えている。にもかかわらず、田中の言表が一貫して意味しているのは、除染によって飯舘村を「ゾーン」にしない、住民を帰還させることである。

こうした言表によって編制される言説もまた、自治体消滅の不安に仮託して、飯舘村を「ゾーン」にしないという戦略を活性化させながら、原発震災の被害を矮小化し、国と東電の負うべき責任を軽減しようとするものである。それはまた、原発を推進しつづけた国策の誤りを、住民に被曝の犠牲を強いることで免責する言説になっていくことに変わりはない。ただ、田中の言説は、浅薄な楽観論のそれとは異なり、除染の徹底による住民帰還と抱き合わせにして、放射性廃棄物の貯蔵管理場用地の提供という対策めいた方法を提示している点で、その戦略性が際立つ。

楽観論であれ、戦略的であれ、この種の言説に、チェルノブイリの「未来の物語」を読みとり、そして飯舘村の「未来の物語」を読みとろうとする苦悩は到底見出せない。むしろ、チェルノブイリの「未来の物語」を読みとらない、読みとろうとしない、あるいは読みとることができないからこそ、こうした言説実践が繰り広げられるといった方がよいのかもしれない。だからこそ、こうした言説実践の主体には、農業をおもな生業とする住民の暮らしを育み、「日本で最も美しい村」連合に参加する飯舘村の山野も、放射性廃棄物の貯蔵管理場の候補地にしか見えないのだ（画像2）。もし仮に、「ゾーン」になろうとしている飯舘村を脱「ゾーン」化しようとする言説に「未来の物語」が見出されるとするなら、それは「わが亡き後に洪水よ来たれ！（Après moi le déluge!）」という物語でしかない。

画像２　2011年6月の飯舘村の風景。この美しい山と森と野が，チェルノブイリ原発事故を凌ぐ高線量の放射能で汚染された（NHK『飯舘村～人間と放射能の記録～』2011年7月23日放送より）

こうした言説と映像を、『アレクシェービッチの旅路』後編に出現した、「事故の直後から、村の対応、国の対応、そういうものにたいして批判をしています」という長谷川の言表と映像に遅れて到来させ、接続してみよう。そうすることで、原発震災後六年という「いま」に至るまで、彼が何を批判しつづけてきたのかが具体的に明らかになる。それは、飯舘村の山野を放射性廃棄物の貯蔵管理場に変えて、放射線量を適当な数値に下げただけの飯舘村に住民を帰還させ、原発震災の責任を負おうとしないこの国の姿なのだ。

『アレクシェービッチの旅路』後編が放送されたのは、原発震災後六年を迎えようとする二〇一七年二月だった。その直後の三月末日に、飯舘村の避難指示は解除され、住民の帰還が可能になった。原発震災のテレビドキュメンタリーは、長谷川が批判しつづけてきた飯舘村の放射能汚染にたいする国の対応、村の対応を少なからず記録している。テレビアーカイブは、それらを、飯舘村の避難指示が解除された原発震災後六年、さらにはその後の「いま」に遅れて到来させることができる。そのとき、「原子力施設新規制基準」に基づいて原発再稼働の「適合」が相次いで出さ

画像３　フレコンバックの山に対峙する長谷川健一の家（NHK・BS 1『ノーベル文学賞作家アレクシェービッチの旅路 後編〜フクシマ 未来の物語〜』2017年2月19日放送より）。

れるなかで進められる飯舘村の住民帰還、言い換えるなら飯舘村の脱「ゾーン」化の意味が問い直されることになるだろう。そして、飯舘村の深い森を背にして、フレコンバックの山に対峙して建つ長谷川の大きな家の映像は、原発震災後の「いま」の象徴的な表象のひとつになるだろう（画像3）。

【注】

（1）光学－書記としての写真が記録する出来事の遅れについて、B・スティグレールはR・バルトの写真論を参照しながらつぎのように述べている。「写真における見ることの内で、過去が**現前する**。（中略）しかし、現前しうるのは、**遅れて**でしかない」。また、映画については、「（映画の）登場人物、役者、観客が**ともに**、映画のノエマを構制する、遅れをともなった結合的な一致において、虚構の運動によって可動的段階にまで「高められた」、写真的な同じ**瞬間－性**に関わっているのだ」とも述べている。（Siegler 1996=2010 : 24, 36）。

（2）スティグレールは、映画のように運動する映像を運動書記ととらえて、つぎのように述べている。「ここでは、事後において、虚構の瞬間の過ぎ去りは、現実の生、一つの運動の瞬間の連続としてわれわれに回帰して来る。（中略）運動そのものが、ポーズ＝停止、堆積、残存として現れるのだ。かつてあったものが残存するが、それは運動としてであり、運動そのものが不動化され、その不動性からしか（再－）現前化されない。この映画＝運動書記が、あらゆる運動の不動の原動力をわれわれに「現前化」するのだ」（Siegler 1996＝2010：35–36）。

（3）この章での本書の引用は、二〇一一年に刊行された岩波現代文庫版からのものである。

（4）汚染された牛乳と知りながら、それを子どもに与えなければどうすることもできないと語る母親の声、それをこのように語り直すアレクシェービッチの声は、「水俣」の記憶も想起させずにはおかない。海を汚染され、漁ができなくなった水俣病患者にして漁民は、たちまち極貧の生活に陥る。それにつけこむようにして、加害企業のチッソは、わずかばかりの「見舞金」で水俣病事件を「解決」させようとした。「どうすることもできない」漁民の患者の生活を原田正純はつぎのように証言している。「台所に行くと、何もないところに鍋があって、鍋をあけてみると、魚が煮付けてあります。「待てよ、これはちょっとやばいじゃないか、どこから獲ってきたんだ」というと、「先生、大丈夫です。これはずっと遠くから獲ってきました」といいます。嘘ですよ。嘘とすぐわかる。そんなずっと遠くから獲って来られるはずがない。しかし魚でも食べなければ本当に飢える。チッソが「補償」という名で（中略）どさくさに紛れて結ばせた「見舞金契約」では（中略）食っていけないのです。だから魚を、隠れて食べていたのです」（原田 2007：10–11）。

（5）この被曝治療にあたった医師の前川和彦は、『ＺＯＮＥ』でも、その経験から、放射線が染色体を傷つけることで細胞が再生できなくなり、細胞が自ら死を選ぶ「アポトーシス」といわれる急性放射線障害の実態をつぎのように証言している。「細胞が死んでいきますので、組織の容積が小さくなります。小さくなる。顔も小さくなる。眼も小さくなる。口も小さくなる。すべてが小さくなる。という、本当に筆舌に尽くしがたい状態になりましたですね。あらゆる組織が放射線による影響を受けて変化していくのを目の当たりにすると、人間の無力さというものを如実に物語っているようで、そこには人間を越えたようなものがある」。

（6）Ｊ・デリダは、「差延」についてつぎのように述べている。「差延は、ある関連（une férance〔運搬作用〕）を記す——他なるものへの関連、他性の意味での異なるものへの関連、したがって他性への、他者の単独性への関連——「と同時に」、差延は、また、まさにそれであるがゆえに、加速自体を、自己固有化できない、思いがけない、切迫した、予期できない仕方で来るもの、到来するものに関連づける」（Derrida et Stiegler 1996：18＝2005：21）。

（7）Ｇ・ドゥルーズによれば、顔のクローズアップのほとんどに見出されるものは感情イメージ（image-affection）であり、それは運動するイメージを形成する情動（affection）でもある（Deleuze 1983：102＝2008：125）。

（8）一九五四年三月三十日、ビキニ事件と原子力予算をめぐる参議院の連合審査会で、理論物理学者の朝永振一郎が、地震の多い日本に原子炉を建設することに懸念を表明して、つぎのように発言している。「日本などは地震があるので、地震のあるときに（略）原子炉をうっかりそのままにして逃げることもできない。そういう日本に特殊な問題も（略）これから考えようとしている最中に、さあ原子炉を作れと言ってお金を出して頂いても、果たして有効に使えるかどうか」（上丸 2012：82）。災害時の安全と原子炉との関係についてのこの発言の論理は、原発震災が「ゾーン」を生み出し、それによって死がもたらされることまでを予見したものとはいえない。しかしこの発言は、地震列島に原子力施設を建設すると、災害時には原子力施設に特有の危険な区域が生み出されることを示唆して、「平和利用」の名のもとで核エネルギー開発に前のめりな政治に懸念を表明したものといってよいだろう。

（9）フォトジャーナリストの豊田直巳は、二〇一一年四月一日に浪江町で、瓦礫の間から足がのぞいている遺体を撮影している。その写真が掲載された『岩波ブックレット』で豊田はつぎのように述べている。「そこを通れば、誰でもその遺体に気付くはずだ。震災から三週間、この場所では行方不明者の捜索も、遺体回収もなされていなかったのだ」（豊田 2011：43）。

（10）G・ドゥルーズによれば、情動は、それを「表現する何らかのものからまったく区別されるにもかかわらず、情動を表現するその何らかのものから独立して存在しているわけではない」（Deleuze 1983：138＝2008：173）。

（11）今中は、飯舘村と、チェルノブイリ原発から南へ一〇〇キロメートルのキエフの一九九一年の放射能汚染のデータとを比較している。それによると、飯舘村で測定されたセシウム137は五九万〜二二〇万ベクレル／平方メートルであるのにたいして、キエフでは二万五〇〇〇ベクレル／平方メートルだった（今中 2012：33）。

（12）豊田も、このときの状況をつぎのように振り返っている。「村を残すことに精一杯で、すがるような思いを感じさせる村長の様子。それに対する今中氏の答えは、一見、そっけなく感じられる。しかし、このときすでに今中氏は村の「ゆくえ」に思いをはせていたのではないか」（豊田 2011：34）。

（13）原発震災前の一般公衆被曝限度量は、国際放射線防護委員会（ICRP）の二〇〇七年勧告に沿って、年間一ミリシーベルト、つまり一〇〇〇マイクロシーベルトと定められていた。

【引用文献】

Alexievich, S.（1997＝2011）*Chernobyl's Prayer*.（『チェルノブイリの祈り――未来の物語』松本妙子訳、岩波書店）
Deleuze, G.（1983＝2008）*Cinéma 1. L'image-mouvement*, Les Éditions de Minuit.（『シネマ１＊運動イメージ』財津理・齋藤範訳、法政大学出版局）
Derrida, J. et Stiegler, B.（1996＝2005）*Échographies de la télévision*, Galilée-INA.（『テレビのエコーグラフィー――デリダ〈哲学〉を語る』原宏之訳、NTT出版）
Eco, U.（1967＝1990）*Opera Aperta*, Bompiani.（『開かれた作品』篠原資明訳、青土社）
Stiegler, B.（1966＝2010）*La technique et le temps 2. La désorientation*, Galilée.（『技術と時間２　方向喪失　ディスオリエンテーション』石田英敬監修、西兼志訳、法政大学出版局）
原田正純（2007）「（基調講演）医療からみた水俣病事件報道」『マス・コミュニケーション研究』第71号
今中哲二（2012）『低線量放射線被曝――チェルノブイリから福島へ』岩波書店
上丸洋一（2012）『原発とメディア――新聞ジャーナリズム２度目の敗北』朝日新聞出版
七沢潔（2005）『東海村臨界事故への道――払われなかった安全コスト』岩波書店
ＮＨＫＥＴＶ特集取材班（2012）『ホットスポット　ネットワークでつくる放射能汚染地図』講談社
豊田直巳（2011）『フォト・ルポルタージュ　福島　原発震災のまち』（岩波ブックレット No. 816）岩波書店
吉岡斉（2011）『新版 原子力の社会史――その日本的展開』朝日新聞出版

第六章　核エネルギーのテレビ的表象の系譜学

松下峻也

1　「軍事利用」の脅威と「平和利用」が孕むリスク

二〇一一年三月の東日本大震災につづく福島原発事故を、「唯一の戦争被爆国」で暮らす人びとの多くは、「ただちに安全に影響はない」ということばを繰り返すテレビによって目にすることとなった。そこで描かれたのは、原水爆の炸裂がもたらす「眼を背けたくなるような」被害ではなく、放射能汚染という長期間にわたる「眼に見えない」被害であった。そうした「原発震災」をめぐって、「原子力の安全神話の崩壊」という言表が出現したという事実は、核の「軍事利用」の脅威が、核の「平和利用」が孕むリスクとしてはたして語りなおされてきたのだろうか、という問いを提起している。

戦後日本社会において、核の「軍事利用」の脅威を語り描いてきた「領域」のひとつが、「八月ジャーナリズム」である。佐藤卓己（2005）によれば、それは、広島と長崎の「被爆」とアジア太平洋戦争の「終戦」を人びとに想起させる、この国の「伝統行事」とされる。

（一九五五年以降は――引用者）八月六日の広島原爆忌から同九日の長崎原爆忌をはさんで八月十五日「戦没者を追悼し平和を祈念する日」まで、新聞も雑誌もテレビも「八月ジャーナリズム」を伝統行事として戦争回顧を繰り返してきた。

（佐藤 2005 : 129）

佐藤が指摘するように、戦後日本社会では、八月六日、九日の「原爆忌」と八月十五日の「終戦記念日」とが連続した記念日として報道されてきた。そうしたなかで、広島と長崎の被害に焦点化して核の「軍事利用」の脅威を語り描く、「八月ジャーナリズム」という年次のメディアイベントが形成されていったのである。

テレビにかんしていえば、一九五八年にＮＨＫが広島平和記念式典をはじめて中継して以降、広島と長崎の両市が主催する原爆犠牲者の慰霊式典が毎年放送されている。さらに、一九七〇年代には、被爆者を取り上げた番組が八月に集中して編成されるようになった。しばしば「カレンダー・ジャーナリズム」と呼ばれる報道によって、広島と長崎を一瞬のうちに焼け野原に変えた爆風と熱線や、人間を短期間のうちに死に至らしめる高線量の放射線の脅威が、広範な人びとによって繰り返し見聞きされるようになったのである。

そうしたテレビが、二〇一一年三月に描くこととなったのが、核の「平和利用」とされてきたはずの原子力発電がもたらした放射能汚染である。それをきっかけとして、「八月ジャーナリズム」においては、核の「軍事利用」による「被爆」が、核の「平和利用」による「被曝」として語りなおされるようになった。今日では、広島と長崎における「黒い雨」や「原爆症」を、福島で発生した食品汚染や環境汚染と関連づける番組が放送されている。あるいは、「八月ジャーナリズム」以外でも、たとえば、一九五四年に発生したビキニ事件の「死の灰」や「晩発性障害」が、福島原発事故と結びつけて描かれるようになっている。そこでは、「核エネルギー」の「軍事利用」と「平和利用」という峻別が、崩れようとしているのである。

テレビ・ジャーナリズムにたいするこうした指摘は、放送史をめぐる歴史的な見取り図としてはおおよそあてはまるだろう。しかしながら、原発震災以前にも、テレビは、核の「平和利用」が孕むリスクとして語りなおすことが可能な、核の「軍事利用」による「被曝」をたしかに描いてきた。たとえば、原爆症認定訴訟が盛り上がりをみせた二〇〇〇年代には、「入市被爆者」の晩発性障害を取り上げた番組が放送されている。あるいは、ビキニ事件にかんして、アメリカの核実験場となったマーシャル諸島の環境汚染などが描かれてきた。

このように考えるならば、「核エネルギーのテレビ的表象」をめぐっては、いかなるときに核の被害のどのような側面が描かれたのか、あるいは、そもそも何が核の被害として描かれたのか、という問いを立てなければならないだろう。そうした見方をもたらすのが、「系譜学」の思想である。その思想を背景としたうえで、この章では、原発震災をすでに経験した今日の視点から、「八月ジャーナリズム」を中心に放送された広島と長崎をめぐる番組を跡づけていく。まずは、原発震災後に、核の「軍事利用」による「被爆」のいかなる側面が、核の「平和利用」による「被曝」として語りなおされようとしているのかを確認する。つぎに、原発震災以前には、なぜそうした語りなおしが困難であったのを考えていく。そのうえで、ビキニ事件をめぐる番組を同様に跡づけることで、「八月ジャーナリズム」とは別の文脈で描かれた核の「軍事利用」による「被曝」が、広域の放射能汚染を経験した今日においてどのような示唆をもつのかをあきらかにする。

こうした検証を成立させているのが、テレビ番組を保存し、公開する技術としての「テレビアーカイブ」である。本章では、「アーカイブ」という技術そのものを捉え返すことによって、発災から七年が経とうとする今日における「原発震災のテレビアーカイブ」の可能性と、「核エネルギーのテレビ的表象の系譜学」の意義も示していきたい。

2 「被曝」を語り描く「八月ジャーナリズム」――原発震災以後

「被爆体験の語り部」の後悔

二〇一一年三月の原発震災は、「唯一の戦争被爆国」の「国民」が、核の「平和利用」が孕むリスクをどのように認識してきたのかを問いなおすこととなった。そうしたなかで、広島と長崎の被爆を描いてきた「八月ジャーナリズム」でも、福島の放射能汚染が取り上げられるようになっている。そこでは、核の「軍事利用」による「被爆」が、どのようなかたちで核の「平和利用」による「被曝」として語りなおされようとしているのだろうか。

そうした変化をあらわす番組のひとつが、二〇一二年八月五日にNHKが放送した『福島のメル友へ、長崎の被爆者から』(以下、『メル友』)である。『メル友』では、長崎の「被爆体験の語り部」である廣瀬方人と、そこを修学旅行で訪れた福島の高校生である佐藤木綿子との交流が描かれる。この番組の冒頭部分のインタビューで、被爆者の廣瀬は、核の「軍事利用」と「平和利用」とを区別してきたことにたいする後悔を語っている。

去年の事故が起こったときに、改めて原発のことについて、放射能を出すもとのところは、原子爆弾と同じ核物質なんだということを改めて思いました。事故が起こったときには、被爆者として二度と「被ばく者」を出さないという思いでやってきたのに、なんということだったんだという、非常に忸怩たる思いでずっと過ごしてきました。

冒頭部分以外でも、たとえば、自身の被爆体験の講話を聴講した高校生の感想文を受け取るシーンで、廣瀬は類似したことを語っている。

責められているような感じがするんですよね。二度と「被ばく者」を出さないというのは、原爆が三度使われてはならないということとして考えていましたけれども、まさか原子力発電所の事故で被曝者がでるという。原子力発電所の事故によって、放射能にまた苦しむ人がでることを考えていなかったこと自体を、ほんとに口惜しいと思う。

廣瀬は、「被爆者として二度と「被ばく者」を出さないという思いでやってきた」、そして「二度と「被ばく者」は出さないというのは、原爆が三度使われてはならないということとして考えていました」と語っている。それゆえ、福島原発事故が発生したことについては、「非常に忸怩たる思い」、「ほんとに口惜しいと思う」という後悔を口にしている。ここでは、被爆者自身によって、核の「軍事利用」による「被爆」の脅威が、核の「平和利用」による「被曝」のリスクとして語りなおされてこなかったことが、批判されているのである。

そうした廣瀬が、これまで核の「軍事利用」による「被爆」の脅威を語りつづけてきたことは、冒頭部分につづくシーンで描かれていく。そこでは、地域の小学校で被爆体験の講話を行う彼の姿が見いだされる。そのシーンではまず、ナレーションによって「廣瀬方人さんは、被爆者として生涯をかけ、原爆の恐ろしさを訴えつづけて」いることが説明される。そして、児童のまえでマイクをもつ廣瀬には、「高校の英語教師だった廣瀬さん。定年退職を期に、精力的に被爆体験を語り始めました」というナレーションが重ねられる。

つづくシーンでは、学生服を着た被爆前の廣瀬の白黒写真が映し出され、「廣瀬さんが被爆したのは、十五歳の時です。学徒動員された兵器工場の事務所で、強烈な閃光と、すさまじい爆風に襲われました」と説明される。そのうえで廣瀬は、「あっというまに死んだ人の写真。これは君たちと同じくらい十歳くらいの子供の写真ですね」と語りながら、原爆の熱線によって黒焦げの遺体となった少年の写真を児童たちに提示する。ナレーションで語られるように、彼はこれまで「地域の学校や修学旅行生など、二万人を超える子供たちに（自身の被爆体験を）語って」きたのである。

このようにして描かれるのは、一九四五年八月の惨劇を次世代へと伝えていく、「被爆体験の語り部」としての廣瀬の姿といえるだろう。彼のそうした姿は、原発震災以前の「八月ジャーナリズム」にも見いだすことができる。たとえば廣瀬は、NHKが二〇〇五年八月九日に放送した『放送八十周年記念番組　平和巡礼二〇〇五』(以下、『平和巡礼』)の「長崎編」に登場している。『平和巡礼』のなかで廣瀬は、敵対関係にあるイスラエルとパレスチナの若者たちのまえで、原爆によっていとこを亡くしたという過去を語る。そうしたなかで、原爆の犠牲者、エノラ・ゲイ、そして原爆のキノコ雲の写真を見つめながら、「平和」の意味を再考しようとする両国の若者たちが映し出されていくのである。

二〇一二年の『メル友』において、廣瀬が「二度と「被ばく者」は出さないというのは、原爆が三度使われてはならないということとして考えていました」という語りによってふりかえっているのは、「被爆体験の語り部」としての自身の歴史といえるだろう。そしてその歴史は、原発震災を経験した今日、「(福島原発事故が発生したことを)ほんとに口惜しいと思う」という後悔として語られているのである。

「被爆地」における低線量「被曝」

『メル友』において廣瀬は、「被爆体験の語り部」としての自身の歴史をふりかえるだけでなく、核の「軍事利用」による「被爆」を、核の「平和利用」による「被曝」として語りなおそうとしていく。それをみていくうえで重要となるのが、一九四五年八月の惨劇には還元することのできない「被爆地」長崎の歴史である。

『メル友』の中盤では、「長崎では、戦後しばらくいわれのない差別や偏見にさらされていました」というナレーションとともに、一九五五年頃の市街の風景が映し出される。原爆は、熱線と爆風によって街並みを破壊しただけでなく、大量の放射線を発することによって、生き残った被爆者に、原爆症という身体的な被害と差別や偏見という社会的な被害をもたらした。このシーンでは、その帰結が、一九五〇年頃に被爆者同士の結婚に反対され、自殺した男女の葬儀のニュース映像によって描かれる。

つづくシーンでは、ナレーションによって「当時は、被爆者にたいする公的な支援や補償の制度はなく、困窮する人も少なくありませんでした。廣瀬さんたちは、同じ悩みを抱える者同士、支え合ってきました」と語られ、若き日の廣瀬の写真が映し出される。さらにナレーションによって、「やがて被爆者たちの訴えが実を結び、昭和三十二年、原爆医療法が施行され」たことが説明され、医療機関で診察をうける被爆者が描かれていく。しかしながら、そこで「得られたのは、手帳の交付や年二回の検診などの簡単な制度だけ」であり、「補償や生活の改善は思うように進」まなかったという。このようにして描かれるのは、一九四五年八月の惨劇ではなく、差別や偏見に抗いながら被爆者手帳の交付運動を闘ってきた廣瀬の歴史といえる。

そして『メル友』では、そうした被爆者手帳の交付運動をめぐる歴史こそが、福島の放射能汚染に結びつけられていく。それをあらわしているのが、番組の終盤の、廣瀬が佐藤の学校を訪れて福島の高校生たちと語り合うシーンである。

そのシーンでは、佐藤の同級生が、廣瀬にたいして「将来自分の子供や未来の生まれてくる子供たちを含めて、元気に過ごしていけたらいいと思うんですが、これからどうなるかわからない」、「低い線量で被曝をつづけたことによって、人体にどのような影響がでるのかっていう実験の対象になっているような気がする」と不安を打ち明ける。そうした心情を聞いたうえで、廣瀬は、自身の被爆者手帳を取り出しながらつぎのように語る。「これは私の被爆者健康手帳です。長崎で被爆をしたと認められた人はみな、被爆者健康手帳をもっているわけですね。しかし、黙っていてくれたわけではないんですよ」。さらに廣瀬は、自身がかかわった被爆者手帳の交付運動をふりかえりながら、以下のようにつづける。

（甲状腺検査をはじめとする福島の健康調査は──引用者）実は五年、十年、二十年、三十年と見つづけていかないといけないことだと思うんです。そういうことを見つづけていくなかで、被害というか、あるいは結果を未然に防ぐ。なるべく初期の内に、結果が起こったというのを発見して治療をするという、そういう対策が行われなければいけないと思います。実験のモルモットになっているようで嫌だというよりは、その結果をちゃんと教えて下さいと、福島の人は胸を張っていうべきなんじゃないかな。

被爆者手帳の交付運動を、福島の高校生の不安と結びつけていくなかで、廣瀬は「(福島の健康調査を)五年、十年、二十年、三十年と見つづけていかないといけない」、「実験のモルモットになっているようで嫌だというよりは、その結果をちゃんと教えて下さいと、福島の人は胸を張っていうべき」と語っている。そうした語りの意味を考えるうえでは、福島原発事故がもたらした「被曝」が、そもそもどのような放射線被害であるのかを確認する必要があるだろう。

福島の高校生たちが、「これからどうなるかわからない」、「人体にどのような影響がでるのかっていう実験の対象になっているような気がする」ということばで語っているのは、「ただちに人体に影響はない」とされる放射線の長期的影響にたいする不安である。それらは「晩発性障害」と呼ばれ、短期間のうちに発症する「急性障害」とは区別されている。

放射線被曝にともなう健康影響は、一度に大量の被曝を受けたときに多数の細胞が機能を喪失してじきに症状が現われる「急性障害」と、被曝量は少なくても細胞の受けた傷が何年何十年も後になってがんや白血病となって現われる「晩発性障害」の二つに分類される。急性障害については、それ以上でなければ症状が現れることがない「しきい値」があり、がんや白血病といった晩発性障害についてはしきい値がなく、被曝量が少なくてもそれなりのリスクをともなうと考えられている。国際放射線防護委員会（ＩＣＲＰ）は、前者を「確定的影響」と呼び、その症状の重篤度は被曝量に依存する。後者は「確率的影響」と呼ばれ、重篤度ではなくリスク（発生確率）が被曝量に依存する。
（今中 2012 : 105–6）

留意すべきは、ここで述べられる「確率的影響」としての晩発性障害については、いまだに科学的に十分な見解が出されていないという点である。

放射線の健康被害に関して、まだ分かっていなくて論争が続いているのは、低線量領域での確率的影響についてです。（中略）高線量領域から低線量領域への外挿は大変に難しいこと、低線量領域でのヒトのデータがないことなどから、低線量領域での線量–効果関係が比例しているのか否か、しきい値があるか否かについては、科学的な決着はついていません。
（児玉・清水・野口 2014 : 69）

そして、晩発性障害が解明されていない理由として挙げられる「ヒトのデータがないこと」は、広島と長崎における調査が十分ではなかったことにも起因している。

広島・長崎データにおいて百ミリシーベルト以下で統計的に有意ながん死影響が認められていないことは、被曝影響がなかったということではなく、他の要因によるがん死に被曝影響がまぎれてしまい、統計的に有意な増加としては観察されなかったと解釈すべきである。
（今中 2012 : 111）

このように考えたとき、廣瀬がふりかえる被爆者手帳の交付運動の歴史は、長期間が経過してから発症する晩発性障害をめぐる調査と補償が立ち遅れてきたことを描き出している。そうであるからこそ、その歴史は、福島の高校生たちが晩発性障害にたいする不安を口にするようになった今日、「(福島の健康調査を) 五年、十年、二十年、三十年と見つづけていかないといけない」、「実験のモルモットになっているようで嫌だというよりは、その結果をちゃんと教えて下さいと、福島の人は胸を張っていうべき」ということばに語りなおされたといえる。すなわち、ここで廣瀬が被爆者手帳の交付運動の歴史として語っているのは、「被爆地」長崎において引き起こされた低線量域の「被曝」をめぐる問題なのである。

ここまでみてきたように、二〇一二年八月の『メル友』では、被爆者の廣瀬をめぐって、ふたつの異なるテレビ的表象が立ち現れていた。ひとつは、一九四五年八月の惨劇を次世代へと伝えていく「被爆体験の語り部」であり、もうひとつは、晩発性障害をめぐる調査と補償の立ち遅れを語る「低線量被曝者としての被爆者」である。そして、原発震災を経た今日の「八月ジャーナリズム」では、後者が語る「被爆地」における低線量「被曝」の歴史こそが、「平和利用」による「被曝」として語りなおされようとしているのである。

3 「被爆」を語り描く「八月ジャーナリズム」――原発震災以前

「赤い背中」の系譜

二〇一二年八月の『メル友』では、被爆者の廣瀬によって、被爆者手帳の交付運動をめぐる歴史が、低線量被曝や晩発性障害の問題として福島の放射能汚染と結びつけられていた。その一方で、一九四五年八月の惨劇を語りつづけてきたことについては、「ほんとに口惜しい」という後悔が語られていた。このことは、「被爆体験の語り部」が、核の「軍事利用」による「被爆」の脅威を、核の「平和利用」による「被曝」のリスクとして十分に語りなおすことができなかったことを示している。そうした「被爆体験の語り部」というテレビ的表象は、どのようなかたちで「八月ジャーナリズム」に立ち現れてきたのだろうか。

それを考えるために、メディア環境で長いあいだ描かれつづけてきたひとりの被爆者に注目したい。それは、廣瀬と同様に長崎で被爆した谷口稜曄である。谷口は、長崎原爆資料館にその写真が展示されているかつての「赤い背中の少年」である。彼は、一九七四年と二〇一五年の二度にわたって長崎平和祈念式典で「平和への誓い」を読みあげるなど、長崎を代表する被爆者として公的な場にも姿をあらわしてきた。

谷口の「赤い背中」は、資料館や教育現場で用いられるだけでなく、マスメディアによって繰り返し表象されてもいる。一九六八年のNBC長崎放送のラジオ番組に出演して以降、彼は、一九八五年の『ふるさと登場九州七三〇　核廃絶をいつの日か　谷口稜曄の四〇年』（NHK）、二〇〇七年の映画『ヒロシマ　ナガサキ』、二〇〇八年の『封印されたNAGASAKI・原爆を伝え続けるアメリカ人父子』（NHK）、そして二〇一五年の『シリーズ戦後七十年その九　爆心地から世界へ』（テレビ朝日）、同年の『原爆にさわる　被爆をつなぐ〜長崎　戦後七十年を生きる被爆二世〜』（NHK）などに登場している。そうした谷口のテレビ的表象を読み解くために、NHKが二〇〇五年八月九日に放送した『被爆六十年企画　赤い背中〜原爆を背負いつづけた六十年〜』（以下、『赤い背中』）をみていこう。

『赤い背中』の前半では、原爆の熱線によって背中を焼かれるという、想像を絶する谷口の被爆体験が語り描かれている。そのシーンではまず、被爆前の当時十六歳の谷口の写真と、空撮された長崎原爆のキノコ雲が映し出される。つづいて、再現CG、谷口の手記やインタビューによる解説をはさみながら、破壊された長崎市街のスチール写真、黒こげになった遺体のスチール写真、救護所で被爆者が治療を受ける映像が描かれていく。そうしたなかで、アメリカの戦略爆撃調査団が撮影した「赤い背中の少年」の記録映像が映し出されることとなる。当時をふりかった手記によれば、谷口はあまりの苦痛から何度も「殺してくれ」と叫んだという。そのシーンを締めくくるインタビューで、彼は「原爆作った人間、それ作らせた人間、またそれを使った人間、またそれを使って喜んだ人間ね。これは人間じゃないと思うよ。絶対許せない」と怒りをあらわにする。

そして番組の中盤では、そうした谷口が「被爆体験の語り部」となる決意を固めた経緯が説明される。そのシーンでは、ナレーションによって「谷口さんは四十歳を過ぎたころから、自らの被爆体験を積極的に語るように」なったこと、「そのきっかけは昭和四十五年に一枚の写真（「赤い背中」の写真）を手に入れたこと」であったと語られる。そのさい谷口は、「写真だけでは原爆の真の悲劇はけっして伝わらないことを実感」したという。

そのうえで、番組の後半では、「被爆体験の語り部」としての谷口が核兵器廃絶の訴えを表明していくシーンでは、国連の核拡散防止条約会議にあわせて開催される反核デモに加わるために、被爆者団体を代表して渡米する彼の姿が見いだされる。デモに参加した谷口は、「赤い背中」の写真が載せられた名刺を現地の人びとに配りながら、「子供たちや未来の平和のために、一日も早く核兵器をなくさなくてはならない」と語る。そこで描かれるのは、『メル友』で廣瀬がふりかえるような「被爆者として二度と「被ばく者」を出さない」、「原爆が三度使われてはならない」と語ってきた被爆者の具体的な姿といえよう。

こうした映像と言表が表象するように、「被爆体験の語り部」としての谷口をめぐっては、熱線によって焼かれた「赤いの背中」の映像が顕在的に描き出されていた。そして、そうした「眼を背けたくなるような」映像こそが、核兵器廃絶の語りへと結びつけられていくのである。原爆被害の映像という点でいえば、『メル友』や『平和巡礼』に登場した廣瀬もまた、被爆体験の講話を行ううえで犠牲者の写真を用いていた。このように考えるならば、一九四五年八月の惨劇を描き出す映像は、「被爆体験の語り部」というテレビ的表象を広く特徴づけているといえるだろう。

原爆報道のはじまりと「終戦の詔書」の物語

原爆被害の映像と核兵器廃絶の語りとの接合は、「被爆体験の語り部」としての谷口を描いた『赤い背中』をはじめとする、テレビ番組にのみ見いだされるわけではない。そうした接合は、テレビが普及する以前の「八月ジャーナリズム」にまでさかのぼることができる。「被爆体験の語り部」というテレビ的表象が、どのような歴史のもとに立ち現れたのかを考えるために、原爆報道の嚆矢をなす『アサヒグラフ』一九五二年八月号をみてみよう。

占領期には、広島と長崎の被爆にかんする報道がＧＨＱの言論統制によって禁止されていた。そうした「プレス・コード」の廃止とともに発行された『アサヒグラフ』は、「原爆被害の初公開」と銘打ち、広島と長崎の被爆写真を九頁にわたって掲載する。このグラフ雑誌は大きな反響を呼び[1]、原爆被害の映像がはじめて広範な人びとの目に触れることとなる。戦後日本社会では、一九四五年八月の惨劇が、そこから七年後の占領終結という文脈のもとでナショナルなメディア環境に立ち現れたといえる。

ここで注目すべきは、そうした『アサヒグラフ』の特集記事の見出しに、「〃頻ニ無辜ヲ殺傷シ・・・・〃――終戦詔書より――」というかたちで、一九四五年八月十五日の「玉音放送」における天皇の言表が付されている点である（画像1）。その言表は、引用元である「終戦の詔書」では、以下のような言説に配分されていた。

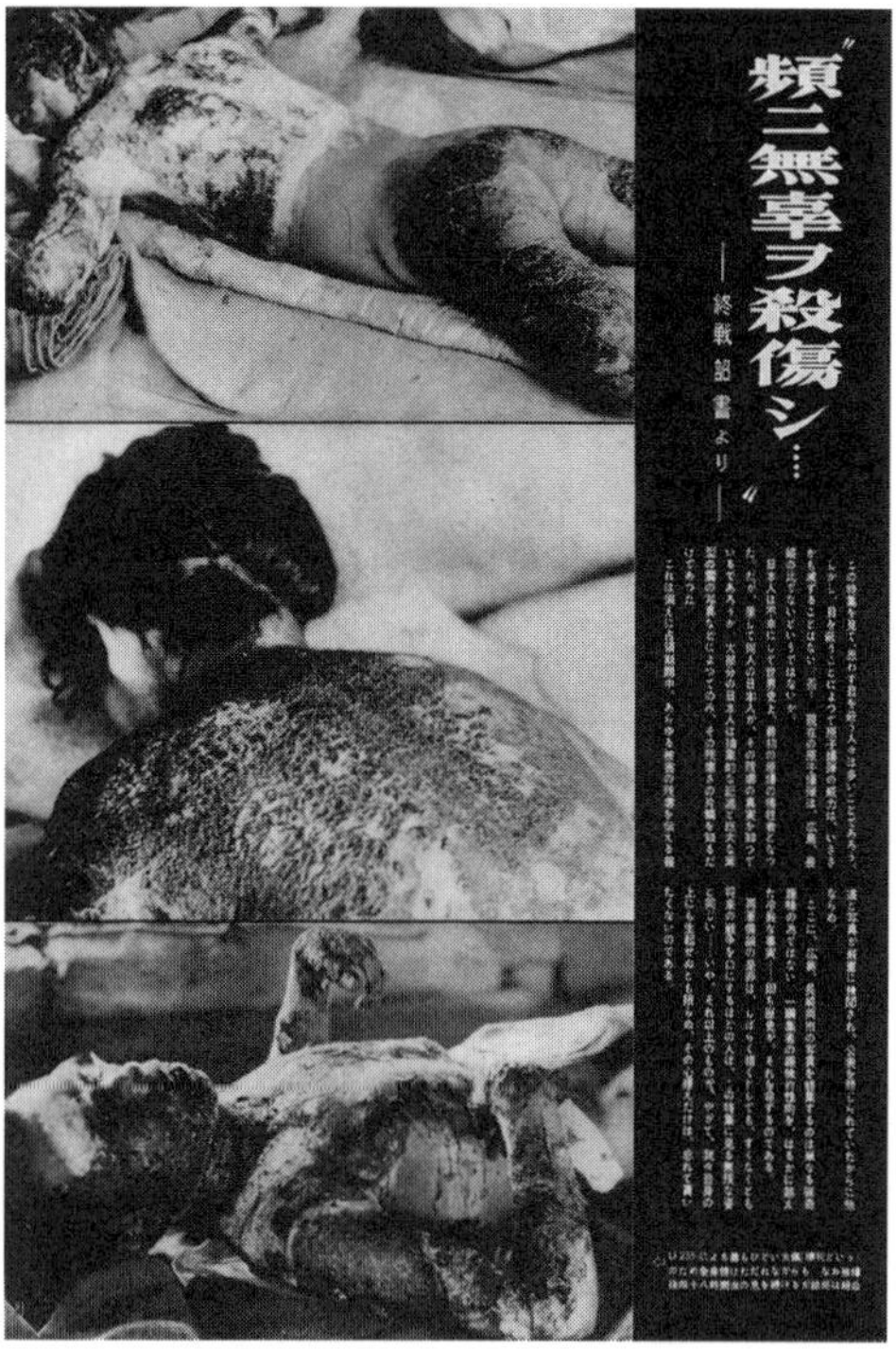

画像1　原爆報道の解禁のさいには，「頻ニ無辜ヲ殺傷シ」という「終戦の詔書」の言表が特集記事の見出しとなった（『アサヒグラフ』1952年8月号より）

> 敵ハ新ニ残虐ナル爆弾ヲ使用シテ頻ニ無辜ヲ殺傷シ惨害ノ及フ所真ニ測ルヘカラサルニ至ル而モ尚交戦ヲ継続セムカ終ニ我カ民族ノ滅亡ヲ招来スルノミナラス延テ人類ノ文明ヲ

モ破却スヘシ（中略）是レ朕カ帝国政府ヲシテ共同宣言ニ応セシムルニ至レル所以ナリ

ここで語られているのは、つぎのような物語である。敵国であるアメリカが、「残虐ナル爆弾」によって罪のない人びとを「殺傷シ」、その被害ははかりしることができない。このまま戦争をつづければ、「我カ民族ノ滅亡」のみならず、「人類ノ文明ヲモ破却」してしまうだろう。それを救うために、天皇は無条件降伏を求める「共同宣言ニ応」じることにした。すなわちここでは、「被爆」と敗戦とが直接の因果関係によって結びつけられているのである。

このように、『アサヒグラフ』に付された「頻ニ無辜ヲ殺傷シ」という言表は、この国の被爆をアメリカからもたらされた「被害」として語るとともに、その犠牲者を国民の滅亡と世界の破滅を防ぐための礎として位置づけようとする物語的な言説の一部であった。そうした言表が独立直後のメディア環境に出現したことの意味を考えるうえでは、「終戦の詔書」において、原爆投下へと帰結することとなるアジア太平洋戦争の歴史が、そもそもどのように認識されようとしていたのかを読み解く必要がある。

「終戦の詔書」ではまず、「朕ハ帝国政府ヲシテ米英支蘇四国ニ対シ其ノ共同宣言ヲ受諾スル旨通告セシメタリ」という言表によって、日本政府がアメリカ、イギリス、中国、ソ連にたいして無条件降伏を受け入れたことが語られる。ところが、その直後の部分では、ポツダム宣言の受諾によって終わりを迎える戦争とは、天皇が「帝国ノ自存ト東亜ノ安定トヲ庶幾スル」がゆえに始まった、「米英二国ニ宣戦セル」戦争であると説明される。ここで指し示されているのは、一九三一年九月の柳条湖事件と満州事変を発端とした「十五年戦争」と呼ばれる中国への侵略戦争ではなく、一九四一年十二月の真珠湾攻撃からはじまる対英米戦なのである（小林 2010：173）。

「頻ニ無辜ヲ殺傷シ」という言表は、このようにして東アジアにたいする「加害の歴史」を捨象しようとする言説に配分されている。いましがた確認したように、「終戦の詔書」では、アメリカによる「残虐ナル爆弾」の投下へと帰結することとなった戦争が、自国の防衛と東アジアの安定を実現するための戦いであったと規定されている。

そうした認識を前提とすることによってこそ、「我ヵ民族ノ滅亡」と「人類ノ文明」の破却を防ぐために「共同宣言ニ応セシムル」という論理が成立しえたのである。

そのうえで、「終戦の詔書」の後半では、そうした無条件降伏をめぐって、「堪ヘ難キヲ堪ヘ忍ヒ難キヲ忍ヒ以テ万世ノ為ニ太平ヲ開カムト欲ス」という天皇の心情を意味する言表が配分されていく。そこでは、敗戦を受け入れることが、太平の世を築くための苦渋の選択であったと語られている。しかしながら、ポツダム宣言が発せられた一九四五年七月二十六日から、「御聖断」が行われた翌八月十四日までの政治過程をふりかえってみると、天皇を含めた戦争指導部が連合国との講和に向けた有効な手立てを講じてこなかったことがあきらかとなる。[2] 無条件降伏を求める通告をおよそ二十日間にわたって「黙殺」したがために、八月六日の広島、九日の長崎という二度の原爆投下を招くこととなったのである。「終戦の詔書」においては、戦後の「平和」を希求する天皇の心情が語られることによって、無策の結果として甚大な犠牲者を生み出した政治の責任までもが消し去られようとしているのである（小林 2010：175）。

このように、「終戦の詔書」では、アジア太平洋戦争における「加害の歴史」や、原爆投下を招来した戦争指導部の責任が潜在化されることによって、アメリカによる原爆投下という「被害」を経験したからこそ、わが国は戦後において世界の「平和」を構築していくという論理が働かされていた。そして、そうした論理は、『アサヒグラフ』の言説そのものを編制してもいる。長崎の被爆写真を掲載した頁には、「ここに掲げた数葉の写真の中から、昭和二十年八月九日午前十一時の瞬間に死んでいつた長崎の人々の声と心をききわければ、冷戦や再軍備の声もまた自ら別な響きをもつて迫つてくるだろう」という言表が配分されている。[3] そこでは、原爆被害の映像が、冷戦が激化する一九五〇年代の国際的政治状況と結びつけられることで、再軍備論や米ソ間の核戦争にたいする警鐘がならされているのである。

「八月ジャーナリズム」と「唯一の戦争被爆国」

さきに述べたように、原爆報道の嚆矢をなす『アサヒグラフ』は、占領終結直後の日本社会で、一九四五年八月の惨劇をはじめてナショナルなメディア環境で描き出した。そこでは、原爆被害の映像が「頻ニ無辜ヲ殺傷シ」という言表によって意味づけられるとともに、冷戦や再軍備にたいする批判が語られていた。そこに見いだされるのは、アメリカからもたらされた「被害の歴史」としての被爆を、戦後に実現されるべき世界の「平和」へと結びつけようとする「終戦の詔書」の物語なのである。

占領終結直後に発行された『アサヒグラフ』が、広島と長崎の被爆を「終戦の詔書」の物語として表象したことは、同時期のラジオや新聞による「八月ジャーナリズム」の形成とも深くかかわっていた。佐藤卓己（2002）は、国内のマスメディアによる「八月ジャーナリズム」の形成を、一九四五年八月十五日＝「玉音放送」によって「終戦」が告知された日の前景化と、同年九月二日＝「降伏文書」の調印が行われた日の後景化のプロセスとして論じている。佐藤によれば、ラジオにおいて「終戦番組のメディア編成が今日まで続くスタイルを確立したのは、五五年である」（佐藤 2002：84）とされる。そのきっかけとなったのが、一九五一年のサンフランシスコ講和条約の調印であった。

> 結局、五一年対日講和条約調印を境に「日本国民反省の日」（「天声人語」『朝日新聞』一九五〇年九月二日）である九・二降伏記念日から「ここに平和の鐘が世界に鳴りひびいた意義深い日」（『朝日新聞』一九五〇年八月一五日）八・一五終戦記念日へ「戦争の記憶」の重心は移動した。それは「敗戦＝占領」の記憶を「終戦＝平和」に置き換えようとする心性の下で進められたと考えるべきではないだろうか。（佐藤 2002：87）

このことを示すように、一九五五年以降は、新聞においても「九月二日の紙面から「降伏」「敗戦」は完全に消えた」（佐藤 2002 : 86）。八月十五日を中心とした「八月ジャーナリズム」の形成は、九月二日の忘却と同義であったといえる。

くわえて、一九五〇年代に九月二日の「敗戦」から八月十五日の「終戦」への移行が進められた背景には、占領終結後の日本社会における「ナショナル・アイデンティティ」の模索があった。当時の新聞を分析した有山輝雄によれば、占領下で他律的に枠づけられてきた日本国民は、独立にさいして「新しい日本国民のアイデンティティの核として、潜伏している過去の記憶を呼びだし、表面化させる必要」（有山 2003 : 13）に迫られたとされる。それゆえ、「まず、記念すべき日がどの日であるべきかが問題であった。占領の末期からメディアが過去を記念すべき日として徐々に提示しだしたのは、八月六日と八月一五日であった」（有山 2003 : 14）。その結果、長崎を含む「被爆の日」と「玉音放送」が流された「終戦の日」は、メディア環境において連続した記念日としてみなされていく。

> 八月六日、九日は全人類の平和祈念の日として普遍的意味を付与され、八月一五日は民主主義・自由の意義を再確認する日として語られた。そして、両者は連続した記念日として意識され、「平和と民主主義」を中心とする国民意識がテーマとなったのである。（有山 2003 : 17）

ここで指摘されているのは、戦後の「平和」を主題とした、八月六、九日の原爆忌と八月十五日の「終戦」との言説的な結びつきである。そこには、被爆を経験したからこそ戦後の「平和」を構築していくという、「終戦の詔書」と同様の論理が見いだされるだろう。思い起こさなくてはならないのは、そうした論理が、アジア太平洋戦争における「加害の歴史」や、原爆投下を招いた戦争指導部の責任を見えにくくしていたという点である。八月六、九日と八月十五日を「記念すべき日」として提示することは、そうした歴史や責任を、「潜伏している過去の記憶」に留めてしまうことを意味していた。

このようなかたちで、「終戦の詔書」の物語が「八月ジャーナリズム」を枠づけていくなかで、一九五〇年代のメディア環境では、「原水爆禁止を叫んでいくことこそ、その犠牲者たちに答える道であり、日本国民として自分自身を確認し、世界の一員となる道でもあるという枠組み」（有山 2003 : 15-6）がかたちづくられていくこととなる。占領終結直後に、「頻ニ無辜ヲ殺傷シ」という言表によって一九四五年八月の惨劇を描き出した『アサヒグラフ』は、原爆被害の映像を「国民化」させるとともに、冷戦や再軍備にたいする批判を語ることで、そうした枠組みに寄与したといえるだろう。「八月ジャーナリズム」の形成とは、「終戦の詔書」の物語を基調とした、「唯一の戦争被爆国」というナショナル・アイデンティティの確立でもあったといえる。

「八月ジャーナリズム」が、「原水爆禁止」、つまりは核兵器廃絶を語ろうとする「領域」としてメディア環境に立ちあがったのだとすれば、二〇〇五年八月の『赤い背中』は、戦後六十年という文脈においても、それが一定の力学を有していたことを示している。そこでは、「被爆体験の語り部」としての谷口が、国際的な反核デモの場において「子供たちや未来の平和のために、一日も早く核兵器をなくさなくてはならない」と語っていた。いいかえれば、「唯一の戦争被爆国」というナショナル・アイデンティティが、テレビ的表象として再生産されているのである。

そして、原発震災をすでに経験した今日からすれば、核兵器廃絶を語ろうとする「八月ジャーナリズム」の力学こそが、核の「軍事利用」による「被爆」の脅威を、核の「平和利用」が孕む「被曝」のリスクとして語りなおすことを困難にしていたともいえる。『アサヒグラフ』の被爆写真や谷口の「赤い背中」は、「国民化」された「被害の歴史」としての一九四五年八月の惨劇を、具体的なイメージによって描き出していた。そうした「眼を背けたくなるような」表象が、核兵器廃絶の語りとともにメディア環境において反復されることで、長期間にわたる「眼に見えない」被害である低線量被曝が描かれにくくなっていったのである。二〇一二年八月の『メル友』における「二度と「被ばく者」は出さないというのは、原爆が三度使われてはならないという、そういうこととして考えていました」、「原子力発電所の事故によって、放射能にまた苦しむ人がでるということを考えていなかったこと自体を、ほんとに口惜しいと思う」という廣瀬の語りは、そうした「八月ジャーナリズム」の力学のひとつの帰結として考えることができるだろう。

4 「八月ジャーナリズム」の揺らぎ

「燃える手」の系譜

「唯一の戦争被爆国」というナショナル・アイデンティティに枠づけられた「八月ジャーナリズム」の力学は、「赤い背中」のような「国民化」された一九四五年八月の惨劇をテレビ的表象として顕在化させることで、核の「軍事利用」による「被爆」を、核の「平和利用」による「被曝」として語りなおすことを困難にしてきた。しかしかし、二〇〇五年八月の『平和巡礼』で被爆体験の講話を行っていた廣瀬が、二〇一二年八月の『メル友』では被爆者手帳の交付運動をふりかえるように、原発震災を経た今日では、かつての「被爆体験の語り部」が低線量被曝を語るようにもなっている。そうした変化は、「八月ジャーナリズム」の力学の揺らぎをあらわしているのではないだろうか。

「八月ジャーナリズム」が形成された一九五〇年代半ばには、原水禁運動の全国的な盛り上がりがあったものの、そうした特定の政治的運動を除けば、被爆者が公に自身の体験を語る機会は限られていた（Yoneyama 1999＝2005 : 143-7）。テレビの全国放送に「被爆体験の語り部」が登場するようになったのは、原爆報道の解禁から二十年以上が経過した一九七〇年代半ば以降である。それは、谷口が「昭和四十五年に一枚の写真（「赤い背中」の写真）を手に入れたこと」をきっかけとして、被爆体験を語り継ぐ決意を固めた時期と重なっている。

そうした状況下で、「被爆体験の語り部」をナショナルなメディア環境で描き出したのは、一九七五年八月六日に放送された『市民の手で原爆の絵を』（以下、『市民の手』）であった。『市民の手』は、ＮＨＫ広島に寄せられた何枚もの「原爆の絵」を、描き手である被爆者のナレーションによって紹介したドキュメンタリー番組である。この番組は、「原水禁運動の政治的分裂によって求心力を失っていた被爆地市民の反核運動が、テレビジャーナリズムを触媒として新たな方向に動き」だすきっかけとなったという点で、核兵器兵絶を語ろうとする「八月ジャーナリズム」の力学のもとにおかれていた（安藤 2012 : 20）。

『市民の手』に登場する「原爆の絵の描き手」のなかでも、とくに注目すべき人物が、広島の被爆者の高蔵信子である。高蔵が描いた「燃える手」は、番組で紹介される計十七枚のなかの最後の絵として紹介される。そのシーンで彼女は、「燃える手」に自身の声でつぎのようなナレーションを重ねる。

通行中即死なさったらしい方の遺体で、身体は仰向けになり、何かを摑むように手を空に向け、その指は青い炎を出して燃えていました。かつてはこの手で愛児を抱き、またある日は、本のページもめくられたであろうことを思いますと、胸がいっぱいになります。

このようにして描かれた高蔵の「燃える手」は、その後の「八月ジャーナリズム」でも反復されていく（画像2）。たとえば高蔵は、二〇〇五年八月六日にTBSが放送した長編ドキュメンタリー番組『ヒロシマ　～あの時、原爆投下は止められた　いま、あきらかになる悲劇の真実～』（以下、『ヒロシマ』）に登場している。そのシーンでは、BBC制作の再現映像によって、原爆投下直後の広島市内が演出される。そこで彼女は、「燃える手」を目にした当時の状況をつぎのようにふりかえる。

指が燃えている。長さが、三分の一くらいに短くなって、青い炎を出して五本の指が燃えているんです。そして、グレーの液体がしゅっと流れて、ぽとっと落ちる。（中略）その手が今朝子どもにふられたのかもしれないと思うと胸がいっぱいになった。

そして画面には、「燃える手」の絵が映し出されていく。この場面は、『ヒロシマ』が十年後の二〇一五年八月六日に短縮されたかたちで再放送されたさいにも描かれている。その意味で、高蔵の「燃える手」もまた、谷口の「赤い背中」と同様に、一九四五年八月の惨劇を「国民化」された「被害の歴史」として描き出す原爆被害の映像のひとつといえるだろう。

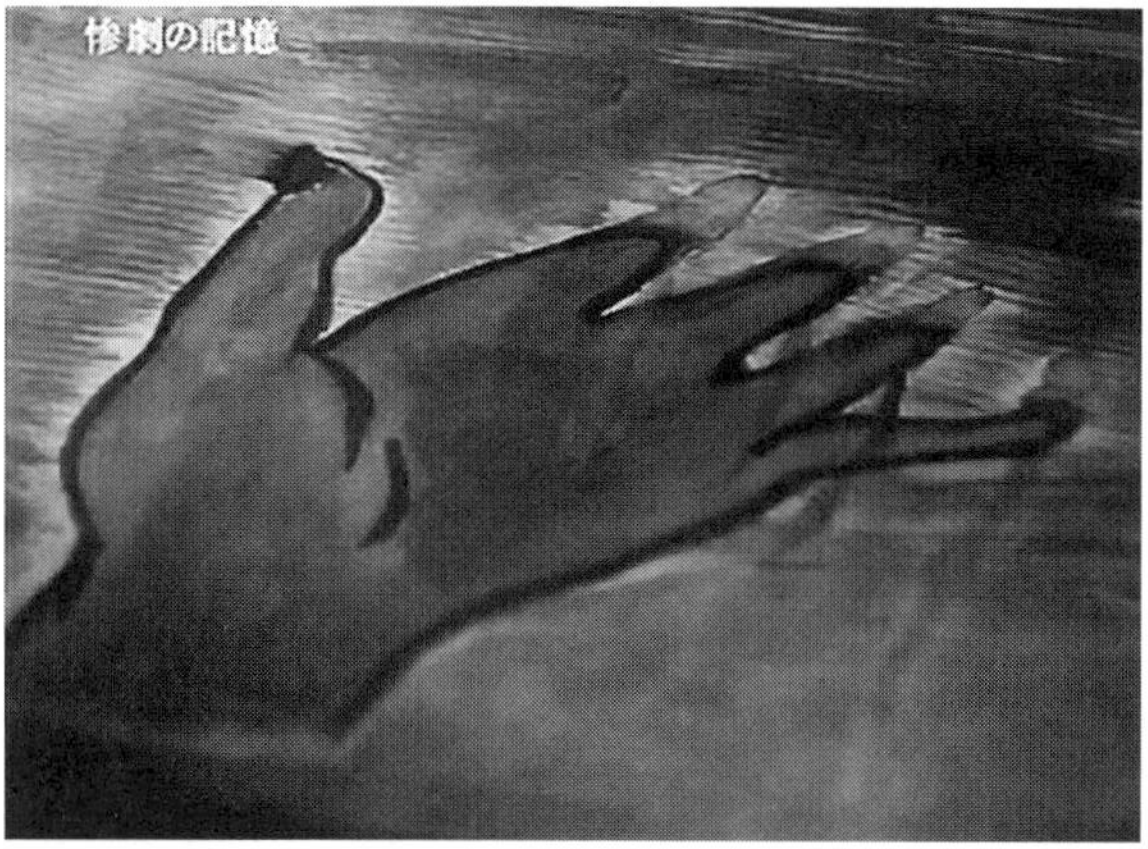

画像2　NHKが1975年8月6日に放送した『市民の手で原爆の絵を』で紹介された高蔵信子の「燃える手」は，その後のドキュメンタリー番組などでも描かれるようになった（TBS『ヒロシマ〜あの時，原爆投下は止められた　いま，あきらかになる悲劇の真実〜』2005年8月6日放送より）

しかし、原発震災を経験した今日では、そうした「燃える手」の描き手である高蔵が、「八月ジャーナリズム」のなかで「低線量被曝者としての被爆者」としても描かれるようになっている。それをあらわすひとつのテレビ番組が、NHKが二〇一三年八月六日に放送した『終わりなき被爆との闘い〜被爆者と医師の六十八年〜』（以下、『被爆との闘い』）である。

『被爆との闘い』は、被爆者のあいだで近年増加が確認される「第二の白血病」と呼ばれる骨髄異形成症候群（MDS）を取り上げたドキュメンタリー番組である。この番組では、被爆者の晩発性障害の調査をつづけてきた鎌田七男という医師が取り上げられている。そして、そうした鎌田が四十年にわたり診つづけてきた「昔からの患者」として登場する人物こそが、高蔵なのである。そのシーンでは、彼女が戦後をとおして脊髄の腫瘍などの病に苦しんできたことが語られる。それだけでなく、現在の主治医のもとを訪れたさいに、高蔵はさらにMDSにも罹患していることを宣告されてしまう。鎌田がインタビューで語るように、晩発性障害とは長期間にわたる「時限爆弾」であり、それは一度のみならず「二つめの時限爆弾、三つめの時限爆弾」として発症するのである。

そして、高蔵の病を描いたシーンの直後には、原発建設が進むアジア各国の技術者が広島大学病院を訪問するシーンが挿入されることとなる。そこでは、そうした技術者たちが、広島の被爆者の調査で得られた知見をもとにして、放射線によって引き起こされる染色体異常への対応を学ぶ様子が描かれる。このシーンがあらわすように、原爆という核の「軍事利用」による「被爆」は、医科学的な観点からすれば、原子力開発という核の「平和利用」が孕む「被曝」のリスクとして語りなおすことが可能なのである。

このように、二〇一三年の『被爆との闘い』においては、高蔵が「燃える手」の描き手としてではなく、長期間にわたって晩発性障害を疑われてきた患者として描かれている。ここで重要なのは、彼女のそうした歴史が、じつは一九七五年八月の『市民の手』においてすでに語られていたという点である。「燃える手」にナレーションを重ねるシーンの最後で、高蔵は「病気をしながらも、今日まで生きながらえています」と語っている。しかし、二〇〇五年の『ヒロシマ』などで「燃える手」が引用されるさいには、そうした高蔵の病についてほとんど言及されてこなかった。原発震災以前の「八月ジャーナリズム」では、一九四五年八月の惨劇が語り描かれるなかで、「低線量被曝者としての被爆者」として高蔵の歴史が、テクストの表象可能性としては後景化していったといえるだろう。

高蔵をめぐるこれらのテレビ的表象は、原発震災後における「八月ジャーナリズム」の力学の変化をあらわしているといえよう。すなわち、福島原発事故による放射能汚染が目にされるなかで、核の「軍事利用」による「被爆」が、一九四五年八月の惨劇としてだけではなく、長期的な低線量被曝の被害としても描かれるようになっているのである。そうしたなかで、高蔵をめぐっては、彼女が苦しんできた晩発性障害との闘いこそが、核の「平和利用」が孕む「被曝」のリスクとして語りなおされようとしているのである。

「入市被爆者」と原爆症認定訴訟

一九七五年の『市民の手』において「燃える手」の描き手であった高蔵は、二〇一三の『被爆との闘い』では晩発性障害の患者として描かれていた。このことは、ひとりの被爆者が「被爆体験の語り部」としても、「低線量被曝者としての被爆者」としても描かれうることを示している。同様のことは、二〇一二年の『メル友』において、一方では被爆体験の講話を行う廣瀬が、他方では被爆者手帳の交付運動をふりかえっていたという事実が示してもいる。被爆者をめぐるそうしたテレビ的表象の多層性こそが、原発震災後における「八月ジャーナリズム」の力学の揺らぎをあらわしているといえよう。

そして、被爆者のテレビ的表象をめぐる多層性は、かならずしも今日においてのみ見いだされるわけではない。「原爆症認定訴訟」が全国的な盛り上がりをみせた二〇〇〇年代には、「被爆地」における晩発性障害の問題が、原発震災以前のテレビによって描かれていた。『メル友』や『被爆との闘い』がすでに放送された今日からみたとき、そうした低線量被曝を、どのように考えることができるのだろうか。

二〇〇〇年代における原爆症認定訴訟の背景には、一九九四年の「被爆者援護法」の制定があった。その法律によって、広島と長崎の被爆者は、ガンをはじめとする特定の晩発性障害と被爆との因果関係が認められた場合に、公的な援助を受けることが可能となる。しかしながら、国が設けた基準は厳しく、とくに原爆投下後に広島、長崎市街に立ち入った「入市被爆者」の原爆症はまったく認められてこなかった。

そうしたなかで、二〇〇三年には名古屋で入市被爆者による全国初の原爆症認定訴訟が起こされる。その後、原爆症の再認定を求める動きは、二〇〇六年五月に大阪地裁、同年八月に広島地裁へと広がっていき、前者では九人（うち、入市被爆者三人）、後者では四一人（うち、入市被爆者二人）の原爆症が司法によって認められる。それらの判決をうけ、二〇〇八年には、原爆投下から一〇〇時間以内に爆心地から二キロ以内に入市した人びとを原爆症認定の対象とする新たな基準が設けられることとなる。

そうした時期に制作されたのが、NHKが二〇〇七年八月九日に放送した『原爆のせいじゃなかとですか』(以下、『なかとですか』)である。[4]『なかとですか』は、長崎の入市被爆者である森内實が、原爆症認定を求めて国と裁判で闘う姿を描いたドキュメンタリー番組である。そこでは、「残留放射線」と晩発性障害との因果関係が重要なテーマとなっている(画像3)。この番組で注目すべきは、そうした残留放射線の影響をめぐる再評価を、二〇一三年の『被爆との闘い』に登場することとなる鎌田が語っていたという点である。[5]

鎌田が登場するのは、二〇〇七年六月に広島で開催された「原子爆弾後障害研究会」を描くシーンである。その研究会で鎌田は、国が残留放射線の評価基準として採用してきた「DS86」のデータが「必ずしも広島、長崎には当てはまらない」と指摘する。なぜなら、ナレーションで説明されるように、ネバダの核実験で測定されたDS86は「残留放射線を出す地上の物質を土のみに限定し、がれきなど他の物質は考慮して」いないからである。この問題について、鎌田はつぎのように語っている。

なぜこれまで入市被爆者の線量が置き去りにされてきたのか、ということですけども、これは我々科学者の怠慢であったといわざるをえないと私自身も非常に恥じ入っております。といいますのも、DS86は土成分のことしか書いておりませんので、それはネバダの実験を模したような計算であると考えられます。ですけども、実際には、倒れた人骨、あるいは馬の骨を半減期過ぎて測定してもなお、(予想より――引用者)一〇倍から一〇〇倍の放射能があった。

残留放射線の再評価をめぐる鎌田の語りは、『メル友』で描かれる被爆者手帳交付運動の歴史と同様に、晩発性障害をめぐる調査と補償の立ち遅れを描き出している。それゆえ、つづくシーンでは、その影響を評価することの難しさが語られていく。原爆症認定訴訟を闘う森内が、長崎の被爆者である山口桂二の自宅を訪れる場面には、つぎのようなナレーションが重ねられる。

森内さんや山口さんは、爆心地付近でほこりや水、食料などを摂取しました。それらは、放射能によって汚染されていたとも指摘されています。しかしその影響がどの程度あったのか、いまも科学的な結論は出ていません。

画像３　被爆直後の長崎市街を行き交う人びと。彼ら彼女らの多くが「眼に見えない」残留放射線にさらされ，原爆症のリスクを負うこととなったとされる（NHK『原爆のせいじゃなかとですか』2007年8月9日放送より）

ここで語られているのは、「内部被曝」というかたちでの低線量被曝である。それは、原発震災後の福島でも医科学的な争点となっている。なぜなら、飲食物の摂取や呼吸によって引き起こされる内部被曝には有効な防護手段がないうえに、被曝線量の実測ができる外部被曝にたいして、内部被曝の場合はそれがきわめて困難なためである（児玉・清水・野口 2014：33-6）。内部被曝にかんしては、「ヒトのデータがないこと」がその影響をめぐる評価を難しくしているのである。このように考えたとき、『メル友』における「（福島の健康調査を）五年、十年、二十年、三十年と見つづけていかないといけない」、「実験のモルモットになっているようで嫌だというよりは、その結果をちゃんと教えて下さいと、福島の人は胸を張っていうべき」という廣瀬のことばは、さらに差し迫った意味をもつこととなる。

このように、二〇〇七年の『なかとですか』は、二〇一二年の『メル友』や二〇一三年の『被爆との闘い』が取り上げることとなる、「被爆地」における低線量被曝の問題を、入市被爆者をめぐってすでに描いていた。その意味で、『なかとですか』では、原発震災後に顕在化した晩発性障害の調査と補償をめぐる問題を、原発震災以前のテレビ・ジャーナリズムが先取りしていたことになる。

しかしながら、『なかとですか』で描かれる入市被爆者は、核兵器廃絶を語ろうとする「八月ジャーナリズム」の力学と無関係であったわけでもない。番組の後半には、森内が地元の高校で講話を行うシーンが収められている。そこで森内は、高校生にたいして自身がかかわっている原爆症認定訴訟について説明する。

僕が思うのにはですね、ちょっとだけいま国と争ってるんですけど、絶対に僕はこれが原爆症だって言えない節もあるんですよ。（中略）確定的な症状っていいますか、その症状がものすごく多いから僕は原爆症。そして入市して、放射能にまみれ、また水、食べ物食べてですね、水を飲んで、そういう原爆症になる条件を備えてるから、僕は原爆症って思うだけでですね、結局六十二年経ったいまでも結論は出ていないんですよ。

ここで森内が語るのは、「赤い背中」や「燃える手」が表象する一九四五年八月の惨劇ではなく、六十二年にわたって原爆症を疑いつづけてきたという自身の歴史である。それは、脊髄の腫瘍やＭＤＳと向き合いつづけてきた高蔵の病との闘いと重ね合わせることができるだろう。そして、「ちょっとだけいま国と争ってる」ということばが示すように、そうした病との闘いは、「国民化」された「被害の歴史」に亀裂をもたらしうるような、「低線量被曝者としての被爆者」の歴史なのである。

ところがその後、原爆症認定訴訟を語る森内の講話は核兵器廃絶の語りに向かっていく。

僕らが勝訴したからっちゅうて、この原爆問題が終わりとは絶対思っていません。僕は微力ながらでもですね、僕もいまからでも遅くない、（中略）いまからさきですね、核廃絶、絶対に戦争を起こしたらいかん、核兵器を使ってはいかん、使わせてはいかんという運動をしようと思っています。

『メル友』や『被爆との闘い』がすでに放送された今日からすれば、原爆症を疑いつづけてきた森内の歴史は、核の「平和利用」が孕む「被曝」のリスクとして語りなおすことのできる、核の「軍事利用」による「被爆」であったといえる。しかし、二〇〇七年八月に放送された『なかとですか』では、その歴史が「核兵器を使ってはいかん、使わせてはいかんという運動をしようと思っています」という語りへと方向づけられている。ここでは、入市被爆者の森内をめぐって、「低線量被曝者としての被爆者」と「被爆体験の語り部」とが重なりあったテレビ的表象が立ち現れているといえよう。そして、被爆者のそうした多層化した語りを、最後には核兵器廃絶へと収斂させていったのが、「唯一の戦争被爆国」というナショナル・アイデンティティに枠づけられた「八月ジャーナリズム」の力学であったのである。

5　低線量被曝としてのビキニ事件

二〇〇七年八月の『なかとですか』では、入市被爆者である森内をめぐって「被爆体験の語り部」と「低線量被曝者としての被爆者」とが重なり合ったテレビ的表象が立ち現れていた。『メル友』や『被爆との闘い』がすでに放送された今日からみれば、そこで描かれた残留放射線の再評価、内部被曝、原爆症認定訴訟は、核の「平和利用」による「被曝」として語りなおすことのできる、核の「軍事利用」による「被爆」であったといえる。ところが、そうした低線量被曝の歴史は、「八月ジャーナリズム」の力学のもとで核兵器廃絶の語りへと収斂していた。

繰り返し述べるように、原発震災を経た今日では、核兵器廃絶を語ろうとする「八月ジャーナリズム」の力学が揺らいでいる。そうした揺らぎを捉えるうえで、さらに考えなくてはならないのは、「八月ジャーナリズム」とは異なるかたちで、核の「軍事利用」による低線量被曝がどのように描かれてきたのかであろう。それを読み解く手がかりとなるのが、水爆実験という核の「軍事利用」による「被曝」を取り上げた、「ビキニ事件」をめぐるテレビ番組である。

一九五四年三月のビキニ環礁におけるアメリカの水爆実験によって、焼津の遠洋マグロ漁船である第五福竜丸が被災したことは現在でもよく知られている。乗組員たちが火傷や脱毛といった急性障害を発症したことにくわえて、被災から約半年後には無線長の久保山愛吉が急性白血病を患ったすえに死亡する。そうした動向が新聞やラジオによって報道されたことで、この出来事は「第五福竜丸事件」として広範な人びとに記憶されることになる（山本 2015 : 25–28）。

注目すべきは、事件後の報道のなかで、「第五福竜丸事件」がこの国の「第三の被爆」としてみなされていったという点である。[6] 丸浜江里子（2011）は、久保山をはじめとした乗組員たちの急性障害をめぐる報道が、『アサヒグラフ』一九五二年八月号で描かれた広島と長崎の「被爆」を、占領終結後の「国民」に改めて想起させたと述べる。

（『アサヒグラフ』からは――引用者）独立直後に被爆の実態を取り上げ、伏せられていた被爆情報を国民に伝えようとした勇気と意気込みが伝わってくる。しかし、「猟奇趣味」「無惨な姿」から一挙に「やがて我々自身の上にも生起せぬ共限らぬ、その心構えだけは忘れて貰いたくないのである」へと飛躍する論調にやや違和感を覚える。「犠牲となった」という過去と、「やがて我々」という未来は語られているが、現実の広島・長崎の被爆者の姿が伝わってこない。（中略）第五福竜丸帰港後の大報道はこの距離を一挙に縮めた。

（丸浜 2011 : 216）

結果として、「第三の被爆」としての「第五福竜丸事件」は、一九五〇年代半ばに全国的な盛り上がりをみせることとなった原水禁運動のひとつのシンボルとなっていく（山本 2012 : 118–125）。そしてそれは、一九五五年に広島で開かれた原水禁世界大会に結実する。久保山の死に象徴される「第五福竜丸事件」は、「原水爆禁止を叫んでいくことこそ、その犠牲者たちに応える道であり、日本国民として自分自身を確認し、世界の一員となる道でもあるという枠組み」に寄与したという意味において、「八月ジャーナリズム」を枠づける「唯一の戦争被爆国」というナショナル・アイデンティティの確立にかかわっていたのである。

しかしながら、一九五四年三月にビキニ環礁で被災したのは、じつは第五福竜丸だけではなかった。水爆実験によって発生した「死の灰」は、周辺海域で操業していたその他の遠洋マグロ漁船や、アメリカの核実験場となったマーシャル諸島にも放射線被害をもたらした。それは、「第五福竜丸事件」にはとどまらない、「ビキニ事件」の被害の広がりといえる。そしてそうした水爆実験による「被曝」は、テレビによっても描かれている。

たとえば、原発震災後の二〇一二年一月三十日には、日本テレビが、第五福竜丸事件以外の被災船員を取り上げた『放射線を浴びたX年後』（以下、『X年後』）を放送している。『X年後』は、高知県室戸で一九八〇年代からビキニ被災船員の発掘調査[7]をつづける元高校教師の山下正寿を、南海放送のディレクターである伊東英朗が八年間にわたって取材することで制作されたドキュメンタリー番組である。[8]この番組の冒頭部分では、福島原発の水素爆発や周辺住民にたいする放射線測定の映像が映し出されたうえで、つぎのようなナレーションが重ねられる。

> 二〇一一年三月、原子炉から放出された放射性物質がばらまかれました。繰り返される「ただちに健康に影響はない」ということば。眼に見えぬ放射能の恐怖に人びとは不安を抱いたままです。しかし、今から五十八年前、同じ日本で線量計が人びとに向けられたことは知られていません。そして、日本全土が放射性物質ですっぽりと覆われたことも。救済されることなく死んでいった多くの人びとがいることも。

ここでは、「二〇一一年三月」の福島原発事故とそこから「五十八年前」のビキニ事件とが、「ただちに健康に影響はない」「眼に見えぬ放射能の恐怖」という言表によって語られる、晩発性障害の問題として結びつけられようとしている。いいかえれば、『X年後』が描こうとしているのは、核の「平和利用」による「被曝」として語りなおしうる「低線量被曝としてのビキニ事件」なのである。そして、冒頭部分につづくシーンでは、そうした被害の実態が「船に乗っていた人間が五十代、六十代で亡くなった」、「みんな若くしてほとんど亡くなった」などと語る被災船員やその家族の証言映像によって語られていく。

この番組において重要なのは、そうした「低線量被曝としてのビキニ事件」が、被爆者手帳の交付運動と結びつけられていく点である。番組の終盤では、「調査を始めた頃、四十歳の現役教師だった山下さん。ビキニ環礁での被曝事件を解明し被災者を救済したいと、いまも活動を続けています。現在は、被曝した乗組員たちが被爆者健康手帳を交付されるように働きかけています」というナレーションとともに、六本木の日本海員組合を訪ねる山下が描かれる。低線量被曝と晩発性障害との因果関係を証明することが困難であることにくわえて、被曝線量そのものが十分に調査されてこなかったために、被災船員の救済が滞っているのである。ここでは、『メル友』や『なかとですか』で描かれた晩発性障害をめぐる調査と補償の立ち遅れが、ビキニ事件の歴史として語りなおされているといえよう。

さらに、「低線量被曝としてのビキニ事件」を描いた番組は、原発震災以前にも放送されている。そのひとつが、静岡第一テレビが制作し、一九九四年十二月十九日にNNNドキュメントとして全国放送された『失われた楽園～ビキニ核実験被害から四十年～』（以下、『失われた楽園』）である。(9)『失われた楽園』では、アメリカの核実験場となったマーシャル諸島の人びとの暮らしが描かれる。そこでは、かつて漁業を生業とした豊かな海の暮らしが営まれていた。しかし、水爆実験による海洋汚染によって生活の糧であった漁場を奪われたために、人びとは別の島への移住を余儀なくされる。原発震災を経験した今日からすれば、水爆実験によって生活を破壊され、生業を奪われたマーシャル島民の姿は、原発事故による土壌汚染が福島にもたらした問題を先取りしていたことになる。放射能による環境汚染という点においては、核の「軍事利用」と「平和利用」という区別が意味をなさないのである。

くわえて、この番組の終盤では、汚染されたマーシャル諸島に放射性廃棄物の処分場を建設する計画が浮上していることがあきらかとなる。そこに登場するロンゲラップ島の議員チーペ・カプアは、立地を推進する立場であり、候補地となっている島を回って交渉を進めているという。そうしたカプアは、日本の取材班にたいしてつぎのように語りかける。

あなたたちが日本の世論を教育してください。もうすこしバランスのとれた核にたいする見方ができるようにしてください。なぜ私がいま述べたような考えかたをしているのか、十分に日本のみなさんに認識していただけるような報道をしてください。重要なことなんですが、もし日本が戦争なんかしなければ、ここで核実験などなかったかもしれない。

カプアのこうした語りは、「唯一の戦争被爆国」として核兵器廃絶を語ろうとしてきたこの国のナショナル・アイデンティティを、厳しく問いなおしている。「もし日本が戦争なんかしなければ、ここで核実験などなかったかもしれない」という言表は、アメリカによる原爆投下という「被害」を経験したからこそ、わが国は戦後において世界の「平和」を構築していくという「終戦の詔書」の物語と対照的である。このようにして描かれるビキニ事件は、「第三の被爆」として語られてきた「第五福竜丸事件」という記憶にも亀裂をもたらしうるだろう。

このように、『X年後』や『失われた楽園』では、ビキニ事件における晩発性障害の調査と補償の立ち遅れや、マーシャル諸島の環境汚染が描かれていた。それらは、「第三の被爆」としての「第五福竜丸事件」には還元しえない、すなわち、核兵器廃絶の語りには収斂しえない「低線量被曝としてビキニ事件」の歴史を表象している。そして、「八月ジャーナリズム」の力学のもとでは十分に描かれてこなかった、そうした核の「軍事利用」による「被曝」もまた、原発震災を経た今日では、核の「平和利用」による「被曝」として語りなおすことが可能なのである。

6　系譜学とテレビアーカイブ

言説の領界としての「八月ジャーナリズム」

この章では、原発震災をすでに経験した今日の視点から、広島、長崎、そしてビキニをめぐるテレビ番組を跡づけてきた。それらの番組を検証することで、核の「軍事利用」の脅威が、核の「平和利用」の孕むリスクとしてははたして語りなおされてきたのか、という問いにたいしてどのような回答を用意することができるのだろうか。

まずふりかえらなくてならないのは、わが国において、「軍事利用」の脅威が「八月ジャーナリズム」の力学のもとで描かれてきたという点である。独立後の日本社会では、『アサヒグラフ』一九五二年八月号が、「頻ニ無辜ヲ殺傷シ」という言表とともに、広島と長崎の被爆写真を「国民化」された「被害の歴史」として描き出した。そうしたなかで、一九五〇年代には、「終戦の詔書」の物語を基調とした「唯一の戦争被爆国」というナショナル・アイデンティティが確立していくこととなった。さらにそれと並行するようにして、一九四五年八月の惨劇をもとにして核兵器廃絶を語ろうとする「八月ジャーナリズム」という「領域」がメディア環境に形成されたのである。

そして、そうした「八月ジャーナリズム」に立ち現れた象徴的なテレビ的表象が、一九七五年の『市民の手』における高蔵、二〇〇五年の『赤い背中』における谷口、同年の『平和巡礼』における廣瀬といった「被爆体験の語り部」であった。彼ら彼女らをめぐっては、「燃える手」の絵、「赤い背中の少年」の写真、あるいは原爆犠牲者の写真などの原爆被害の映像が反復されていた。それによって、核の「軍事利用」による「被爆」が、「眼を背けたくなるような」被害として描かれていったのである。

しかし、福島原発事故によって、放射能汚染という「眼に見えない」核の被害への不安が広がる今日では、「八月ジャーナリズム」に「被爆体験の語り部」とは異なるテレビ的表象が立ち現れている。二〇一二年の『メル友』では、廣瀬が被爆者手帳の交付運動をふりかえることで、「被爆地」における晩発性障害をめぐる調査と補償の立ち遅れが描かれていた。また、二〇一三年の『被爆との闘い』では、高蔵が脊椎の腫瘍やMDSといった晩発性障害を疑われる患者として描かれることとなった。そして、「低線量被曝者としての被爆者」をめぐって描かれる、そうした長期的な「被曝」の影響こそが、核の「平和利用」が孕むリスクとして語りなおされようとしているのである。

その一方で、核の「軍事利用」による低線量被曝は、原発震災以前の「八月ジャーナリズム」においても、たしかに描かれていた。たとえば、二〇〇七年の『なかとですか』では、入市被爆者の森内をめぐって残留放射線や内部被曝の問題が取り上げられている。それらは、『メル友』や『被爆との闘い』が原発震災後に描くこととなった問題を、テレビ・ジャーナリズムとして先取りしていたことになるだろう。ところが、そうした森内の歴史は、「八月ジャーナリズム」の力学のもとで、核兵器廃絶の語りへと収斂させられていたのである。

このようにして番組を跡づけていく実践は、M・フーコーが一九七一年の著作『言説の領界』(*L'ordre du discours*)で提起した「系譜学」と考えることができる。系譜学の目的は、ある時代に語られた出来事の背後にある「真理」を突き止めることではなく、そうした出来事がなぜその時代において「真なるもの」とみなされたのかを解き明かすことである。(10) フーコーの問いは、いかにしてある出来事を語っている言表がその出来事を語りうる他の言表をおし退けたのかという、「出現」と「排除」の関係に向けられている。(11) そして、そうした関係を規定するのが、語られた出来事にかんする「真ないし偽の命題を肯定ないし否定できるようにする力」(Foucault 1971=2014: 90)を有する「領域」なのである。

フーコーの思想をふまえるならば、「八月ジャーナリズム」こそが、核の被害のどのような側面を描くのか、あるいは何を核の被害として描くのかを規定するひとつの「領域」であったといえる。原発震災後の今日からみれば、原発震災以前の「八月ジャーナリズム」では、核の「軍事利用」による「被爆」が、「眼を背けたくなるような」

一九四五年八月の惨劇として出現することで、長期にわたる「眼に見えない」低線量被曝の影響が潜在化されようとしていたのである。あるいは、そうした影響が描かれたとしても、それは核兵器廃絶の語りへと収斂させられていたのである。

このように、核エネルギーのテレビ的表象の系譜学は、原発震災以前の「八月ジャーナリズム」の力学が、核の「軍事利用」による「被爆」を、核の「平和利用」による「被曝」として語りなおすことを困難にしてきたことをあきらかにしている。その一方で、そうした系譜学は、今日の視点から、たとえば「低線量被曝としてのビキニ事件」をめぐる番組を跡づけることによって、「八月ジャーナリズム」以外の「領域」において、核の「平和利用」が孕むリスクとして語りなおしうる、核の「軍事利用」による「被曝」が描かれていることもあきらかにする。なかでも、二〇一二年一月の『X年後』は、『メル友』や『なかとですか』で描かれた晩発性障害をめぐる調査と補償の立ち遅れを、ビキニ事件の歴史として描いている。また、一九九四年十二月の『失われた楽園』で描かれたマーシャル諸島の海洋汚染は、生活の破壊という点において、原発震災後の福島における土壌汚染を先取りしていた。さらに、この番組におけるロンゲラップ島民の「日本が戦争なんかしなければ、ここで核実験などなかったかもしれない」という語りは、「八月ジャーナリズム」を枠づけてきた「唯一の戦争被爆国」というナショナル・アイデンティティをも問いなおしているのである。

核エネルギーを語り描く「領域」としてのテレビアーカイブ

原発震災を経た今日の視点から広島、長崎、そしてビキニをめぐる番組を系譜学としてたどることは、「八月ジャーナリズム」という「領域」においてどのような映像と言表が出現したのか、あるいは排除されたのかを跡づけるだけでなく、そうした「領域」の力学そのものを解き明かしていくことを意味していた。そしてそれを成立させているのが、番組を保存し、公開する技術としての「テレビアーカイブ」である。この章の最後では、そうした

「アーカイブ」という技術を捉え返すことによって、系譜学という思想的な方法論の可能性をいまいちど考えてみたい。

その手がかりとなるのが、J・デリダが自身の「技術の哲学」を著した『アーカイヴの病』（*Mal d'archive: Une impression freudienne*）である。そこで論じられるように、デリダにとって、アーカイブとは過去の出来事を記録する「透明な」媒体ではない。

> アーカイヴの問いは、繰り返し言えば、過去の問いではない。それは、われわれが既に所有していたりいなかったりする、過去すなわちアーカイヴについてのアーカイヴ化可能な概念に関する問いではない。それは未来の問いであり、未来そのものの問いであり、明日に対する応答、約束、責任〔応答可能性〕の問いである。（Derrida 1995＝2010：56）

ここで述べられているのは、アーカイブ化された過去の出来事が、現在や未来においてどのような意味を開くのかという問いである。デリダがいうように、「アーカイヴ化は事件を、記録するのと同じほどに生み出す」（Derrida 1995＝2010：26）のである。

どういうことだろうか。たとえば、原発震災後の今日の視点から、テレビアーカイブによって二〇〇七年の『なかとですか』をたどることは、たんに入市被爆者の晩発性障害をめぐる調査と補償の立ち遅れや内部被曝の問題をふりかえるだけでなく、それらを核の「平和利用」による「被曝」を先取りする出来事として語りなおすことでもあった。あるいは、同様のかたちで一九九四年の『失われた楽園』をたどることは、水爆実験によるマーシャル島民の海洋汚染をふりかえるだけでなく、それを原発事故による福島の土壌汚染を先取りする出来事として語りなおすことでもあった。そうすることで、原爆症認定訴訟とビキニ事件が、これまでとは別の意味をもった出来事としてメディア環境に立ち現れ、生み出されることとなる。すなわち、テレビアーカイブは、原発震災後の今日という

「いま・ここ＝現在」において、「かつて＝過去」に描かれた出来事としての低線量被曝に、新たな意味を付与するのである。

このように考えるならば、テレビアーカイブによる核エネルギーのテレビ的表象の系譜学は、「八月ジャーナリズム」という「領域」における映像と言表の出現と排除を跡づけたり、そうした「領域」の力学を解き明かしたりするだけの検証にはもはやとどまらない。それが意味しているのはむしろ、テレビアーカイブ自体をひとつの「領域」として、「八月ジャーナリズム」のもとでは描きえなかったテレビ的表象を思考していく実践なのである。

「唯一の戦争被爆国」というナショナル・アイデンティティに枠づけられた「八月ジャーナリズム」の力学が、核の「軍事利用」による「被爆」を、核の「平和利用」による「被曝」として語りなおすことを困難にしてきたのだとすれば、核エネルギーのテレビ的表象の系譜学は、核兵器廃絶の語りには収斂しえない低線量被曝の歴史を、原発震災を経験した今日において、新たな意味をもった出来事として描き出していく。たとえば、『なかとですか』において「ちょっとだけいま国と争ってる」と語る森内の原爆症認定訴訟は、「国民化」された「被害の歴史」には収まらない、被爆地における低線量被曝の歴史を表象している。あるいは、『失われた楽園』におけるロンゲラップ島民の「日本が戦争なんかしなければ、ここで核実験などなかったかもしれない」という言表は、広島と長崎の被爆を経験したからこそ戦後の「平和」を構築していくという「終戦の詔書」の物語が、あくまでも「唯一の戦争被爆国」という枠組みのもとで語りつづけられてきたことをあきらかにする。

二〇一一年三月の東日本大震災につづく福島原発事故によって、日本社会では「原子力の安全神話の崩壊」が語られることとなった。そこから七年の月日が経とうとする今日、つぎに解体されなくてはならないのは、「唯一の戦争被爆国」というナショナル・アイデンティティと「八月ジャーナリズム」を枠づけてきた、「終戦の詔書の神話」なのではないだろうか。そうした課題を、原発震災のテレビアーカイブは「未来の問い」として提起している。

【注】

（1）この号は初版五〇万部が売り切れ、計四回の増刷がなされるなかで計約七〇万部が出版された。

（2）ポツダム宣言が発せられたあと、戦争指導部がソ連による和平の仲介の可能性に固執し、結果的に「黙殺」という態度をとったことについて、小森陽一はつぎのように述べている。「このような状況誤認の判断がなされた最大の理由は、昭和天皇ヒロヒト及びその側近たちの関心が、いかにして「国体を護持し、皇土を保衛する」のかというところにしかなく、度重なる空襲による国民の犠牲など二の次三の次だったからである」（小森 2003 : 20）。

（3）一九四九年にはソ連が原爆保有を公表したことによって、アメリカによる核の独占体制が崩壊した。それゆえ、一九五〇年代には両国による核戦争の危機が叫ばれるようになっていた。

（4）同時期のテレビ番組としては、名古屋テレビが二〇〇四年に制作した『命をかけて　入市被爆者原爆症認定を闘う』があげられる。そこでは、全国で初の原爆症認定訴訟を提起した広島の入市被爆者甲斐昭が取り上げられる。

（5）残留放射線の再評価にかんして、鎌田は、二〇一〇年に名古屋テレビが制作した『切り捨てられた被爆～残留放射線の闇を追って～』にも出演している。

（6）たとえば、一九五四年三月十七日付の『朝日新聞』には、「三度味わった原爆の恐怖」という見出しが打たれている。

（7）その成果は、山下正寿『核の海の証言――ビキニ事件は終わらない』新日本出版社、二〇一二年に収められている。

（8）伊東は、山下への取材をもとにして二〇〇四年に『わしも死の海におった』を制作している。それは、NNNドキュメントとして同年十月十日に全国放送された。

（9）原発震災後に核実験場としてのマーシャル諸島を取り上げた番組としては、テレビ朝日が二〇一七年八月六日に放送した『ザ・スクープスペシャル　ビキニ事件六十三年目の真実』がある。

（10）フーコーによれば、出来事が語られるひとつの「領域」において、特定の言説が「真なるもの」とみなされる背景には、さまざまな諸力が構成する「真理への意志」があるという。「真理への意志は、他の排除のシステムと同様、一つの制度的支えを拠り所としています。すなわち、この意志は、教育はもちろんのこと、書物や出版や図書館のシステム、かつての学会や今日の実験室といった、諸々の実践の厚み全体によって、強化されると同時に存続させられるものである」（Foucault 1971=2014 : 23）。

（11） フーコーは、言説の排除の形態、制限の形態、占有の形態を捉えようとすることを「批判的」総体と、言説の諸系列の形成やそうした諸系列の規範を記述しようとすることを「系譜学的」総体と定義する（Foucault 1971＝2014：78–9）。そして、「これらの二つの任務を完全に分離することは決してでき」（Foucault 1971＝2014：85）ないのである。

【引用文献】

有山輝雄（2003）「戦後日本における歴史・記憶・メディア」『メディア史研究』第十四号
安藤裕子（2012）「ヒロシマ・ナガサキの樹」早稲田大学ジャーナリズム教育研究所・公益財団法人放送番組センター『放送番組で読み解く社会的記憶――ジャーナリズム・リテラシー教育への活用』日外アソシエーツ
Derrida, J.（1995＝2010）*Mal d'archive: Une impression freudienne*, Éditions Galilée.（『アーカイヴの病――フロイトの印象』福本修訳、法政大学出版局）
Foucault, M.（1971＝2014）*L'ordre du discours*, Éditions Gallimard.（『言説の領界』慎改康之訳、河出書房新社）
今中哲二（2012）『低線量放射線被曝――チェルノブイリから福島へ』岩波書店
小林直毅（2010）「記憶としての「終戦」と天皇――メディア天皇制批判序説」、田中義久編『触発する社会学――現代日本の社会関係』法政大学出版局
児玉一八・清水修二・野口邦和（2014）『放射線被曝の理科・社会――四年目の「福島の真実」』かもがわ出版
小森陽一（2003）『天皇の玉音放送』五月書房
丸浜江里子（2011）『原水禁署名運動の誕生――東京・杉並の住民パワーと水脈』凱風社
佐藤卓己（2002）「降伏記念日から終戦記念日へ――記憶のメディア・イベント」、津金澤聰廣編著『戦後のメディア・イベント［1945–1960年］』世界思想社
――（2005）『八月十五日の神話――終戦記念日のメディア学』筑摩書房
山本昭宏（2012）『核エネルギー言説の戦後史1945–1960――「被爆の記憶」と「原子力の夢」』人文書院
――（2015）『核と日本人――ヒロシマ・ゴジラ・フクシマ』中央公論新社
Yoneyama, L.（1999＝2005）*Hiroshima Traces: Time, Space, and the Dialectics of Memory*, University of California Press.『広島――記憶のポリティクス』小沢弘明・小澤祥子・小田島勝浩訳、岩波書店）

第七章　原発震災とメディア環境

西　兼志

1　日常とメディア

メディアの果たすもっとも基本的な役割は、日常を統御することである[1]。

原初には、日の出・日の入りであり、季節の移り変わり、あるいは星の配置といった自然現象が日常を時間的・空間的に定位させていた。教会の鐘や年中行事は、自然現象に基づいて、時間的・空間的な定位を実現する宗教的な装置である。

メディアは、このような日常を支える時間的・空間的な定位を接収することで、日常を統御するようになったわけである。

たとえば、ベネディクト・アンダーソンは、国民国家が想像の共同体にほかならないと喝破したが、そこで問われている想像力も、このような定位、その接収に関わっている。アンダーソンにとって、想像力とは、次のような意味であった。

国民は想像されたものである。というのは、いかに小さな国民であろうと、これを構成する人々は、その大多数の同胞を知ることも、会うことも、あるいはかれらについて聞くこともなく、それでいてなお、ひとりひとりの心の中には、共同の聖餐《コミュニオン》のイメージが生きているからである。

（アンダーソン 1997 : 17）

この想像力を可能にしているのが、新聞というメディアである。アンダーソンは、「近代人には新聞が朝の礼拝の代わりになった」というヘーゲルのものとされる言葉を引きながら、大量生産される新聞という消費財を読むことが、沈黙のうちに行われる聖餐《コミュニオン》であり、日々繰り返される「マス・セレモニー」なのだと指摘する。翌日には捨てておかれるばかりの新聞は、近代的な消費財の典型にほかならないが、それを、まさにその日に同時に広く共有することで、国民＝国家という想像された共同体は物質的裏付けを得ることになる。

新聞の読者は、彼の新聞と寸分違わぬ複製が、地下鉄や、床屋や、隣近所で消費されるのを見て、想像世界が日常生活に目に見えるかたちで根ざしていることを絶えず保証される。

（同前 : 57）

宗教的で伝統的な定位を世俗的で近代的なものとする新聞というメディアによって、想像の共同体はわれわれの日常に埋め込まれるわけだが、それは逆に言えば、新聞によって、われわれの日常は共同体の空間的広がりと時間的流れのうちに位置づけられるということである。

ベルナール・スティグレールは、日常を構成する時間的・空間的な定位を「暦法性（calendarité）」と「座標性（cardinarité）」と呼び、テレビというメディアによる、その接収の帰結について次のように言う。

暦法性と座標性が集団のあらゆる行動――歴史そのもの、地理そのもの――を重層決定している。ところが、五十年も経たないうちに、テレビが（ラジオによって領土が用意された後）局地的な暦法と座標を接収し、それらをプログラムのグリッドに統合してしまった。テレビは、このグリッドを通して、人々をセグメント化、ターゲット化し、また、そうするために、時間枠と「待ち合わせ」を確立し、プログラムのフォーマット（二十六分、五十二分など）を規定したのだった。こうして、出来事の本質、そして、実のところ、イベント化の条件そのものが根本的に変様されたのだ。

（スティグレール 2013：204–205）

テレビというメディアは、視聴者の意識の流れを、映像・音声の流れと一致させることで統御する。それはまた、文化産業による「図式機能」の簒奪であり、想像力の簒奪である。共同体をめぐる想像力も、この意味で理解されるべきものである。

こうして、われわれの日常は、意識の内奥から、流れそのものとして、自然の時間的・空間的な定位から解き放たれたメディアの時空に取り込まれる。新聞によって描き出される日常が、均質な時間流を切り取った瞬間写真というべきものであったのに対し、テレビでは、日常生活の流れそのものが統御されるようになるのだ。

このような日常の時間的・空間的定位のメディアによる接収は、伝統的な自然の定位からすれば、定位の喪失、方向喪失である。また同時に、メディアが時間的・空間的定位を担い、新たなかたちで日常を制御することでもある。

震災は、このようなメディア化した日常／日常化したメディアの「定位＝方向喪失（(dis)orientation）」を、それを断ち切ることによって、裸出させたのであった。

2　震災の経験とデフォルトとしての日常

メディアによる定位＝方向喪失

震災発生直後から、テレビの流れは断ち切られ、その後、数日にわたって続く特別編成となった。[2] まず流れを断ち切ったのは、次々に送られてきた津波の映像であった。さらにそれが、余震を告げる警報によって断ち切られた。日常のメディアであるテレビが、非日常・非常事態のメディアとなったわけである。それはまた、テレビ的一致を実現する、中継のメディアとしてのテレビ＝パレオＴＶの特性が姿を顕わにすることでもあった。

このような出来事の闖入は、逆に、日常のテレビがいかなるものであったかを際立たせた。大地震が発生したとき、ＮＨＫでは国会の様子が中継されており、民放では情報番組や、再放送のドラマ、バラエティーが流されていた。極々ありきたりの番組が、いつもの午後と何ら変わることなく放送されていた。ＮＨＫはテロップで地震の発生を伝えた後、スタジオからの放送に切り替え、激しく揺れる屋外カメラの映像を流した。遅れて民放各局もテロップで第一報を伝え、徐々にスタジオからの中継に切り替わっていった。

そのなかで興味深いのは、大阪の読売テレビから生で放送されていた『情報ライブ　ミヤネ屋』である。番組開始当初は関西ローカルの番組であったのが、二〇〇八年三月からは日本テレビでも放送されるようになっていた。発災時は、ちょうど都庁からの中継が行われていた。当時の石原都知事が再選に向けての出馬を表明することになっており、リポーターが会場から、まもなく会見が開かれようとしていることを告げているときに、揺れが東京を襲った。震度は三か四ぐらいではないか、また、会見場が六階にあることを告げたのち、すぐにＣＭに入った。ＣＭに移る間際に地震速報のテロップが流れるが、そこには東京で地震とみられる揺れが感じられましたとだけ記されていた。ＣＭのあいだにも、十秒ほど、東京の日本テレビの報道フロアからの映像、そして、屋外を映し出すカメラの激しく揺れる映像が映し出され、危険な状態だというアナウンサーの切迫した声が重なる。続くCM中には、宮城県で震度七の地震が起きたというテロップが入る。

番組が再開すると、東京の日本テレビの報道フロアからアナウンサーが、立っているのも困難なほどの揺れであることを伝える。それに被せて、番組司会の宮根誠司は、大阪でも大きな揺れが感じられることを繰り返し、大阪のスタジオの照明が揺れている映像も流される。さらに、大津波警報が発令されたことが報じられ、その地域を示した地図が表示される。ここで際立っているのは、東京と大阪の対比、非常事態・非日常にいきなり投げ込まれた切迫した姿と、あくまでテレビ的日常を続けようとし、日常の有する慣性の力に引きずられた姿の対比である。

続いても、地震、そして津波を東京から伝えるアナウンサーの切迫した様子と、そのアナウンサーに向けて、「東京はまだ揺れが続いてますね」、さらに「大阪もまだ揺れてます」と告げる宮根の口調との対比が一層際立つことになる。すでに東北の地震だと告げられているのだから、大阪が揺れているかどうかはどうでもよいことでしかない。みずからの名が冠された番組ゆえのことだとしても、宮根の言葉は不要なものである――その不要さは、東京から伝えるアナウンサーとの対比によってより強調されている。

この対比から明らかになるのは、巨大地震、大津波といった事態に臨んで明らかになる強固な日常、日常の持つ慣性の力である。別言すれば、そこでは、日常の振る舞いを律するハビトゥスが裸出している。[3] 新たな状況に臨むことで、「ヒステレシス」の効果として、日常を律する「ハビトゥス」が顕わになっているわけだが、そのような状況にもかかわらず、いつもの振る舞いを相変わらず続けさせているのは、ハビトゥスのもうひとつの側面、すなわち「エートス」である。

いずれにしろ、わずか五分ほどの映像が突きつけているのは、東京と大阪のあいだのあからさまなズレである。それは、事態を伝えるキャスター、アナウンサーらのあいだに認められる口調や様子のズレであり、揺れが襲う時間差、そして、これらのズレを生み出した空間的距離である。

デフォルトとしての日常

逆に言えば、日常は、震災のような出来事によって断ち切られることでもなければ、空間的・時間的ズレが前景化することもなく送られていたわけである。メディアの流れと生活の流れの一致を特徴とするテレビによる、日常の定位＝方向喪失は、それが断ち切られた後に、事後的にしか明らかにならないということである。

このような日常のあり方は、「デフォルトとしての日常」といえるだろう。

デフォルトとしての日常とはまず、それが「初期設定」として、つねにすでに送られているということである。しかし、それが明らかになるのは、断ち切られ、失われることによって、すなわち、「欠失態」としてでしかない――日常は日常的には覆い隠されている――ということである。

このようなデフォルトとしての日常を捉えたのは、ハイデガーである。

ハイデガーは、ラジオというメディアについて、それが現存在に備わった近さへの傾向を表したものだと言う。

> 現存在のなかには、近さへの本質的な傾向がひそんでいる。われわれが今日多少ともいやおうなしに参加させられているあらゆる種類のスピード・アップは、遠隔性の克服をめがけて進行している。たとえば「ラジオ」を例にとっても、現存在は今日それによって、日常的環境世界を拡大しつつ、そのことの現存在的な意味においてはまだ見極めがつかないような「世界」の開離＝脱‐遠隔化を遂行しているのである。（ハイデガー 1927＝1994：234）

遠くの出来事や人に、居ながらにして接近あるいは接触することは、距離を無化し、それらをみずからの近傍に引き寄せることである。しかし、それはまた、みずからの日常の身近さを遠くまで押し広げ、拡張することでもある。つまり、近接化であると同時に遠隔化、求心的であると同時に遠心的であり、その意味で両義的な運動である。

「脱‐遠隔化（Ent-fernung）」が表しているのは、このような両義性である。

この両義性は日常のそれにほかならない。


見ると聞くとは遠覚と呼ばれているけれども、それはその射程が遠距離に及ぶからではなく、脱‐遠隔化するはたらきをする現存在が主としてそれらのうちに身をおいていることによるのである。たとえば、眼鏡をかけている人を例にとると、その眼鏡は、かれの「鼻にかかっている」ほど近くにあるけれども、かれ自身からみると、このように使用されている道具は、環境的には、向こう側の壁にかかっている絵よりもなお遠くに脱‐遠隔化されている。この道具は身近さをそなえているどころか、とっさにはそれがまったく見つからないということさえ、しばしば起こるのである。見るためにあるこの道具や、またたとえば電話の受話器のように聞くためにある道具などは、われわれがまえに記述したように、身近な手許存在に特有の目立たなさをそなえている。おなじことは、たとえば街道――歩くためにある道具――についてもあてはまる。（同前：237）

ここでハイデガーが問題にしているのは、メディアだけでなく、道具連関一般によって構成された日常のことである。それらは、身近だが、あるいはそれゆえにこそ遠く、それらを通して世界と接しているのだが、あるいはそれゆえにこそ、目立たない。別言すれば、道具連関からなった日常は、つねに「初期設定」としてありながら捉えられることなく、捉えられたときに、すでに失われている。「欠失態」でしか捉えられないのだ。つまり、デフォルトとしてしかないわけである。

メディア的定位＝方向喪失が明らかにしているのも、メディアを含めた道具連関の有する、このような両義性――近接／遠隔、求心的／遠心的、初期設定／欠失――である。

震災は、このようなデフォルトとしての日常を断ち切ることで、そのありようを顕わにした。しかし、その後、こうして日常に穿たれた裂け目は、急速に覆い隠され、デフォルトに回帰していった。

この点をよく表しているのが、原子力発電所の危機的状況をめぐる報道である。たしかに、震災当日にも、炉心溶解が言及されることがあったとはいえ、安心・安全が繰り返されるなかでは、「錯誤」のようなものでしかなかった。それは、特定の力によるメディア操作という面があるのはもちろんだろうが、テレビという日常のメディアが常態へ回帰しようとするなかでの必然でもあった。

震災報道の減少、「記憶の半減期」が表しているのも、このようなメディア的日常の力である。震災報道が生活情報のひとつとなっていくこともまた、このような日常への回帰を明らかにしている。[4]

あるいは、震災をめぐるドキュメンタリードラマを、このような回帰の表れとして挙げることもできるだろう。東日本大震災については、早くも震災翌年の三月四日にテレビ東京系列で『明日をあきらめない…がれきの中の新聞社~河北新報のいちばん長い日~』が放送されている。このドラマ化が異例の早い段階でなされたことは、阪神淡路大震災がドラマ化されたのが、二〇一〇年になってからであったこと(『神戸新聞の七日間』フジテレビ系列、二〇一〇年一月一六日放送)と較べれば明らかだろう。

このように急速に進む日常への回帰のなか、震災、そして、原発事故がわれわれの日常を根本的に書き換えるものであったことを描き続けたのが、ドキュメンタリー番組である。『汚染地図』シリーズはそのひとつである。

3 『汚染地図』シリーズと地図的想像力の問題

『汚染地図』シリーズ

震災の二ヶ月後の二〇一一年五月十五日に、『ネットワークでつくる放射能汚染地図~福島原発事故から2ヶ月

〜』が放送された。この番組が大きな反響を呼んだことでシリーズ化され、以後、数ヶ月に一本のペースで続編が放送された（『続報 ネットワークでつくる放射能汚染地図』（一一年六月五日）、『ネットワークでつくる放射能汚染地図3〜子どもたちを被ばくから守るために〜』（同年八月二八日）、『ネットワークでつくる放射能汚染地図4〜海のホットスポットを追う〜』（同年十一月二十七日）、『ネットワークでつくる放射能汚染地図5〜埋もれた初期被ばくを追え〜』（十二年三月十一日）、『ネットワークでつくる放射能汚染地図6〜川で何がおきているのか〜』（同年六月十日））。また、このシリーズ化に先立って、震災の三週間後の四月三日にはすでに、『原発災害の地にて』が放送されている。

シリーズ第一作は当初、この四月三日に放送が予定されていた。それが、放送十日前になって延期になったのを受けて、代替番組として、『原発災害の地にて』が企画されたのであった。[5] このような経緯によって、この番組は、僧侶で作家の玄侑宗久と作家の吉岡忍の対談映像のあいだに、『ネットワークでつくる放射能汚染地図〜福島原発事故から2ヶ月〜』でも使用される、「汚染地図」作成の過程を描いた映像が挿入されるかたちで構成されている。

このシリーズは、タイトルが示すとおり、木村真三や岡野眞治を中心とした科学者のネットワークによって、放射能汚染の実態を明らかにする地図を作成するプロジェクトを記録したものである。

第一作は、福島第一原発の2号機が爆発した三月十五日から福島に入って以後、二ヶ月にわたって行った汚染調査の記録である。[6] 採取した土壌を分析し、特定の地点の調査を行うだけでなく、岡野の開発した装置によって、三〇〇〇キロメートルを走行しながら空間線量を計測することで、汚染地図が作成される。また、このような科学的な調査に加えて、汚染されたなかで、懸命に震災前の生活を取り戻そうとする人びとの姿も描き出されている。

第二作では、チェルノブイリ原発事故後に作成された汚染地図が提示される。ロシア、ウクライナ、ベラルーシにまたがる地域で汚染はまだらに分布していることが確認された。この調査には、木村自身も参加しており、かれが担当した地区でも、汚染は、村ごとに異なっているだけでなく、ひとつの村落内でも、その分布は不均一なのであった。

第三作では、避難地域に指定されなかった二本松市を中心とした状況が描かれる。岡野が開発した内部被曝の簡易測定器を活用した、子どもたちの被曝状況の調査が中心となっているが、ここでも、二本松市の放射線量を計測した汚染地図が提示される。さらに、地図に基づいて行った除染活動の様子も描き出される。

第四作では、調査地域が海にまで拡張される。陸上で行ったのと同様に、岡野が開発した水中用の測定器を利用し、福島県や茨城県沖の海底の放射線量が計測される。その結果、海でも、福島第一原発からの距離によって汚染の程度が決まるわけではなく、ホットスポットが点在し、さらにそれも時間とともに変化していることが明らかにされる。

第五作では、当初はわからないとされていた、ヨウ素131の拡散状況を、当時の気象状況のシミュレーションと、モニタリングポストに記録されたデータとによって解明することで、初期被曝の状況が詳らかにされる。この調査は、第一作以来地図化されてきた汚染状況の来歴を明らかにするものであり、この意味で、前作で調査地域が拡張されたのを、時間軸で拡張するものである。

これまでのシリーズでも、海洋の汚染の一因が川によって運ばれた汚染物質であることが指摘されていたが、第六作では、阿賀野川などの河川の汚染状況が提示される。

そして、現在のところ、シリーズの最後となっている第七作は、セピアカラーに加工された三年前の映像を差し挟みながら、同じ経路や地点を測定することで、このあいだの変化を明らかにする。第一作で取材した被災者の姿も映し出され、「三年目の放射能の爪痕」として更新された汚染地図が描き出される。

以上のように、本シリーズはまさに、研究者や被災者たちのネットワークによって汚染地図を作成し、それを空間軸・時間軸で拡張、更新していくものである。

「汚染地図」と「人間の地図」

なかでも第一作は、その時点までに作成された汚染地図を映し出しつつ閉じられているが、この映像には「ついこの間まで豊かな実りの中で命がつながってきた大地、そこに刻まれた、放射能の爪あとです」というコメントが添えられている。この言葉は、番組の制作を主導した七沢潔がこの地図を見たときに受けた印象によるものである。

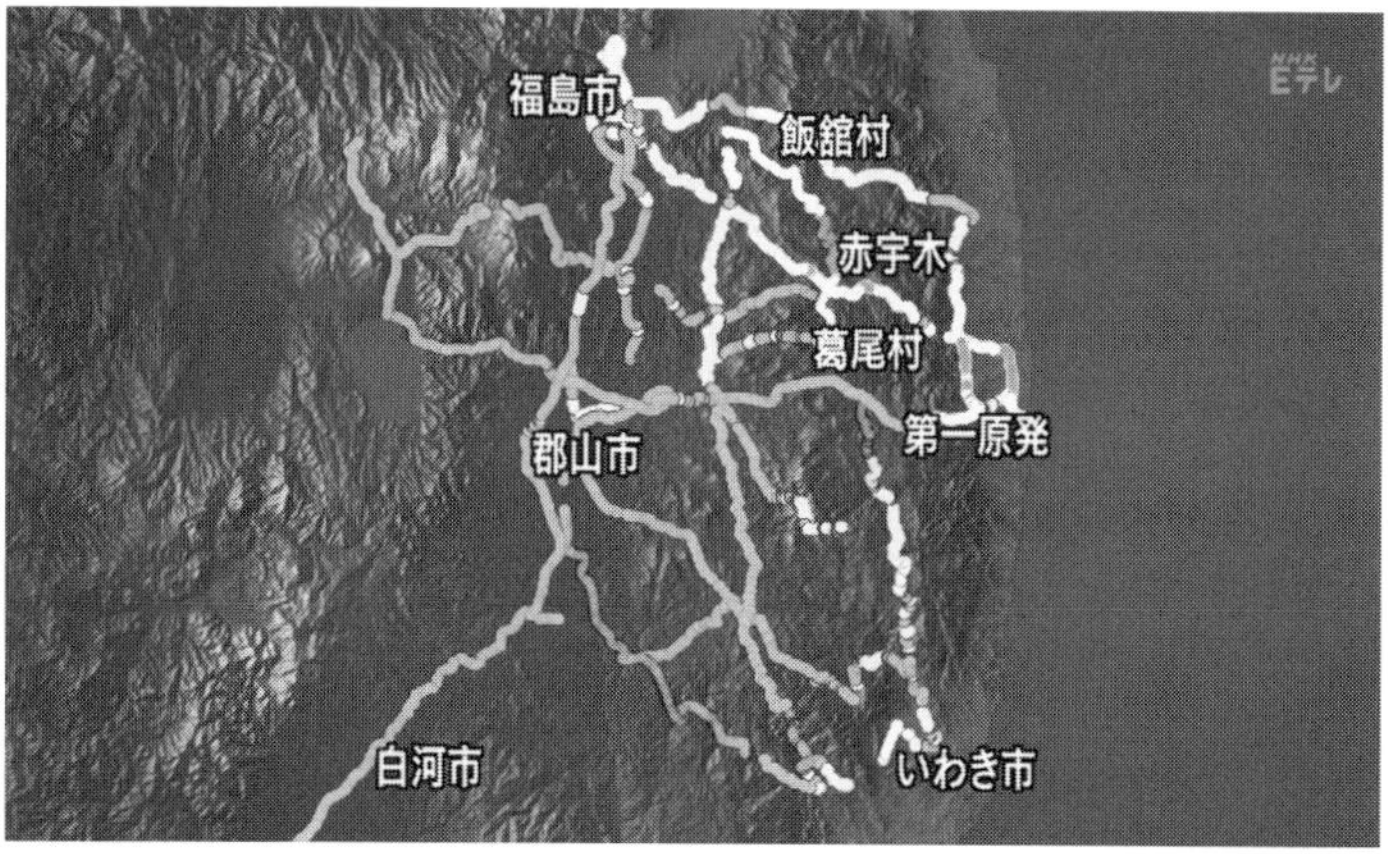

画像１　「汚染地図」（NHK 総合『ネットワークでつくる放射能汚染地図〜福島原発事故から２か月〜』2011 年５月 15 日放送より）

> 番組放送の二日前、岡野眞治博士が完成させた「放射能汚染地図」を手にすると、放射線量に応じて赤、オレンジ、黄、緑、青の五色に色分けされた小さな玉が数珠のように連なる幹線道路沿いの汚染の様が目に飛び込んできた。そのとき、なぜか私には、それが何者かの「巨大な手」が福島の大地に爪を立て、引っ掻くようにして刻んだ傷跡から、血が滲み出ている光景に見えた。（ＮＨＫＥＴＶ特集取材班 2012：275）

七沢は、一九七四年に制作された『メッシュマップ東京』を『放射能汚染地図』の「制作手法上の源流」として挙げている。この番組はタイトルが示すとおり、人口や地価、事故件数の変動をメッシュマップ上に表現するものだが、七沢によれば、「地図のもつプラットホーム機能とテレビ表現の親和性を実証した」（同前：281）ドキュメンタリーである。

特に、放射能のように、われわれの目には捉えられない環境リスクに対しては、「地図」のような視覚化するための手段が欠かせない。

たとえば、チェルノブイリ事故が発生したまさにその当時に、『リスク社会』を出版したウルリッヒ・ベックは、ポスト産業社会で問題になるのは、テクノロジーの高度化によってもたらされながらも、テクノロジーによっては解決できないリスクの再分配だと指摘する。それは、産業社会で、テクノロジーの高度化によってもたらされる富を再分配し、貧困などの問題を解決することが問題であったのと対照的である。このようなリスクの典型が、環境問題を生み出す放射性物質や化学物質である。その特徴は、産業社会における富の場合、所得にしろ、教育にしろ、経験可能なのに対して、リスクの場合、その存在や分配の状況が目には見えず、経験域を超えるものであることに存している。それゆえ必要になるのが、リスクを理解可能にする専門家の知識であり装置である。

> 放射線や化学物質による汚染、食物汚染、文明病などといった新しいタイプのリスクは多くの場合人間の知覚能力では直接に全く認識できない。それらはしばしば被害者には見ることもできなければ感じることもできない危険である。(中略)いずれにせよ、リスクをリスクとして「視覚化」し認識するためには、理論、実験、測定器具などの科学的な「知覚器官」が必要である。
>
> (ベック 1998 : 35–36)

このような「知覚器官」のひとつが「環境地図」である。

環境問題は、ベックが指摘するように、「貧困は階級的で、スモッグは民主的である」という点で、ポスト産業社会としてのリスク社会をよく表している。その一方で、富の分布として表れるような社会階層は捨象され、発生源からの距離と、被害者の年齢しか考慮されていない。つまり、「社会的思考」を欠いている。

驚くべきことに、人間の健康と生活にさまざまな面で影響を及ぼす環境の負荷と自然破壊は、高度に発達した社会にのみ発生するものであるにもかかわらず、そこでは社会的思考が欠落しているのである。これに加えて奇怪なのはこの社会的思考の欠落には誰も――社会学者ですら――気づかないことである。

（同前：51）

『汚染地図』が興味深いのは、このような欠落を、もうひとつの地図、「人間の地図」によって補完しようとしていることである。ディレクターのひとりの大森淳郎は、次のように言っている。

放射能汚染の実測をしながら、そこで出会う人々の現実を見据えてゆく、それが私たちの番組の方法論だった。やがてできる放射能汚染地図は、科学調査に基づく「汚染実態の地図」であると同時に、放射能に翻弄される「人間の地図」でもあるはずだった。

（ＮＨＫＥＴＶ特集取材班 2012：65–66）

放射能汚染は、人びとの上に降りかかり、その生活世界を一変させた。「汚染地図」は、汚染実態の調査を積みあげることで、その鳥瞰図を作り、「人間の地図」は、汚染された生活世界のなかで生きる人びとに寄り添い、その姿を映し出すものである。

これらのふたつの地図は、ミシェル・ド・セルトーが指摘する、空間把握のふたつの様態に対応している（セルトー 1987）。セルトーは、日常生活における実践を明らかにしていくなかで、それを司るのが、行為の文脈から身を引き離し、大局から、次なる振る舞いを計算する「戦略」ではなく、文脈のただなかで、大局的な視点を有することなく、そのつど決断していく「戦術」なのだと言う。このふたつは、科学の形式言語と、生活世界の日常言語の区別と重なり合うものだが、セルトーは、空間の把握にかんして、社会言語学を参照しながら、「地図」と「順路」の区別を提起する。日常生活で大多数の人が利用するのは後者であり、一連の振る舞いによって空間を記述するものである（「右のほうに曲がると居間になっています」）。それに対して、前者は、全体的な配置のなかでの位置関係を記述する（「台所のとなりに、娘たちの部屋があります」）。「汚染地図」と「人間の地図」は、この区別に従えば、それぞれ「地図」と「順路」に対応するものだといえるだろう。前者が、科学者という専門家たちの視点から俯瞰的に、人には捉えられないが、そのなかで日々を送っている状況を明らかにするものであるのに対し、後者は、そこで捨象された社会的視点から、人びとの生きる日常をたどっていくものである。

方向喪失＝定位と地図的想像力

同様のことは、実のところ、関東大震災の表象についてもすでに見られたものである。ジェニファー・ワイゼンフェルドは、航空写真と、地上から撮影された写真の違いについて、後者が、大災害を「人間のスケール」へと引き寄せるものであり、「見る者は被災者たちの苦境に寄り添うことになる」と指摘する。それに対して前者は、被害の広がりを強調することで、人びとの苦しみについては、矮小化したかたちで提示する。つまり、「個々の生命の損失よりも、文明や都市の破壊について語るもの」である。

> 航空テクノロジーによって新たに獲得された高みは、写真の視野の広大さを増幅し、見る者と被害とのつながりの非人格化を進めた。ここではまた、カメラだけでなく飛行機も加わるため、テクノロジーによる媒介の層が増している。カメラだけでなく飛行機も割って入っているのだ。（ワイゼンフェルド 2014：58）

人間の知覚を再現するものではない「汚染地図」は、このような航空写真を特徴づける、テクノロジーの媒介による非人格化をさらに押しすすめるものである。しかし、それと同時に、「人間の地図」もまた、一瞬を捉える写真ではなく、動画と音声で流れを捉え再現するテレビというメディアであることで、被災者たちに寄り添うことをさらに一層可能にしている。いずれにしろ、ふたつの地図は決して対立するのではなく、相補的に存在している。[7]『汚染地図』シリーズは、以上のように、原発事故によって書き換えられた日常を、大局的な空間的配置と、そのなかで生きる人びとの日常に寄り添いながら描き出したふたつの地図を行き来しながら記録するものである。

「地図」は、ベックが指摘していたように、放射能のような環境リスクを知覚するために必要なものである。それに加えて、メディアがわれわれの想像力、すなわち、空間的・時間的定位を接収し、自然の定位を書き換えることで、方向喪失させるものであったことによる必然でもある。「汚染地図」は、デフォルトとしての日常が根本的に書き換えられたということを明示している。そこで描き出された地図は、われわれが慣れ親しんできたものとはまったく異なっていた。それはまさに、震災が方向喪失＝定位の経験であったことを描き出すのと同時に、われわれを深く当惑、自失（disorientation）させずにおかない。日常が断ち切られる、方向喪失＝定位の経験が、地図を召喚したわけである。[8]

このように、『汚染地図』シリーズが主題としているのは、空間軸における方向喪失＝定位の経験であり、地図的想像力の問題である。それに対して、この方向喪失＝定位を別の角度から、空間軸ではなく、時間軸におけるそれとして、別言すれば、物語的想像力の問題として、描き出したのが、震災後の心霊現象を取り上げた『亡き人との〝再会〟～被災地　三度目の夏に～』である。

4　『亡き人との〝再会〟～被災地　三度目の夏に～』と物語的想像力の問題

震災と心霊話

このドキュメンタリー番組は、二〇一三年の夏、ＮＨＫで放送され、よかれあしかれ話題になったものである。

震災後の心霊話を取り上げた書籍としては、『津波の墓標』（石井光太、徳間書店、二〇一三年）、『呼び覚まされる霊性の震災学』（金菱清（ゼミナール）編著、新曜社、二〇一六年）、『震災後の不思議な話――三陸の怪談』（宇田川敬介著、飛鳥新社、二〇一六年）、『魂でもいいから、そばにいて――3・11後の霊体験を聞く』（奥野修司著、新潮社、二〇一七年）がある。ルポルタージュもあれば、研究書もあるが、どの書籍でも、心霊現象は、決して奇をてらったかたちではなくむしろ、震災を構成する一連のエピソードのひとつとして扱われている。

『亡き人との〝再会〟』もまた、叙情的な映像を挿入しながらも、あくまで、家族を亡くした後に体験した不思議な話を語る姿を淡々と映し出している。

高齢の母親を亡くした五〇代の女性は、津波が押し寄せた自宅で、体が不自由であった母親と手を取り合い、押し寄せる津波に耐えていた。しかし母親は耐えきれなくなり、濁流に呑み込まれていった。みずからも片肺の三分の二が潰れるほどの重傷を負いながらも、生き残ったことで、なぜ死ななかったのか、なぜ生かされたのかと自問するばかりであった。ある夜、眠れずにいたところ、別の場所で亡くなった父親とともに、母親が現れた。「五分か十分。待ち焦がれていただけに、すごく長く感じた」と振り返っている。現れた母親は笑顔であったが、それは、その後偶然見つかった写真の顔と重なるものであった。

二人目は、船の整備士であった父親を亡くした二十代の女性である（彼女は、二〇一三年二月に『地震のはなしを聞きに行く』（偕成社）を出版している）。被災の二週間後に遺体は見つかったものの、損傷のため、触れることはかなわなかった。遺体が納められた棺には、白い花が入っていたのだが、その花は、対面の一週間前、外出しようと靴箱を開けたとき、靴に入っていたのと同じものなのであった。本人は、その花の感触が、もし父親の遺体に触れることができていたならば、感じたものであったかもしれないと考えている。

三番目には、三歳の息子を失った三十代女性が取り上げられている。彼女の場合も、息子の遺体は発見されたものの、触れることはできない状態であった。震災から三ヶ月経ったとき、自分のことを笑顔で見つめる息子が姿を現した。しかし、このときは、抱きしめようとしても抱きしめることができず、もう触れることもできないのだという思いを強くするばかりであった。そんななか、残された家族で食事をしようとしていたとき、位牌に向けて、「こっちで食べなよ」と声をかけてみた。そうしたところ、生前の息子がよく遊んでいたおもちゃが急に動き出したのであった。それまでも、姿だけでも見せてほしい、そうでなければ、せめて何かを動かすことで、そこにいることを示してほしいと祈っており、その祈りが通じたのだと感じている。こうして、息子を亡くして以来、失っていた笑顔を取り戻すことができたのであった。

最後は、妻とふたりの息子を亡くした二十代の男性である。ある日、寝入っていた後、ふたりの息子が姿を現した。その姿は、亡くなってから二年を経、そのぶん成長したものであった。それまでは、自暴自棄に陥っていたのだが、この経験をした後は、日々、ふたりの気配を感じるようになり、弱音を吐けないと思うようになった。こうして、子どもたちを支援する「子ども夢ハウス　おおつち」という施設でボランティアをすることになった。

たびたび指摘されているように、このような心霊話は『遠野物語』に連なるものであり、震災の経験によって、この物語が改めて召還されたのだといえるだろう。

『遠野物語』の第九九話には、震災をめぐるものとして、次のような心霊話が収められている。明治二十九年の三陸大津波で妻と子どもを亡くした福二という男が、残されたふたりの子どもとともに暮らしていた。一年ほど過ぎた初夏の頃、夜中に手洗いに立ったところ、霧のなかから、男女の姿が現れた。女は亡くなったはずの妻であった。不審に思いながらも、ふたりの跡をつけていくと、海辺の洞窟にたどり着いた。妻の名を呼んだところ、振り返って微笑みかけてきたのであった。ともにいた男のほうはといえば、同じく津波で亡くなった人物で、結婚以前に妻と思いを交わしていたと聞いていた相手であった。妻の亡霊が語るところによれば、今はこの人物と夫婦となっている。しかし、福二が子どもは可愛くないのかと問いただしたところ、妻は顔色を変え、泣くばかりであった。

この話には、妻と再会したいという願いが表されていると同時に、妻の生前から抱いていた疑いが具現化されている。妻のほうも、思いを遂げながらも、それを十全に享受できているわけではない。アンビバレントで、まったく救いのない物語である。実際、この経験をした後、福二は病になり亡くなってしまったという。

心霊話と物語的想像力

このような心霊話について、みずからも被災地で怪異な体験をしたという民俗学者の赤坂憲雄は、死者との和解の必要を表したものだと言う。『亡き人との〝再会〟』のふたつめのエピソードは、「白い花弁」として、二〇一一年に開かれた「第二回　みちのく会談コンテスト」で大賞を獲得しているが、赤坂はその審査員を務めていた。その選評として、「震災に向けての鎮魂」の作品であり、「この作品を仲立ちとして、怪異譚や幽霊譚が生まれてくる現場にあらためて眼を凝らすことになった」と吐露している。

画像 2 「白い花弁」(NHK 総合『亡き人との“再会”～被災地　三度目の夏に～』2013 年 8 月 23 日放送より)

> 生き残った者たちはみな、なぜ自分ばかりがこうして生き延びたのか、愛するあの人ではなく自分なのか、という不条理な問いに苛まれている。(中略)震災のあとにも生きていかねばならない生ける者たちは、きっと愛する死者たちとの和解を、できるならば赦し/赦されることを必要としているのだと思う。
>
> (赤坂 2012 : 149-150)

『亡き人との〝再会〟』に登場する人びとが語るのも、その体験を経て、人生に前向きになったということであった。もっとも、このような心霊話は、その後の考えた方の変化も含めて、あくまでよくあるものにすぎないと言うこともできるだろう。今回の震災をめぐる心霊話で重要なのも、その内容よりむしろ、そのような物語が数多く記録され、さらにそれが受け入れられていることである。その大きな要因としては、この震災が、メディアを介して、直接の被災者を超えて、広くリアルタイムで体験されたことがあるだろう。震災は、多くの人びとにとって、日常が断ち切られ、まさに方向喪失＝定位を経験させるものだったのである。

こうして召還された物語的想像力を、先に見た地図的想像力と並べたとき明らかになるのは、後者が空間的な方向喪失＝定位によるものであったのに対して、前者が時間的なそれによるものだということである。つまり、地図的想像力が空間軸における方向喪失＝定位の経験から浮上してきたのに対して、時間軸における方向喪失＝定位から、物語的想像力が浮上してきたわけである。(9)

震災と物語的想像力

大震災のような破局的な出来事の経験が、普段意識することはないものの、われわれの思考を律する古層を浮上させることは、メディオロジーを築いたレジス・ドブレが、東日本大震災を受けて著した『大惨事《カタストロフィー》と終末論――「危機の預言」を超えて』で指摘するところでもある。

> 自然的・産業的カタストロフィーは、われわれを恐れさせるもののなかで、戦争による破壊とかつてのペストを結びつけるものであり、多くの経験を蘇らせる。（ドブレ 2014：15）

たとえばそれは、「ホロコースト」にかんしても見て取られることである。もともとユダヤ教における燔祭を意味していたのが、ナチスによるユダヤ人大虐殺を意味するようになったのであった。「すべてのカタストロフィーは、精神的なものを再活性化させる」わけである。

このような古層の浮上は、今まさに直面している災害と向き合うことを可能にするものである。

「向き合う」とは、「意味を与える」ということなのだ。不幸に意味を与えるのは、些細な幸福なのではない。所与の環境には、遠くから導いてくれる線路はなくとも、個々の解釈の余地を制限してくれる「轍」はあるのだ。そして、それが文化と呼ばれるものだ。（同前：19）

こうして召還されるのが、西洋ではユダヤ－キリスト教的預言であるのに対して、日本では仏教的な無常観である。

もっとも、ドプレの著作は、大災害に際してメディアで繰り返される終末論や黙示録を下敷きにした言説に対する皮肉に満ちている。しかし重要なのは、そのような言説に見て取っている美点、「正しい利用法」のほうである。

われわれを無力にさせる神の怒りに対して、精神的に立ち直るためのもうひとつのやり方であり、嵐や炭鉱の爆発、津波の後に意気消沈しないままでいないための、もうひとつ別の手立てだ。（同前：20）

震災後の心霊話もまた、このような古層としてある物語想像力の現れのひとつであり、震災の経験へのひとつの対処法だったわけである。

しかしここで指摘しておかねばならないのは、古い物語の浮上が現在の亀裂をただ弥縫するだけのものではなく、そもそも物語的想像力がいかにして生み出されるのかを垣間見せるものだったということである。先に見たように、赤坂憲雄は死者との和解への思いを物語の発生に指摘していた。それに対して、われわれが見い出すのはあくまで、方向喪失＝定位の経験である。

方向喪失＝定位の経験＝実験

たとえば、感覚遮断実験についての報告は、この点を補強してくれるものである。この実験は、意識活動は外部からの刺激を必要とし、それが遮断されると眠りに落ちるばかりであるのか、それとも、遮断されても継続されるのかという点を明らかにすべく、ニューサイエンスの先駆者、ジョン・C・リリーによって考案されたものである。この実験で、被験者は、体温よりやや低い温度の水に満たされ、一切の光が射しこむことのないタンクに入れられることで、感覚が遮断される。この実験によって、外部からの刺激が遮断されても、眠りに落ちるわけではなく、意識は保たれることが明らかになった。しかし、その意識状態は特殊なもので、記憶や感情などが浮上してくるだけでなく、幻覚や幻聴も現れたのであった。それは、現実と取り違えてしまうほど鮮烈で、神秘体験というべきものであった（リリー 1986）。

ノーベル物理学賞を受賞したリチャード・ファインマンも、リリーの協力を得て、感覚遮断実験を行っている（ファインマン 1986）。ファインマンによれば、数回の実験を経て、自在に幻覚を見ることができるようになったという。ある日の実験では、幼児期のことを思い出そうとしたところ、ふるさとに関連した記憶が一挙によみがえってきたのであった。

ジャーナリストの立花隆も同様の実験を行い、その経過を詳細に報告している。それによれば、実験を始めるべく、タンクに入り、ドアが閉じられたときに体験したのは、次のようなことであった。

> 体が安定してきたなと思ったときに、ドアがバタンと閉じられた。そのとたん、目まいがするほど体が大きくゆれるのを感じた。体がゆれるというより、世界がグラリとゆれたという感じだった。体をどう立て直していいかわからず、一瞬、溺れる！　と思ってパニック状態におちいった。
>
> （立花 2000：336）

通常なら、無意識のうちに、周囲の世界を知覚し、みずからの体の位置と動きを調整することで、安定を保っている。しかし、感覚が遮断されることで、この調整が不可能になり、簡単に安定を失ってしまったのだ。感覚遮断タンクでまず失われるのは、日常の空間感覚にほかならない。

ドアが閉められて、タンクの中が真っ暗になったとたん、もう一つ異様な感じがした。それは、自分をとりまく空間が一瞬にして、無限の遠方まで広がったことである。（中略）すぐそのあたりにあったはずのタンクの壁も天井も、どこかに消失してしまっている。暗黒の宇宙空間の中にただ一人放り出されたという感じである。

（同前：337–338）

このように、感覚遮断は空間感覚を変容させるわけだが、それは空間的定位が不可能になる方向喪失の経験である。そして、それは、時間軸でも経験される。覚醒でも睡眠でもない意識状態が経験され、時間感覚もまた変容したのであった。記憶が現実のことであるかのように浮上してくるのも、この表れである。いずれにしろ、感覚が遮断されることで、日常においては、無意識裡にバックグラウンドで、すなわち、デフォルトで行われている空間的・時間的定位が、機能不全に陥ったわけである。

立花がこの感覚遮断を取り上げたのは、臨死体験を解明するためであった。臨死体験としては、いわゆる幽体離脱がある。それは、意識を失っているあいだの状況を克明に記憶しており、しかもそれが、実際の状況と正確に合致しているというものである。先に見たファインマンの経験も、「走馬燈のように」と形容される臨死体験に数えられるものである。いずれにしろ、これらの経験は、親しい人物が登場してくる例も多く、日常の文脈でなされていたなら、心霊体験と称されたはずのものである。

臨死体験はまた、神経科学の観点から、脳活動の低下によるとされるが、それは鬱状態にも認められることである。日常の流れの断絶であろうと、感覚遮断であろうと、あるいは、鬱状態にともなう脳機能の低下であろうと、デフォルトで行われている空間的・時間的定位を揺るがせるのであり、それによって、日常とは異なる知覚が、あたかも現実であるかのように浮上してくるのだ。心霊現象は、こうして体験され、再現されもする臨死体験と同様のものであり、方向喪失＝定位による物語的想像力の浮上の結果なのである。

方向喪失＝定位と物語的想像力

物語的想像力が方向喪失＝定位の経験によって召還されることは、教育心理学に発し、認知心理学を経て、文化心理学を唱えたジェローム・ブルーナーの議論から導き出されるところでもある。

ブルーナーは人間の思考様式には、「論理－科学的様式」あるいは「パラディグマティックな様式」と、「物語様式」があるとする。前者は、自然科学の方法にならって、人間の心理を「解明」することで、文脈から独立した「真理性（truth）」を探求するものである。それに対して、後者が関わるのは、「意味」や「意図」を「解釈」、「理解」し、文脈に依存した「迫真性（verisimilitude）」である。このように区別することから、ブルーナーはみずからのアプローチを「解釈学的心理学」と呼ぶことになる。

このようなアプローチは、ヴィルヘルム・ディルタイ以来の解釈学や、『可能世界の心理』のエピグラフとして掲げられたウィリアム・ジェームズの哲学（「人間のあらゆる思考には、本質的に二種類のもの——一方に推論と、そして他方に物語の、記述の、省察的な思考と——がある、と言うことは、たんにすべての読者の経験が確証するはずのことを言っているにすぎない」）に基づいたものである。あるいは、先に見たように、セルトーが日常的実践を捉えるべく提出した「戦略」と「戦術」、「地図」と「順路」という区別に対応していることも指摘できるだろう。

ブルーナーは言語学を参照しながら、「文脈」概念の重要性を強調しているが、それは『意味の行為（*Acts of Meaning*）』でさらに明らかになる。そこでは、言語行為論に示唆を受けながら、みずからの心理学について次のように言っている。

ある与えられた状況においてわれわれが言うことと行うことのあいだには、合意された標準的関係がある。このような関係は、われわれが互いにどのように生活していくかを統制するものである。さらに、標準的な関係が毀損されたとき、元に戻すべく交渉する手続きもある。このゆえに、解釈と意味が、文化心理学——あるいはあらゆる心理学や精神科学——にとっての中心問題となるのだ。

(Bruner 1990 : 19)

言語行為論が問うのが日常言語であるのと同様に、文化心理学が問うのは、日常を司る標準的関係というわけである。ここで重要なのは、標準的関係について、それが日常において支障なく機能しているときだけでなく、それが損なわれたとき、その状況を回復させることも役割としていることである。そもそも物語を招請するのは、このような例外的な状況である。

日常からすれば例外的である事態に出くわしたとき、何が起きているのかと尋ねるならば、その人はほとんど常に、その**理由**(あるいは、志向状態をなんらかのかたちで特定すること)を含んだ物語を語るだろう。さらに言えば、その物語はほぼ間違いなく、出くわした例外事をなんとかして理解可能で、「意味」を持ちうるようにする可能世界を説明するものであろう。

(同前 : 49)

例外的な状況を理解せんがために、物語は生み出されるのであり、逆に、状況が自明なものであれば、物語が必要とされることはない(「すでに自明のことのように思われることについて、どうしても説明をせねばならない状況に追い込まれるなら、その人は数量詞(「みんなそうしているから」)や義務的な様相(「そうすることになっているから」)によって答えるだろう。このような説明の狙いは、問題となっている行為の状況として、文脈が適切であることを明示することだろう」)。

物語的想像力は、日常の文脈が断ち切られ、状況が不透明であるからこそ召還されるわけである。このような経緯はそのまま、物語内容にも反映することになる。物語は、均衡が破れ、それが再均衡に至ることを内容とするが、それはまずもって、物語そのものが、一度破れた日常の文脈の均衡を再均衡に至らしめるべく召還されるからなのだ。

以上のように、メディオロジーにしろ、感覚遮断実験にしろ、文化心理学にしろ、それらが明らかにしているのは、日常が断ち切られた方向喪失の経験が物語的想像力を浮上させるということである。地図的想像力が方向喪失した日常を空間軸において改めて定位させるものであるのに対して、物語的想像力は、時間軸において、古い層を召喚しながら、定位を行うものなのだ。

5　アーカイブ行為論

非テレビ的なものとしてのドキュメンタリー

ここまでの議論をまとめてみよう。

まず、発災当時の『ミヤネ屋』に注目することで、日常が断ち切られる瞬間、そして、断ち切られたことで明るみに出される、メディア的日常／日常的メディアのありよう――デフォルトとしての日常――を確認した。それに続いて、急速に日常が回復されていくなかで、原発震災がその日常を根本的に書き換えるものであったことを描き続けたドキュメンタリーを取り上げた。『汚染地図』はこの変容を空間軸の観点から描き出し、この変容を時間軸から浮き彫りにしたのが、震災後に数多く語られた心霊話、それを取り上げたドキュメンタリーなのであった。これらのドキュメンタリーは、日常を構成していた空間的・時間的定位＝方向喪失が根本的に変容したことを記録した。そしてそれを、急速に日常への回帰がなされていくなかで、それに抗して行ったのであった。震災による日常に穿たれた断絶を描くだけでなく、それ自身が非日常的、反時代的であることこそがドキュメンタリーの為したことであった。

この意味で、ドキュメンタリー番組は、非テレビ的なものである。テレビというメディアの特質は、「接触」によって定義される「指標的コミュニケーション」にある（水島・西2008）。一方で、中継ものに代表されるパレオTVは出来事と接触させ（事実確認の次元）、他方で、バラエティーや情報番組に代表されるネオTVは視聴者との接触（行為遂行の次元）に重きを置くものであった。ネオTV時代には、ドキュメンタリーも、ドラマ、さらにはバラエティー、情報番組と混淆しながら、テレビ的なものに接近していく。

以前、われわれは、このようなドキュメンタリーとして、二〇〇五年にTBSで放送された『ヒロシマ～あの時、原爆投下は止められた～』を分析した（同前）。この番組は、民放のプライムタイムで三時間にわたって放送され、文化庁芸術祭大賞を獲得するなど成功を収めたものである。われわれの分析では特に、この番組でも多数引用されている、BBCを中心として制作された『Hiroshima』と比較することから、その特徴を明らかにした。その特徴は、ひとことで言えば、ドキュメンタリーが〈いまここ〉の文脈へと収斂していくということである。情報番組として、長時間の番組で取り上げられる多様なトピックや素材をひとつの番組としてまとめあげるべく、BBC版とは違って、ニュース番組に出演するキャスターや人気女優が案内役として起用されている。また、ドキュメンタリー番組でよく見られるように、証言が多数使用されているが、同じ証言者、証言内容であっても、TBS版で強調されるのは、六十年を隔てて今一度、原爆を体験したまさにその場所に戻り、その場所で証言を行うということである――それとは対照的に、BBC版では、証言は背景を暗くしたなかで行われ、そこがどこであるか判然としない。つまり、証言内容より、証言行為こそが前景化されている。この証言行為の前景化が極まるのが、番組の最終パートをなす、原爆投下を撮影したアメリカ人博士と被爆者との対話である。放送当時、この番組で大きな反響を呼んだのはこの部分であったが、この対話は〇五年当時の広島の屋外で行われたのであった。証言と同じく、いままさにこの地でなされていることこそが重要なわけである。

この『ヒロシマ』のような構成・演出は、『NHKスペシャル』でも——「でこそ」と言うべきか——よく見られるものである。それに対して、『Hiroshima』で確認されたようなそれは、発話内容の記録や資料としての価値、客観的・普遍的であろうとしている。一方は、テレビ的な文脈化、いまここへの志向性、他方は、そこからの離脱、すなわち、脱文脈化、いつでもどこでも通用するという意味で客観性・普遍性への志向性によって特徴づけられるわけである。

ドキュメンタリーとアーカイブ行為

このようなドキュメンタリー番組の脱文脈性・反時代性を支えているのが、アーカイブを中心に構成されたメディア環境である。逆に言えば、ドキュメンタリー番組は、このメディア環境の表れである。

この点については、「フランス国立視聴覚研究所(INA)」を中心として実現されたメディア環境を考察することから、アーカイブが、ただ資料を「保存(conservation)」するだけでなく、それらを「比較(confrontation)」し、さらにその成果を「公開(communication)」することで、テレビ的な〈いまここ〉に収斂していく短期的回路に抗して、過去・現在から未来に開かれた長期的回路を構成するものであることを示した(西 2009)。

この回路の拡張は、メディア行為(論)からアーカイブ行為(論)への拡張と言うことができるものである。テレビというメディアが、パレオTVからネオTVへの傾向を強め、現在時におけるコミュニケーションへと収斂し、行為遂行的に力を行使するようになったことを、言語行為(論)を一般化するものとして、メディア行為

（論）と名指した（西 2006）。それに対して、アーカイブ行為（論）がなすのは、アーカイブを中心にして、映像資料を保存するだけでなく、それを比較し、公開することで、テレビ的現在への収斂を相対化することである。別言すれば、言語行為論の事実確認／行為遂行が、メディア行為論ではパレオTV／ネオTVとなり、さらにアーカイブ行為論では保存／比較・公開として実現されるわけである。

このようなアーカイブ行為論は、ジャック・デリダによるアーカイブをめぐる議論にも基づいたものである。デリダは、『アーカイブの病』（Derrida 1995）を、「アーカイブ」の語源である「アルケー（arkhe）」が「始原（commencement）」と同時に「命令（commandement）」を意味することを指摘することから始めている。そして、これらのそれぞれは、アーカイブをめぐる「存在論的」と「規範的（nomologique）」な「原理（principe）」、あるいは、「順序的（séquentiel）」と「法的（jussique）」な「次元（ordre）」とされる（「原理」を意味する「principe」が「第一のもの」に由来し、「ordre」が「次元」と同時に「指令」を意味する、すなわち、これらの語もまた「アルケー」と同様の二義性を持っていることを確認しておこう）。

このような二重性は、言語行為論による事実確認と行為遂行のふたつのレベルに対応したものである。その意味で、デリダの議論はアーカイブ行為論というべきものである。「行為（actes）」という語についての次の一節は、この点を明らかにしている。

「actes（行為＝記録）」という言葉が意味しうるのは、アーカイブすべきことの内容と同時にアーカイブそれ自身、アーカイブについて、アーカイブ可能なものとアーカイブするもの、印刷について、印刷されたものと印刷するものである。（同前：33）

アーカイブ行為論は、事実確認のレベル、すなわち、アーカイブに記録されること＝アーカイブ内容の次元に加えて、行為遂行のレベル、アーカイブ化することそのもの＝アーカイブ行為の次元を問うものなのである。

このアーカイブ行為論はフロイトの精神分析をめぐって、フロイト博物館などの共催によるアーカイブをテーマとした国際会議において提出されているが、それは精神分析そのものがひとつのアーカイブ学＝考古学であることの必然である。というのも、アーカイブが「印刷（impression）」されたものを保存し管理するものであるかぎり、「印象（impression）」を保存し管理する心的装置を対象とする精神分析もまたひとつのアーカイブ学ということになるからである。実際、デリダの議論は、フロイトの理論、すなわち、事実確認＝内容のレベルと同時に、その理論を可能にした書簡などの資料、そしてそれを管理・保存し、さらに、その議論がまさになされている場、すなわち、行為遂行＝行為の次元にも及ぶものである。

アーカイブ行為論で重要なのは、言語行為論の意義が、前者に対して後者のレベル、前者が後者のひとつの様態にほかならないことを明るみに出したことにあったように、アーカイブが、ただ過去のことを記録するものなのではなく、力が行使されるなかで、そして、力を行使するものとして存立していることを明らかにしていることである。

アーカイブで力の行使が問題になるのは、それが「場」や「技術」という「外部性」によってのみ可能になるものだからである。

付託のための場、反復技術、ある種の外部性がなければアーカイブはありえない。外部のないアーカイブなど存在しないのだ。（同前：26）

デリダによれば、この点は、フロイトのマジックメモについての言及に注目した「フロイトとエクリチュールの舞台」（六六年）ですでに指摘していたことにほかならない。この議論の要点は次のようなかたちで捉え返されている。

科学は、科学技術として、その運動そのものにおいて、刻印（marques）のアーカイブ化、印刷、書き込み、複製、形式化、暗号化、翻訳の技術の変容によってしか存立しえないのだ。（同前：31）

技術は、外部だからといって、それが支える内容と無関係なのではない。そうではなく、その内容の可能性の条件をなしている。そして、アーカイブが開かれている外部性とは、力、場、技術だけではなく、未来のことでもある。

アーカイブは、印刷、エクリチュール、補助器具あるいは外的記憶技術一般として、それがなくとも、そのようであったし、そうであるだろうと思われるようなかたちで、いずれにしろ存在するであろうような、過去のアーカイブ化可能な内容の保管や保存の場だけではないということである。そうではなく、アーカイブ化するアーカイブの技術的構造はまた、まさに記録され、そして、未来との関係における、アーカイブ化可能な内容の構造をも規定するのだ。（同前：34）

ただ資料を保存するだけでなく、力の行使としてのアーカイブは、アーカイブ化される内容そのものを規定している。ある内容が遺されることもあれば、遺されないこともあるわけだが、それは、アーカイブが、未来の記憶を統制し、未来に対して力を行使するということである。『独立宣言』の分析でも、「宣言」という言語行為が、来たるべき国民を仮構することで、現在の共同性を打ち立てるものであることが指摘されていた（Derrida 1984）。それと同様、外部性に開かれたアーカイブ、現在なされるアーカイブ行為もまた、未来との関係においてしかなされえない。こうして、アーカイブは、〈いまここ〉の文脈に収斂していくメディア環境を、過去、そして未来へと押し開くことで長期的回路を可能にするのであり、それこそが、アーカイブ行為（論）の賭け金となるものにほかならない。

アーカイブ行為

現在のメディア環境では、あらゆるものがアーカイブされるようとしている。[10] しかし、重要なのはあくまで、この意味での、保存にとどまらない行為としてのアーカイブである。

というのも、完全な記憶、完全なアーカイブはひとつのパラドクスを孕んでいるからである。欠けるところのない記憶を持つフネスは、実のところ、「大して思考の能力はなかった」のであった。[11] それは、領土と完全に一致した帝国の地図に孕まれたのと同様のパラドクスである。この完全な地図の寓話を取り上げたボードリヤールは、それをコピー＝地図がオリジナル＝領土に対して先行するようになるシミュラークルについてのものだとする。それに対して、ウンベルト・エーコは、完全な地図の作成に必要となる条件についての考察を、パロディーとして展開した後、「〈標準地図〉のパラドクス」という自己言及のパラドクスを指摘する。

実寸大のあらゆる帝国地図はそれ自体帝国の終焉を裏付けるものであり、したがって、どこか帝国ではない領土の地図なのである。（エーコ 2000 : 191）

領土と地図のあいだの完全な対応関係の追求は、対応関係の喪失に行き着き、すでに対象そのものが失われていたことを証すばかりとなる。完全な帝国の地図が写すのは帝国の不在なのだ。

それと同様に、超記憶者には、現在しかなく、思考の欠如しか認められない。完全な記憶を言祝ぐのは、アーカイブの病の徴候にほかならない。

完全な記憶にしろ地図にしろ、それらに向けられるべきは、次のような批判である。

考えるということは、さまざまな相違を忘れること、一般化すること、抽象化することである。フネスのいわばすし詰めの世界には、およそ直截的な細部しか存在しなかった。

（ボルヘス 1993：160）

アーカイブを中心として構成されたメディア環境で為すべきこともまた、このような一般化、抽象化であり、ある種の忘却、すなわち選択である。[12]ドキュメンタリー番組が行ってきたのは、アーカイブを活用、再構成しながら、ドキュメンタリーの系譜を背景にして新たなドキュメンタリーを生み出すことであった[13]――そしてそれは、メディア研究にもあてはまることであり、「遅さ」に対する「遅れ」の積極的な意義である。[14]完全な記憶としてのアーカイブに未来を開くのは、このようなアーカイブ行為なのである。

【注】

（1）本章の考察、特に、地図をめぐる考察は、成蹊大学から平成二十八年度に与えられた長期研修の成果である。

（2）本章で言及している映像資料は、JSPS 科学研究費補助金 24617002（「映像アーカイブ環境を活用したメディア文化学の確立：東日本大震災の放送を例として」（基盤研究（C）、二〇一二―二〇一四年度、研究代表：西兼志））の助成によるものである。

（3）「ハビトゥス」についての詳細な議論は、西（2015）を参照。

（4）本書第二章、加藤徹郎「生活情報番組における原発震災の「差異」と「反復」」。

（5）この間の経緯については、NHKETV特集取材班（2012：57–62）を参照。
（6）調査の経緯は、朝日新聞特別報道部（2012）および木村真三（2014）を参照。
（7）この点をよく表しているのが、汚染調査の最中に避難者たちに偶然出くわし、さらなる避難を決意させた赤宇木の集会所の場面である。
（8）『汚染地図』シリーズのほかにも、地図を下敷きにして、証言から人びとの行動をたどろうとしたドキュメンタリーとして、『巨大津波　その時ひとはどう動いたか』（二〇一一年十月二日）がある。この番組は、津波で七〇〇人が犠牲になった宮城県名取市閖上地区で、住民の安否情報を調査した「被災マップ」と、津波が来るまでのあいだの行動について聞き取りした「行動心理マップ」を作成するというものである。また、個々の証言ではなく、人びとがSNS上で発した情報や、携帯機器や車載器の発した電子情報の膨大なデータから、人びとの動きを再構成しようとしたものとして、『震災ビッグデータ』シリーズ（「〝いのちの記録〟を未来に」（二〇一三年三月三日）、「復興への壁　未来への鍵」（同年九月八日）、「〝首都パニック〟を回避せよ」（一四年三月二日）、「いのちの防災地図～巨大災害から生き延びるために～」（十五年三月十日））がある。このシリーズは、「人間の地図」の情報やデータの層を抽出し、描き出したものだといえるだろう。これらの番組は、まったく異なったアプローチではあるが、震災後の非常事態における人びとの行動を視覚化、マッピングしようとしたものであり、地図的想像力をよく表している。
（9）このような観点からは、空間軸における地図的想像力にかんしても、古い層が浮上してきたことを指摘できるだろう。たとえば、TBSの『報道特集』で取り上げられ、『神社は警告する――古代から伝わる津波のメッセージ』（高世仁・吉田和史・熊谷航（2012））として書籍化もされたように、被災地でも多くの神社は津波を免れており、神社の配置は津波の及ぶ限界と重なっているのであった。震災によって、古いハザードマップが裸出してきたわけである。
（10）震災に関するこのような試みとしては、長坂俊成（2012）および高野明彦・吉見俊哉・三浦伸也（2012）で紹介されているものがある。
（11）この点は、超記憶者の精神生活を三十年にわたって観察・記録したルリヤ（2010）の研究によっても確認されるところである。それによれば、超記憶者のシィーと初めて出会ったときの印象は、「ややしまりのない、遅鈍な人間」というものなのであった。
（12）忘却の技術のひとつが、書き記すこと、すなわち、外在化すること、ドキュメントを残すことである。「覚えるために、他の人々は書く。（中略）しかし、そのことは私には滑稽でした。そこで、私は私なりにやってみることにしました。人は一度書いてしまえば覚える必要はない」（同前）。

（13）本書第五章、小林直毅「原発震災のテレビドキュメンタリー」、また、第六章、松下峻也「核エネルギーのテレビ的表象の系譜学」を参照。

（14）小林直毅、同前。「遅さ」に対する「遅れ」は、スティグレール（2013）による「二重の時代‐画定的捉え返し＝二重化」に呼応している。スティグレールがこの概念で名指したのは、既存の文化環境の、新たなテクノロジーの登場による攪乱という契機（一度目の二重化＝捉え返し）、そして、それに続く、この攪乱自体の捉え返しの契機（二度目の二重化＝捉え返し）のことであった。ドキュメンタリー、そして、アーカイブによる「遅れ」をともなった出来事の捉え返しは、二度目の捉え返し＝二重化として、人間の条件であり、そのかぎりで積極的な意義を有している。

【参考文献】

赤坂憲雄（2012）『3・11から考える「この国のかたち」――東北学を再建する』新潮社
朝日新聞特別報道部（2012）『プロメテウスの罠――明かされなかった福島原発事故の真実』学研
アンダーソン、B（1987）『想像の共同体――ナショナリズムの起源と流行』白石隆ほか訳、リブロポート
エーコ、U（2000）『ウンベルト・エーコの文体練習』新潮文庫
NHKETV特集取材班（2012）『ホットスポット――ネットワークでつくる放射能汚染地図』講談社
木村真三（2014）『「放射能汚染地図」の今』講談社
スティグレール、B（2013）『技術と時間3　映画の時間と〈難‐存在〉の問題』石田英敬監修、西兼志訳、法政大学出版局
セルトー、M（1987）山田登世子訳『日常的実践のポイエティーク』国文社
高世仁・吉田和史・熊谷航（2012）『神社は警告する――古代から伝わる津波のメッセージ』講談社
高野明彦・吉見俊哉・三浦伸也（2012）『311情報学――メディアは何をどう伝えたか』岩波書店
立花隆（2000）『臨死体験（下）』文春文庫
ドブレ、R（2014）西兼志訳『大惨事《カタストロフィー》と終末論――「危機の預言」を超えて』明石書店
長坂俊成（2012）『記憶と記録　311まるごとアーカイブス』岩波書店

西兼志（2006）「〈パレオ／ネオTV〉の理論展開——メディア行為論の問題圏」『マス・コミュニケーション研究〈六九〉』
西兼志（2009）「INAとアーカイブの思想——鏡の裏箔としてのアーカイブ」『マス・コミュニケーション研究〈七五〉』
西兼志（2015）「「ハビトゥス」再考——初期ブルデューからの新たな展望」『成蹊人文研究』第二三号
ハイデガー、M（1994）『存在と時間』細谷貞雄訳、ちくま学芸文庫
ファインマン、R（1986）『ご冗談でしょう、ファインマンさん——ノーベル賞物理学者の自伝』大貫昌子訳、岩波書店
ベック、U（1998）『危険社会——新しい近代への道』東廉他訳、法政大学出版局
ボルヘス（1993）『伝奇集』鼓直訳、岩波文庫
水島久光・西兼志（2008）『窓あるいは鏡——ネオTV的日常生活批判』慶應義塾大学出版会
リリー、J・C（1986）『サイエンティスト——脳科学者の冒険』菅靖彦訳、平河出版社
ルリヤ、A・R（2010）『偉大な記憶力の物語——ある記憶術者の精神生活』岩波現代文庫
ワイゼンフェルド、G（2014）『関東大震災の想像力——災害と復興の視覚文化論』青土社
Bruner, J.（1990）*Acts of Meaning*, Harvard University Press.
Derrida, J.（1984）« Déclarations d'Indépendance », in *Otobiographies: L'enseignement de Nietzsche et la politique du nom propre*, Galilée.
Derrida, J.（1995）*Mal d'archive*, Galilée.

あとがき

本書は、法政大学サステイナビリティ研究所放送アーカイブの研究成果を公にするものである。こうして研究成果を書物にできたのは、旧サステイナビリティ研究教育機構長として、その後は、サステイナビリティ研究所副所長として研究活動を主導しながら、二〇一四年八月に急逝された舩橋晴俊先生の、放送アーカイブにたいするご理解の賜物である。

編著者は原発震災発生の直後、二週間規模で地上波テレビ放送のすべてを録画するだけでなく、番組の詳細な情報も配信される大容量録画システムを導入して、「原発震災のテレビアーカイブ」を構築することを舩橋先生に提案した。先生はそのような民生機が普及していることに驚かれながら、メディア研究がご専門ではないにもかかわらず、「是非ともそれを進めてください」と即決された。それを、そのときの会議室の風景とともに鮮明に覚えている。きっと先生は、その深い学識によって、テレビのようなメディアが描き、語った原発震災も、未来に向けた記録でありうることを、たちどころに見て取られたのだろう。

以来、舩橋先生は、録画と記録媒体の保存、保存した番組の情報の配信を延々とつづける放送アーカイブの研究活動、とりわけ、本書の執筆者でもある二人のリサーチアシスタント、西田と加藤が黙々とつづける地道な作業をじっと見守ってこられた。本書でこの二人が執筆した二つの章の初出となった論稿は、サステイナビリティ研究所の学術誌『サステイナビリティ研究』第5号（二〇一五年三月）に特集論文として掲載されている。

この企画もまた、先生の発案によるものだった。しかし、その公刊を見ることなく先生は急逝された。痛恨の極みである。

舩橋先生は、お元気であれば、二〇一八年度一杯で法政大学を定年退職されることになったはずである。ようやくまとめることのできた放送アーカイブの研究成果を謹呈して、法政大学での最後の一年で、「原発震災のテレビアーカイブ」をめぐる議論を交わしたかった。独特のちょっとした早口で、あれもこれもとコメントをしてくださり、それについていくのが大変になっただろう。しかし、それも叶わない。

書物の「あとがき」としては、いささか感傷的にすぎたかもしれない。こうして公にする研究成果によって、テレビアーカイブが原発震災のたんなる過去の記録ではなく、未来に向けた記録となって、原発震災後七年にして原発再稼働が進められる「いま」を問い、未来を照らし出すものになっていくことを、執筆者一同、願ってやまない。本書が刊行できた今、テレビアーカイブの構築と供用も、テレビアーカイブ研究も何のためなのかと問われるなら、それは未来のためだと確信をもって答えられるようになった。

各章の初出はつぎのとおりである。

序　論　「テレビアーカイブとしての震災、原発危機」『サステイナビリティ研究』第5号（二〇一五年三月）。

第一部

第一章「放送アーカイブ研究におけるメタデータ活用の試み――震災報道アーカイブ研究から」『ジャーナリズム&メディア』第10号（二〇一七年三月）。

第二章「生活情報番組における「放射」報道の変化――報道番組アーカイブのメタ・データよりみる人為時事性の考察」『サステイナビリティ研究』第5号（二〇一五年三月）。

第三章「テレビが記録した「震災」「原発」の3年――メタデータ分析を中心に」『サステイナビリティ研究』第

5号（二〇一五年三月）。

第四章「環境・原発問題をめぐる映像資料整理の意義と課題」『大原社会問題研究所雑誌』第六九四号（二〇一六年八月）。なお、この章の第三節は、「「史資料」としてのテレビ報道——環境報道アーカイブの取り組みから」『社会政策』第七巻第三号（二〇一六年三月）を加筆、修正して採録した。

第二部の三つの章は、すべて書き下ろし。

本書の出版をお引き受けくださった、法政大学出版局の郷間雅俊さんにはひとかたならぬお世話になった。初出の原稿の加筆、修正がいつまでも終わらなかったり、とりわけ、編著者の脱稿が大幅に遅れたりしたため、入稿後の編集作業に大変なご負担をおかけしてしまった。心からのお詫びと、お礼を申し上げたい。

最後になったが、本書出版の仲介の労をおとりくださった壽福眞美先生、サスティナビリティ研究所の先生方の暖かいご支援に、あらためて感謝を申し上げる。

原発震災後七年を迎えようとする二〇一八年二月

執筆者を代表して

小林直毅

＊本書は法政大学サスティナビリティ研究所の出版助成によって刊行された。

人名索引

な 行

は 行

ま 行

や 行

ら 行

わ 行

事項索引

あ 行

か 行

さ 行

た 行

な 行

は 行

ま 行

や 行

ら 行

わ 行

原発震災のテレビアーカイブ

2018年3月20日　初版第1刷発行

編　者　小林直毅

発行所　一般財団法人　法政大学出版局

〒102-0071 東京都千代田区富士見 2-17-1
電話 03（5214）5540　振替 00160-6-95814
組版：HUP　印刷：平文社　製本：積信堂

ISBN978-4-588-62538-1

執筆者紹介

（掲載章順）

小林直毅（こばやし なおき）【編者】

1955年生。法政大学大学院社会科学研究科社会学専攻博士後期課程満期退学。法政大学社会学部教授。著書に『メディアテクストの冒険』（世界思想社），『水俣学研究序説』（共著，藤原書店），『テレビニュースの社会学』（共著，世界思想社），『「水俣」の言説と表象』（編著，藤原書店），『放送番組で読み解く社会的記憶――ジャーナリズム・リテラシー教育への活用』（共著，日外アソシエーツ），『ニュース空間の社会学――不安と危機をめぐる現代メディア論』（共著，世界思想社），訳書にJ. フィスク『テレビジョンカルチャー――ポピュラー文化の政治学』（共訳，梓出版社）ほか。

西田善行（にしだ よしゆき）

1977年生。法政大学大学院社会学研究科社会学専攻博士後期課程単位取得退学。法政大学，日本大学，拓殖大学兼任講師。著書に『国道16号線スタディーズ』（共著，青弓社，近刊），『メディア環境の物語と公共圏』（共著，法政大学出版局），論文に「「史資料」としてのテレビ報道――環境報道アーカイブの取り組みから」（『社会政策』第7巻第3号），訳書にB・マクネア『ジャーナリズムの社会学』（リベルタ出版）ほか。

加藤徹郎（かとう てつろう）

1971年生。法政大学大学院社会科学研究科社会学専攻博士後期課程単位取得退学。法政大学，文教大学，淑徳大学兼任講師。論文に「3月ジャーナリズムの中で，ニュースは何を話し・語り・伝えてきたのか――東日本大震災・テレビ報道アーカイブにおけるメタデータの語用論」（『ジャーナリズム＆メディア』第10号），「生活情報番組における「放射」報道の変化」（『サステイナビリティ研究』Vol.5）ほか。

松下峻也（まつした しゅんや）

1991年生。法政大学大学院社会学研究科社会学専攻博士後期課程在籍。主要論文に「アーカイヴ化されたテレビ番組が描くビキニ事件」（『マス・コミュニケーション研究』第92号，2018年）ほか。

西 兼志（にし けんじ）

1972年生。東京大学大学院総合文化研究科言語情報科学専攻博士課程単位取得退学，グルノーブル第3大学大学院博士課程修了（情報コミュニケーション学博士），グルノーブル第2大学大学院博士課程修了（哲学博士）。成蹊大学文学部教授。著書に『アイドル／メディア論講義』（東京大学出版会），『〈顔〉のメディア論』（法政大学出版局），訳書にB. スティグレール『技術と時間』（1巻～3巻，法政大学出版局）ほか。